浙江省普通高校"十二五"优秀教材

21世纪本科院校土木建筑类创新型应用人才培养规划教材

园林工程计量与计价

主 编 温日琨 舒美英

北京大学出版社

PEKING UNIVERSITY PRESS

内 容 简 介

本书依据《建设工程工程量清单计价规范》(GB 50500—2013)编写，系统地阐述了园林工程计量与计价的基本原理、基本方法和实践应用。主要内容包括：绪论、园林工程计量与计价的依据、园林工程计价的费用构成、绿化种植工程计量与计价、园路园桥工程计量与计价、园林景观工程计量与计价、仿古建筑工程计量与计价、通用项目计量与计价、园林工程结算与竣工决算以及园林工程计价软件的应用。

本书可以作为高等院校园林、园艺专业的教材，也可以作为建设单位、设计单位、园林施工单位、监理单位等部门相关工程技术与管理人员的学习参考用书。

图书在版编目(CIP)数据

园林工程计量与计价/温日琨，舒美英主编． —北京：北京大学出版社，2014.1
(21 世纪本科院校土木建筑类创新型应用人才培养规划教材)
ISBN 978 - 7 - 301 - 23600 - 0

Ⅰ．①园… Ⅱ．①温…②舒… Ⅲ．①园林—工程施工—计量—高等学校—教材 ②园林—工程施工—工程造价—高等学校—教材 Ⅳ．①TU986.3

中国版本图书馆 CIP 数据核字(2013)第 305531 号

书　　　　名：园林工程计量与计价	
著作责任者：温日琨　舒美英　主编	
策 划 编 辑：卢　东　吴　迪	
责 任 编 辑：卢　东	
标 准 书 号：ISBN 978 - 7 - 301 - 23600 - 0/TU · 0380	
出 版 发 行：北京大学出版社	
地　　　　址：北京市海淀区成府路 205 号　100871	
网　　　　址：http://www.pup.cn　新浪官方微博：@北京大学出版社	
电 子 信 箱：pup_6@163.com	
电　　　　话：邮购部 010 - 62752015　发行部 010 - 62750672　编辑部 010 - 62750667	
印 刷 者：北京虎彩文化传播有限公司	
经 销 者：新华书店	
787 毫米×1092 毫米　16 开本　22 印张　510 千字	
2014 年 1 月第 1 版　2023 年 7 月第 7 次印刷	
定　　　　价：59.00 元	

前　　言

根据园林、园艺专业的业务培养目标，要求本专业毕业生能成为在园林工程建设单位的设计、施工、管理部门从事技术或经济管理工作的高级工程技术人才。因此，作为园林、园艺专业的学生，除了要精通园林工程美学、造园技艺、园林工程技术外，还必须懂得与园林工程建设有关的经济管理知识。园林工程造价是园林工程经济管理的主要内容之一。本书的编写为学生培养园林工程投资控制意识，掌握园林工程设计概算和施工图预算的编制方法与技能，增强解决实际工程经济问题的能力服务。同时也更有利于学生深入了解当今时代园林工程的发展趋势，适应工程项目对工程技术人才培养的要求。

近年来，编者在高等学校工程概预算课程教学经历中，常常发现学生学习兴趣虽然浓厚，但由于学习条件不全面而导致学习效果大打折扣的现象。工程概预算课程的学习条件是指工程案例的背景和工程计量与计价的依据。很多工程概预算教材的工程案例背景或过于复杂，或过于简单；工程计量与计价的依据或非适用于本省，或"短斤少两"而不全面。学习条件不全面导致学生在学习过程中认识混乱、学习效果不佳。

园林工程预决算课程是园林、园艺本科专业的一门必修课程，是由园林规划设计、园林施工管理、园林植物、园林企业管理学等相互融合渗透而形成的一门综合性学科。该课程是在园林规划设计课之后，专门为培养园林、园艺专业学生工程应用技能而设的。其基于园林工程建设全过程造价控制的背景，旨在培养学生编制园林工程建设各阶段造价文件的能力。

本书系浙江省普通高校"十二五"优秀教材。

本书的中心内容是园林工程计量与计价依据、计价费用构成、计价方法，以及园林各分部分项工程如何利用计价依据、采用不同计价方法进行计量与计价。每一章都按照前言→教学目标与教学要求→基本概念→引例→正文→习题这样的体例进行编写。让学生首先了解学习的目标与要求，通过人文导读案例建立感性认识之后，再来学习，最后通过题型丰富的习题巩固各章的内容。

本书第2章园林工程计量与计价的依据和第3章园林工程计价费用的构成是编制园林工程造价文件的基础，第4章绿化种值工程计量与计价、第5章园路园桥工程计量与计价和第6章园林景观工程计量与计价是本书的重点内容，也是园林特有的分部工程，此三章的内容是本书的特色之一。第8章通用项目计量与计价是为配合编制完整的园林工程施工图预算而必须设置的，虽非重点，却不可或缺。除此之外，本书的第二个特色在于把握了清单计价与定额计价的两条主线。这是当前我国工程造价文件编制必不可少的两种方法。本书的第三个特色在于各章节内容翔实，图片丰富，文字精练，并有完整的工程案例应用。在编写中力求抓住重点，内容简明扼要，通俗易懂。第4章～第8章内容按照园林不同的分部工程，结合清单计价与定额计价两条主线，分计量与计价两部分来编写。其中计量环节注重清单计量规则与定额计量规则的对比罗列，计价环节中清单计价注重分项工程综合单价分析，定额计价注重定额基价的换算。

由于园林工程计量与计价是一门需要严格遵循规范、充分了解市场信息的学科，本书在编写时尽可能完善了园林工程计量与计价所需要的三个层次规范的内容，即《建设工程工程量清单计价规范》（GB 50500—2013）、《建设工程劳动定额——园林绿化工程》（LD/T 75.1～3—2008）以及《浙江省园林绿化及仿古建筑工程预算定额》（2010 版），尽可能做到计量计价的依据全面，时效最新，同时结合 2006 年颁布的《建设项目经济评价方法与参数》（第 3 版）、《建筑安装工程费用项目组成》（建标［2003］206 号文）及对园林工程项目的全面认识来确定园林工程造价的费用构成。但由于篇幅有限，仍有不尽之处。

本书共 10 章，具体编写分工为：温日琨编写第 1 章、第 2 章、第 3 章和第 7 章，舒美英编写第 4 章、第 5 章和第 6 章，吴琪琦编写第 8 章、第 9 章和第 10 章，全书由温日琨统稿。

在本书编写过程中得到了舒美英和吴琪琦的协同配合，同时得到了上海市政工程设计研究总院浙江设计院有限公司王梅高级工程师、王雪晴工程师以及杭州市园林设计院股份有限公司谭春映高级工程师的大力支持，在此表示感谢！

由于编者水平有限，书中难免存在错漏与不足之处，敬请广大读者提出宝贵意见。

编　者

2013 年 8 月

目 录

第1章
绪　论

　　园林是人们为了满足一定的物质及精神生活的需要，在一定用地范围内，建造由山、水、植物、建筑(亭、台、楼、阁、廊、榭等)、园路、广场等园林基本要素，根据一定的自然科学规律、艺术规律以及工程技术规律、经济技术条件等，利用自然、模仿自然而创造的既可观赏又可游憩的理想的生态环境。在世界范围内，当今园林行业已被公认为"永远的朝阳产业"。园林工程作为工程建设项目的类型之一或组成部分，其建设成果对工程项目建设效果的影响非常明显。一方面，它不仅反映了项目建设的环境效果，直接彰显了项目建设的品质和吸引力；另一方面，园林工程更是各种工程建设类型中投资最少，效果却最显著的工程类型之一。在工程建设过程中怎样计算园林工程的投资？园林工程计量计价的目标是什么？方法如何？园林工程的造价文件包括哪些？园林工程计量与计价有什么特点？这些问题都可以在本章找到答案。

教学目标

1. 了解国内外园林工程的发展概况。
2. 掌握园林工程计量与计价的特点及园林工程计量计价各阶段的造价文件。
3. 理解园林分部分项工程项目的划分。
4. 理解园林工程计量计价的方法及适用范围。

教学要求

知识要点	能力要求	相关知识
园林工程计量与计价	(1) 了解国内外园林工程的发展概况 (2) 掌握园林工程计量与计价的特点	园林工程规划与设计
园林工程设计概算	(1) 了解园林初步设计图 (2) 理解园林设计概算的原理和成果表现形式	初步设计
园林工程施工图预算	(1) 了解园林施工图 (2) 掌握园林工程招标控制价和投标报价的含义	施工图设计 工程招标与投标
园林分部分项工程	(1) 了解建设项目的划分 (2) 掌握园林分部分项工程的主要内容	园林植物与景观
清单计价法	(1) 了解工程量清单 (2) 掌握工程量清单计价的内涵、特点和计价方法	清单
定额计价法	了解定额 掌握定额计价的内涵、特点和计价方法	定额

基本概念

园林工程：在一定地域内运用工程及艺术的手段，通过改造地形、建造建筑（构筑）物、种植花草树木、铺设园路、设置小品和水景等途径创造而成的自然环境和游赏休息的设施。

计量：计算园林分部分项工程项目的工程量。

计价：计算园林工程项目建设所需的费用支出。

清单：招标单位在招标文件中附带的表现拟建工程分部分项工程项目、措施项目、其他项目、规费项目和税金项目工程量的清单。

定额：在一定的生产组织条件下完成质量合格的单位分项工程项目所需要的人工、材料、机械的数量标准。

引例

中国园林的典型代表——上林苑

上林苑是中国汉代皇家禁苑的代表作，也是中国园林史的重要里程碑之一。

上林苑原本是秦朝的旧苑，汉武帝刘彻在国力强盛之时，对其加以扩建，形成苑中有苑，苑中有宫，苑中有观的格局。《汉旧仪》记载："上林苑方三百里，苑中养百兽，天子秋冬射猎取之。其中离宫七十所，容千骑万乘"。仅建筑而言，《关中记》记载："上林苑门十二，中有苑三十六，宫十二，观二十五"。宫十二为犬台宫、宣曲宫、昭台宫等；观二十五为茧观、平乐观、豫章观、朗池观、华光观等。苑三十六为宜春苑、御宿苑、思贤苑、博望苑等。图1.1所示为上林苑局部想象图。

"上林苑中有六池、市郭、宫殿、鱼台、犬台、兽圈"。六池为昆明池、如祁池、郎池、东陂池、镐池、蒯池。其中昆明池用以载歌载舞，皇亲贵族乘舟听箫。上林苑中的植物配置相当丰富，特别是远近群臣各献奇树异果，单是朝臣所献就有两千多种。建章宫北太液池是组景很好的园林景区，池中有蓬莱、瀛洲、方丈，像海中神山。《两京杂记》中还记载："太液池西有一池名孤树池，池中有洲，洲上杉树一株，六十余围，望之重重如彩盖，故取为名"。又有影娥池："武帝凿池以玩月，其旁起望鹊台以眺月，影入池中，使宫人乘舟弄月影，名影娥池，亦曰眺蟾台"。可见太液池水景区的水面划分与空间处理，以及水面的意境都是很有奇趣的。

一直以来，上林苑作为中国园林工程的典型代表被众多学者加以研究，学者们试图寻找并讨论上林苑的园林技艺对当代园林工程建设的借鉴意义（图1.2）。

图1.1 上林苑局部想象图

图1.2 上林苑遗迹

1.1 园林工程计量与计价概述

1.1.1 国内外园林工程发展概况

1. 西方园林工程发展的历史与现状

西方园林与中国园林一样，有着悠久的历史和光荣的传统，都是人类文明发展史中的宝贵财富。

从公元 4 世纪至今，西方园林经历了古埃及园林、古巴比伦园林、古希腊园林、古罗马园林、西欧园林、伊斯兰园林、意大利台地园、法国古典主义园林、英国风景式园林、近代城市公园和现代园林景观等不同的发展阶段(图 1.3)。

传统的西方园林艺术以意大利台地园、法国古典主义园林和英国风景式园林为代表，它们同时也代表着规则式和不规则式这两大造园样式。在西方，规则式园林出现较早，并且从古埃及的庭园一直到法国古典主义园林这一漫长的历史时期中，始终占据着主导地位。规则式园林反映着西方传统的古典主义美学思想。从古希腊到 17 世纪，美学家们都一贯主张美在比例的和谐。规则式园林确保了这种美的实现，因为它的各种造园要素都符合"比例的和谐"这一原则。而不规则式园林则出现在 18 世纪的英国，风景式园林曾是资产阶级向代表封建君权专制制度的规则式园林挑战的利器。风景式园林反映着经验主义哲学思

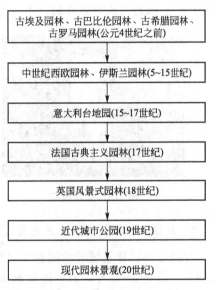

图 1.3 西方园林的发展历程

想，即把感性认识当做认识世界的基础，否认几何比例的决定性作用。风景式造园家强调自然所带给园林的活力和变化，认为情感的流露才是艺术的真谛，因此，诗情画意成为风景式园林创作的基本原则。

到了现代，法国的现代园林景观设计理念主要表现在注重场地、空间、时效、地域景观的再现、简约、生态、对立统一、科学、个性等设计理念。

爱尔兰都柏林西北郊的凤凰公园是当今世界最大的人工园林，其面积达 707 公顷，比著名的美国纽约中心公园还大出两倍以上。公园内建有惠灵顿公爵纪念碑、爱尔兰总统府、国家警察总局和美国驻爱尔兰大使馆等重要建筑，还有高达 50 米的白色十字架和 1500 多头鹿。

在西方园林的发展历程中还出现了大批顶级的园林工程设计师(表 1.1)，不同阶段设计师的设计作品丰富了西方园林工程发展的成果，并不断完善了西方园林的设计理念。

表 1.1　世界著名的园林景观及其设计师

园林景观	设计师	园林景观	设计师
凡尔赛宫	勒诺特尔	迪去雷庄园	杰基尔
伦敦花园广场	霍华德	总督花园(印度)	路特恩斯
纽约中央公园	奥姆斯特德	苟奈尔花园	莱乌格
唐纳花园	托马斯·丘吉	魏茨曼花园	门德尔松
雕塑广场	野口雄	ALCON 花园	盖瑞特·艾克博

勒诺特尔(图 1.4)是众多西方园林工程设计师中的典型代表。这位法国路易十四时期的宫廷造园家是造园史上罕见的天才,有"王之园师,园师之王"的称号。其庭园样式是法国文艺复兴时代造园的精华,并风行欧洲。其代表作有孚·勒·维贡府邸、凡尔赛宫苑(图 1.5)、枫丹白露城堡花园、圣克洛花园、默东花园等。

图 1.4　勒诺特尔

图 1.5　凡尔赛宫

2. 我国园林工程发展的历史与现状

我国古典园林是随着我国古代文明的发展而出现的一种艺术构筑。我国园林的建造历史悠久,已逾 3000 年,园林的要素主要是山、水、物(植物、动物)和建筑。园林的作用通常以游赏和休闲为主。

我国古书典籍《周礼》记载:"园圃树果瓜,时敛而收之";《说文》:"圃,养禽兽也";《周礼地官》:"囿人,……掌囿游之兽禁,牧百兽"等,说明囿的作用主要是放牧百兽,以供狩猎游乐。在园、圃、囿三种形式中,囿具备了园林活动的内容,特别是从商到了周代,就有周文王的"灵囿"。据《孟子》记载:"文王之囿,方七十里",其中养有兽、鱼、鸟等,不仅供狩猎,同时也是周文王欣赏自然之美,满足他的审美享受的场所。可以说,囿是我国古典园林的一种最初形式。

到了秦代,秦始皇完成了统一大业。在建立了前所未有的多民族的统一国家后,连续不断地营建宫、苑,大小不下三百处,其中最为有名的应推上林苑中的阿房宫,周围三百里,内有离宫七十所,"离宫别馆,弥山跨谷",可以想见,规模是多么宏伟。

汉代所建宫苑以未央宫、建章宫、长乐宫规模最大。汉武帝在秦上林苑的基础上继续扩大,苑中有宫,宫中有苑,在苑中分区养动物,栽培各地的名果奇树多达 3000 余种,其内容和规模都是相当可观的。

三国时期曹操所建的铜雀台,在"南北五里,东西七里"的邺城(今河北临漳),规模虽不算太大，规划却相当合理。魏文帝还"以五色石起景阳山于芳林苑，树松竹草木、捕禽兽以充其中"。吴国的孙皓在建业（今南京）"大开苑囿，起土山楼观，功役之费以万计"。晋武帝司马炎重修香林苑，并改名为华林苑。

南朝，梁武帝的芳林苑"植嘉树珍果，穷极雕丽"。他广建佛寺，自己3次舍身同泰寺，以麻痹人民。北朝，在盛乐（今蒙古和林格尔县）建鹿苑，引附近武川之水注入苑内，"广九十里"，成为历史上结合蒙古自然条件所建的重要园林。

隋炀帝时更是大造宫苑，所建离宫别馆四十余所。杨广所建的宫苑以洛阳最宏伟的西苑而著称，据《隋书》记载："西苑用二百里，其内为海，周十余里，为蓬莱、方丈、瀛洲诸山，高百余尺，台观殿阁，罗络山上，海北有渠，缘渠作十六院，门皆临渠，穷极华丽"，供游玩的龙舟及其他船只有数万艘，由此可以看出游园活动的规模之大。

唐代的造园活动和所建宫苑的壮丽，比以前更有过之而无不及，如在长安建有宫苑结合的南内苑、东内苑、芙蓉苑及骊山的华清宫等。著名的华清宫至今仍保留有唐代园林艺术风格。

在宋代，有著名的汴京（今河南开封）寿山艮岳。明朝，在北京建有西苑等。清代更有占地8400多亩的热河（今河北承德）避暑山庄，以及与世界文化历史上著名的古迹——法国巴黎的凡尔赛宫相比拟的圆明园等。当然，还有经典的苏州园林。

若把我国园林艺术约3000年的历史划分阶段的话，大致可分为商朝产生了园林的雏形——囿；秦汉由囿发展到苑；唐宋由苑到园；明清则为我国古典园林的极盛时期，如图1.6所示。

| 秦阿房宫 | → | 汉上林苑 | → | 魏铜雀台 | → | 北朝鹿苑 | → | 唐华清宫 | → | 宋寿山艮岳 | → | 清圆明园 |

图 1.6 我国古代经典园林的发展历程

古典园林在我国灿烂的历史文化中留下了浓重的一笔，也为世界园林的发展做出了不可磨灭的重要贡献。如果说中国传统的经典园林只是为封建贵族阶层建造并供其享乐的话，我国现代园林则走进了当代城乡的每一个角落，为每一位居民提供休闲和游憩的场所。

近年来，我国园林行业得到了迅速的发展。城市道路绿化、城市公园、风景名胜区建设、房地产开发项目建设、旧城改造等带动的种苗需求迅速增长，城市花卉产业需求日益旺盛，园林工程投资逐年增加。这些发展主要缘于国家国民经济的快速发展、城市化进程的加快、房地产业的兴起、基础设施建设的不断推进、旅游和休闲度假产业的崛起，以及人们环境保护意识的不断增强。目前，我国园林行业的产值每年约为1500亿元左右，城市园林绿化工程平均每年投资351亿元，增长速度为16.42%。2006年城市园林绿化投资达到427亿元，2011年城市园林市场规模达4600亿元，2012年我国园林绿化固定资产投资额为5600亿元。从我国的"十二五"规划来看，在"十二五"期间，全国城市建成区绿化覆盖率的目标要达到48%。园林工程的发展前景广阔，很多城市的发展空间还很大。中国园林行业正处于快速成长期，是当前世界园林行业发展的热点地区。

以浙江省为例，浙江省绿化苗木、花木行业近年来也得到了迅猛发展，花木价格一路上扬，省域种植面积迅速扩大，2000—2003年浙江省苗木、花木生产面积从17.47万亩增加到104.92万亩。2006年育苗面积更是达到了133.7万亩，总产苗量为25.51亿株。杭州萧山区花卉苗木业已形成一条从生产、营销、园林工程、绿化养护、市场交易到教育、科研的产业链。2006 年萧山区园林公司承接园林绿化工程达 13.5 亿元。浙江(中国)花木城已经成为华东地区最大的花木集散地。

改善生态环境、提高人居质量正逐渐成为我国城市建设的主旋律。为解决空气污染、噪声、热岛效应等城市问题，我国城市越来越重视工程项目建设中的园林绿化工程，力争为城市营造绿色生态屏障，园林产业的发展越来越被人们所看好。从各方面条件看，当前我国园林产业高速发展的外部条件已基本成熟，将进入起跑和起飞阶段。估计今后 5~10 年，将会以每年 25%~30%的增长速度快速发展。

1.1.2 园林工程计量计价的含义及特点

从国内外园林工程的发展历史、发展现状以及当今世界生态、低碳、可持续发展的趋势看，园林工程建设已经成为当前我国基本建设中不可或缺的重要组成部分之一，园林工程的建设与成效也越来越被建设单位及其政府主管部门特别加以关注。作为越来越重要的工程建设类型，园林工程的投资不可避免地成为工程项目建设过程中的焦点。一般而言，单个园林建设项目的投资与市政基础设施、城市综合体单体建筑或建筑群相比要小，作为市政基础设施配套或住宅小区配套的园林单位工程投资占建设项目总投资的比例不高。虽然如此，对园林工程建设的投资估算却包含了丰富的估算内容，往往除了园林植物和园林景观外，还包括建筑、道路、桥梁等。"麻雀虽小，五脏俱全"，作为园林工程投资确定途径的园林工程计量与计价同样包含了丰富的内容，需要我们深入地学习与领会。

1. 园林工程计量与计价的含义

园林工程计量与计价，广义上是指园林工程从设想到竣工验收的整个过程中对所有投资的计算，狭义上是指园林工程设计概算和施工图预算(定额计价或清单计价)。其广义的内涵一般是指计算园林工程建设项目的总投资。建设项目的总投资一般包括固定资产投资和流动资金投资，但园林工程项目一般不存在流动资金投资，流动资金投资更多存在于生产性建设项目，这里主要是指固定资产投资。狭义的内涵中，设计概算需要计算园林工程项目建设的固定资产投资或建筑安装工程费，施工图预算要计算园林工程项目的建筑安装工程费。

固定资产投资和建筑安装工程费在当前的理论与实践中都被称为"工程造价"，但两者的含义有重要差别。建筑安装工程费是固定资产投资的组成部分之一，固定资产投资除了包括建筑安装工程费外，还包括设备及工器具购置费、工程建设其他费、预备费和建设期贷款利息。由此，园林工程计量与计价的结果"工程造价"当前也有两个层面的意思，广义的工程造价是指固定资产投资，狭义的工程造价是指建筑安装工程费。

园林工程计量与计价包含园林工程计量和园林工程计价两部分。

园林工程计量是指以物理的、自然的计量单位计算的工程数量，即计算工程量。物理的计量单位是指 m、m^2、m^3，自然的计量单位是指株、丛、盆、对、份等。

园林工程计价是指按照各种计价文件的规定和一定的计价程序，对园林建设项目或园林单位工程中的各项费用进行计算，汇总工程总造价，编报形成各种计价文件的过程。一般特别指通过招投标活动对工程编制招标控制价、进行投标报价以及履行中标后的后期价款结算等。

计量与计价是工程概预算必不可少的两项工作。计量提供了市场交易的量的平台，计价则是一种单纯的市场行为。在国内，由于我国的市场经济还不完善，计量与计价对于工程建设的甲方和乙方都同样重要。

2. 园林工程计量与计价的特点

园林工程区别于建筑工程、市政工程、安装工程、装饰装修工程，其计量与计价内容综合多样。以园林植物和园林景观分部为主的项目计量方法简单、容易掌握，以园林建筑、园路园桥分部为主的项目计量方法较复杂。总体而言，园林工程计价总价较小。

（1）项目内容的综合多样性。在园林工程计量与计价的项目组成内容中有苗木、花卉、喷灌设施，还有园路园桥、园林景观，更有园林仿古建筑等。项目内容既包括绿化种植、园林景观等园林工程的专业工种，也包括设备及设备安装、市政、建筑工程的内容。项目内容综合、丰富多样。所以，要完成园林工程的计量与计价，既要掌握园林工程的专业知识，也要了解设备安装工程、市政工程、建筑工程的一般知识。

（2）计量单位的采用中自然计量单位比较突出。例如，伐树根、伐灌木丛、绿化种植、石笋、盆景山、喷泉、石桌石凳、石镌字等项目都是以株、支、块、座等自然单位进行计量的。在国家标准《建设工程工程量清单计价规范》（GB 50500—2013）所含的《园林绿化工程工程量计算规范》（GB 50858—2013)中，以自然计量单位进行计量的项目数为37项，占项目总数109项的33.94%，而在具体园林工程的计量计价中，这一比例还将增大。这个特点在建筑工程、装饰装修工程、安装工程、市政工程和矿山工程中比较少见。

（3）园林植物和园林景观工程量计算方法简易，数量计提不易出现偏差。由于园林工程构图较之建筑工程、市政工程简单易懂，园林植物和园林景观分部分项工程的计量以二维空间计量或一维空间计量为主，三维空间的计量平面上也常以水平投影面积乘以高度计量，由此使得园林工程计量时从图纸上摘取数值简单明了，不易误摘、漏项、漏部位等，更容易保证工程量计算的准确性。特别是伐树根、伐灌木丛、栽植乔木、栽植灌木、栽植花卉、栽植色带、栽植水生植物等属于绿化种植分部工程的项目，通常在施工图中绘苗木表，只要根据苗木表再结合施工图很快就能把这些项目的工程量计算完毕。

（4）园林建筑和园路园桥假山分部计量计价较复杂。园林建筑虽然体量不大，但需要计量计价的内容却与一般建筑无异。例如，包含结构部分的土方、基础、钢筋混凝土柱梁板、钢筋、砌筑、屋面等工程，还包括装饰装修部分的楼地面、墙柱面、天棚、门窗、油漆涂料等工程。特别是园林仿古建筑，还需要增加仿古木作工程、砖细工程、石作工程和屋面工程，其计量计价的难度还要加大。园路园桥结构虽然区别于市政道路与市政桥梁，但结构类似，对园路园桥的计量计价需要掌握道路桥梁的一般知识。

（5）园林工程计价总价具有小额性的特点。在工程实践中，多数园林工程项目的总价在50~500万元之间，只有少数大型园林工程项目的造价在500万元以上。而在建筑工程、市政工程、设备安装工程和矿山工程中，高于500万元造价的工程项目却比比皆是。因为园林工程量在清单编制和校核中出错的可能性较小，且工程总价也较小，所以园林工程计价费用"三超"的现象较为少见，后期价款结算的偏差、设计变更和索赔费用都较小，这是园林工程造价管理的有利条件。

1.1.3 园林工程计量计价的造价文件

工程建设,在我国也称为基本建设,通常是指固定资产扩大再生产的新建、扩建、改建工程及与之相连带的其他工作。工程建设的内容包括建筑工程(建筑物、构筑物、水利)、安装工程(机械、电气设备装配,管线敷设)、园林工程、设备购置、设计勘探、其他和征地、拆迁等。

基本建设通常需要经历项目立项、可行性研究、设计、施工、竣工验收和后评价六大阶段,园林工程建设的先后顺序也是如此:分为项目建议书阶段(立项),可行性研究报告阶段,编制计划任务书和选择建设地点,设计工作阶段,建设准备阶段,建设实施阶段,竣工验收阶段和后评价阶段。不同阶段需要编制工程项目的不同造价文件,如图1.7所示。

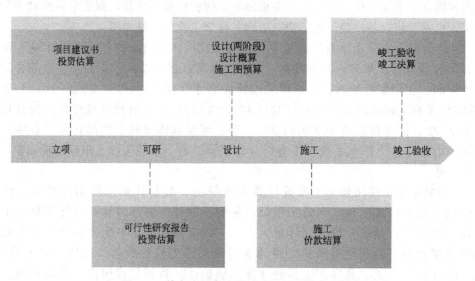

图 1.7 基本建设程序及对应的工程造价文件

1. 园林工程投资估算

园林工程投资估算是园林工程项目立项阶段和可行性研究阶段编制的工程造价文件。通常是指建设单位在编制项目建议书、项目申请报告,可行性研究阶段和编制设计任务书时,对园林工程项目投资数额进行估计的经济文件。估算的目的是为政府主管部门项目立项审批提供依据。建设单位如果不具备编制项目投资估算的资质条件,可以委托具备相应资质条件的咨询公司进行编制。

园林工程投资估算一般根据工程的设计方案编制。设计方案通常会考虑工程与周围环境的关系进行大概的布局和设想,包括进行功能分区、确定各使用区的平面位置。设计方案分为方案构思、方案选择与确定、方案完成3阶段。设计方案图纸包括功能关系图、功能分析图、方案构思图和各类规划平面图及总平面图。有时投资估算也可以不依据设计方案,直接根据园林工程的设计构思进行。

2. 园林工程设计概算

园林工程设计概算是指园林工程在初步设计或技术设计阶段,根据初步设计或技术设计图样、概算定额或概算指标、各项费用定额及相关取费标准等，编制的工程项目从筹建到项目竣工验收交付所需全部费用的造价文件。设计概算是园林工程项目申请政府主管部门审批的重要依据，通常作为园林工程项目的最高投资限额。设计概算一般采用定额计价法。

初步设计是园林工程设计的关键阶段，它代表园林工程设计构思基本形成，明确拟建工程的技术可行性和经济合理性，规定主要技术方案、工程总造价和主要技术经济指标。初步设计通常包括总平面设计、设备设计和建筑设计3部分。技术设计是为解决设计方案中的重大技术问题和满足有关实验、设备选制等方面的要求，提出设备订货明细表，确定准确的形状、尺寸、色彩和材料，完成局部详细的平立剖面图、详图、园景透视图、表现整体的鸟瞰图的设计阶段。很多时候技术设计不一定会发生。初步设计和技术设计是编制施工图的依据。

3. 园林工程施工图预算

园林工程施工图预算是在园林工程施工图设计和招投标阶段编制的工程造价文件。当前对施工图预算的理解有两种不同的观点，一种观点认为施工图预算是在施工图设计阶段以定额计价方式编制的造价文件；另一种观点认为施工图预算分为定额计价法和清单计价法，也称为工料单价法和综合单价法。定额计价法编制的施工图预算是指在施工图设计阶段套用定额的工料单价进行计价的工程造价文件。清单计价法编制的施工图预算是指在施工图设计完成后工程施工招投标阶段根据招标单位提供的工程量清单，填报综合单价，编制招标控制价或投标报价的工程造价文件。定额计价法和清单计价法编制的依据不同，前者依赖定额，后者依赖清单计价规范。本书所指为第二种观点。

施工图设计就是把设计者的意图和全部设计结果表达出来，以此作为施工的依据。施工图应能清楚、准确地表现各项设计内容的尺寸、位置、形状、材料、种类、数量、色彩以及构造和结构，需要完成施工平面图(图1.8)、地形设计图、种植平面图、园林建筑施工图等。深度应能满足设备材料的选择与确定、非标准设备的设计与加工制作、编制施工图预算、工程施工和安装的要求。

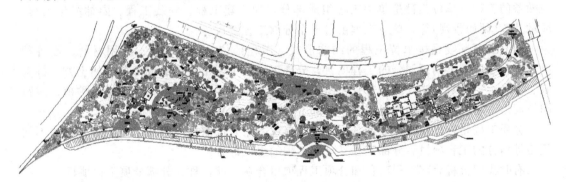

图1.8 园林工程施工总平面图

4. 园林工程结算与竣工决算

园林工程结算是指在工程施工过程中，由施工单位按合同约定，分不同阶段进行实际完成工程量的统计，经建设单位核定认可后，办理工程进度款的支付。园林工程竣工结算是指在园林工程竣工验收阶段，由施工单位根据合同，设计变更，技术核定单，现场签证，人工、材料、机械市场价格，有关取费标准等竣工资料编制，经建设方或委托的监理单位签认的工程造价文件。

园林工程竣工决算是指园林工程项目竣工验收后，由业主或业主委托单位计算和编制的综合反映园林工程项目从筹建到竣工验收全过程中各项资金使用情况和建设成果的总结性经济文件。竣工决算一般由一系列决算报表组成，由建设单位或建设单位委托的咨询单位编制。

1.2 园林工程的项目划分

1.2.1 工程建设的项目划分

1. 建设项目的组成

工程建设项目由大到小分为建设项目、单项工程、单位工程、分部工程和分项工程。

建设项目是指按一个总体设计进行建设，经济上实行统一核算，行政上有独立的组织形式，实现统一管理的工程项目。建设项目的实施主体是建设单位。例如，工厂、学校、矿山、农场、水利、风景名胜区、独立的城市公园等都是建设项目。一个建设项目通常由若干个单项工程组成。

单项工程是指具有独立的设计文件，建成后能够独立发挥生产能力或效益的工程。单项工程是建设项目的组成部分，如车间、教学楼、公园 A 区、公园 B 区等。单项工程由若干个单位工程组成。

单位工程是指具有独立的设计，可以独立组织施工，但竣工后不能独立发挥生产能力或效益的工程。单位工程是单项工程组成部分，如土建工程、安装工程、园林绿化工程、园林建筑(硬质景观)等。单位工程由若干个分部工程组成。

分部工程一般是按单位工程的结构形式、工程部位、构件性质、使用材料、设备种类、工种性质等不同而划分的工程项目。分部工程是单位工程的组成部分，如土方、桩基础、混凝土、砌筑、构件运输安装、屋面防水、门窗、楼地面、墙柱面、绿化种植、园路园桥假山、园林景观、仿古建筑等。分部工程由若干分项工程组成。

分项工程是施工图预算中最基本的预算单位，它是按照不同的施工方法、材料的不同规格等划分的工程项目。分部工程是分部工程的组成部分。

有时我们会将分部工程项目和分项工程项目合在一起，称为分部分项工程项目。

2. 工程结构的分解计价

由于建设项目可划分为建设项目、单项工程、单位工程、分部工程和分项工程，园林工程概预算也可分为单位工程概预算、其他费用概预算、单项工程综合概预算和建设项目总概算，即针对工程项目的计价亦可分解。以设计概算为例，建设项目的概算可分为单位工程概算、单项工程概算、建设项目总概算，从左到右逐级汇总。以施工图预算为例，建设项目总预算可分为分项工程预算、分部工程预算、单位工程预算、单项工程预算、建设项目总预算,从左到右逐级汇总。

在园林工程分解计价时,每一级工程计价都针对同样的园林工程项目,并随着园林工程项目不同的建设阶段编制不同的造价文件。这也体现了园林工程项目单个性计价和多次性计价的特点。

1.2.2 园林分部分项工程项目的划分

1. 园林工程的分类

园林工程一般分为绿化种植工程、园路园桥工程、园林景观工程、仿古建筑工程 4 类,即 4 个分部工程。

绿化种植工程(图 1.9)主要包含花草树木的种植项目以及与之相连带的工作。《园林绿化工程工程量计算规范》(GB 50858—2013)中对于绿化种植分部工程的项目设置分为绿地整理、栽植花木、绿地喷灌 3 个子分部。

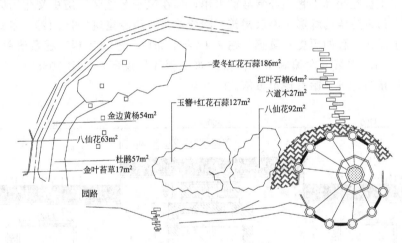

图 1.9 绿化种植施工图

园路园桥工程包含了园林工程中通常需要设置的园路(图 1.10、图 1.11)、园桥项目。《园林绿化工程工程量计算规范》(GB 50858—2013)中对于园路园桥分部工程的项目设置分为园路桥工程、驳岸护岸两个子分部。

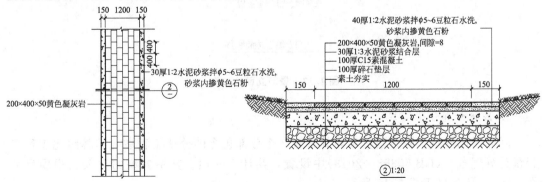

图 1.10 园路平面图与剖面图

图 1.11　园路与绿化种植实景图

　　园林景观工程包含了园林工程中常见的假山、亭台、喷泉、花架等项目。《园林绿化工程工程量计算规范》(GB 50858—2013)中对于园林景观分部工程的项目设置分为堆塑假山、原木竹构件、亭廊屋面、花架、园林桌椅、喷泉安装和杂项 7 个子分部。

　　仿古建筑工程在园林工程中经常会被采用，如在风景名胜区、历史文化街区、各类影视城等，都有仿古建筑的踪影。秦汉建筑、隋唐建筑、明清建筑(图 1.12)，各式风格的亭台楼阁增加了园林工程的历史厚重感。在 2013 年颁布的《建设工程工程量清单计价规范》(GB 50500—2013)中第一次编制了《仿古建筑工程计量规范》(GB 50855—2013)，仿古建筑的清单计量与计价开始有规范可依。

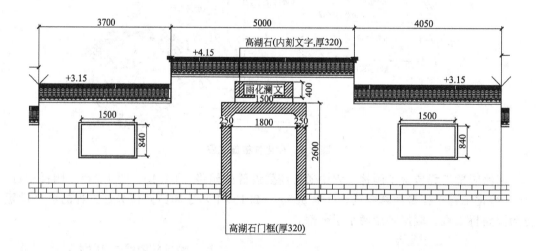

入口景墙正立面图1:50

图 1.12　景墙立面施工图

2. 园林分部分项工程

　　园林绿化种植、园路园桥和园林景观 3 个分部包含的分项工程在《园林绿化工程工程量计算规范》(GB 50858—2013)中设置，共计 109 项。其中典型的分项工程项目如图 1.13、图 1.14 和图 1.15 所示。

绿化种植工程
├ 绿地整理
│　├ 伐树、挖树根、砍挖灌木丛、挖芦苇根
│　├ 清除草皮、整理绿化用地
│　└ 屋顶花园基底处理
├ 栽植花木
│　├ 栽植乔木、栽植竹类、栽植棕榈类
│　├ 栽植灌木、栽植绿篱、栽植攀缘植物
│　├ 栽植色带、栽植花卉、栽植水生植物
│　└ 铺种草皮、喷播植草
└ 绿地喷灌　喷灌设施

图 1.13　绿化种植分部的分项工程项目

园路园桥工程
├ 园路桥工程
│　├ 园路、路牙铺设、树池围牙、盖板、嵌草砖铺装
│　├ 石桥基础、石桥墩、桥台
│　├ 拱旋石制作安装、石旋脸制作安装、金刚墙砌筑
│　├ 石桥面铺装、石桥面檐板
│　└ 石汀步、木制步桥、栈道
└ 驳岸
　　├ 石砌驳岸
　　├ 原木桩驳岸
　　└ 自然护岸

图 1.14　园路园桥分部的分项工程项目

园林景观工程
├ 堆塑假山
│　├ 堆筑土山丘、堆砌石假山、塑假山
│　├ 石笋、点风景石、池石、盆景山
│　└ 山石护角、山坡石台阶
├ 原木、竹构件
│　├ 原木柱梁檩椽、原木墙、树枝吊挂楣子
│　└ 竹柱梁檩椽、竹编墙、竹吊挂楣子
├ 亭廊屋面
│　├ 草屋面、竹屋面、树皮屋面
│　├ 现浇混凝土斜屋面、现浇混凝土攒尖亭屋面板
│　├ 就位预制攒尖亭屋面板、就位预制混凝土穹顶
│　└ 彩色压型钢板攒尖屋面板、彩色压型钢板混凝土穹顶
├ 花架
│　├ 现浇混凝土花架柱梁、预制混凝土花架柱梁
│　└ 木花架柱梁、金属花架柱梁
├ 园林桌椅
│　├ 木制飞来椅、钢筋混凝土飞来椅、竹制飞来椅
│　├ 现浇混凝土桌凳、预制混凝土桌凳、石桌石凳
│　└ 塑树根桌凳、塑树节椅、塑料铁艺金属椅
├ 喷泉安装
│　├ 喷泉管道、喷泉电缆
│　├ 水下艺术装饰灯具
│　└ 电气控制
└ 杂项
　　├ 石灯、石球
　　├ 塑仿石音箱、塑树皮梁柱、塑竹梁柱
　　├ 花坛铁艺栏杆、标志牌
　　└ 砖石砌小摆设

图 1.15　园林景观分部的分项工程项目

1.3 园林工程计量与计价方法

通常要编制完成园林工程建设各阶段的造价文件，有两种不同的计价方法：定额计价法和清单计价法。其中定额计价法适用于园林工程投资估算、设计概算以及采用预算定额工料单位编制的施工图预算。定额计价法用于工程建设的前期和中期阶段造价文件的编制。清单计价法适用于园林工程根据招标清单采用综合单价编制的施工图预算和园林工程施工过程中的价款结算，即用于工程建设中后期阶段造价文件的编制。而对于园林工程的竣工决算，所用的方法既非定额计价法，也非清单计价法，主要采用的是会计学的会计做账原则和方法。

1.3.1 清单计价法

工程量清单计价方法是一种由市场定价的计价模式，是由建设产品的买方和卖方在建设市场上根据供求状况、信息状况进行自由竞价，从而最终能够签订工程合同价格的方法。它适用于全部由国有资金投资或以国有资金投资为主的建设项目。《建设工程工程量清单计价规范》（GB 50500—2013）中规定，全部由国有资金投资或以国有资金投资为主的建设项目的计价必须实行工程量清单计价。

清单计价法首先必须要有工程量清单，然后才能根据工程量清单进行计价。

1. 工程量清单

工程量清单自19世纪30年代产生，西方国家把计算工程量、提供专业化工程量清单作为业主估价师的职责，所有的投标都要以业主提供的工程量清单为基础，从而使得最后的投标结果具有可比性。

从招投标的角度看，工程量清单是按照招标要求和施工设计图纸要求，将拟建招标工程的全部项目和内容依据规范中统一的工程量计算规则和子目分项要求，计算分部分项工程实物量，列在清单上作为招标文件的组成部分，供投标单位逐项填写综合单价用于投标报价。工程量清单是编制招标工程招标控制价、投标报价和工程结算时调整工程量的依据。

从承发包合同签订的角度看，工程量清单是把承包合同中规定的准备实施的全部工程项目和内容，按工程部位、性质及它们的数量、单价、合价等列表表示出来，用于投标报价和中标后计算工程价款的依据，工程量清单是承包合同的重要组成部分。

我国工程量清单必须依据《建设工程工程量清单计价规范》（GB 50500—2013）中规定的工程量计算规则、分部分项工程项目划分及计算单位的规定，施工设计图纸、施工现场情况和招标文件中的有关要求由招标单位或具备相应资质的中介机构进行编制。清单封面上必须有注册造价工程师签字并盖执业专用章方为有效。

一个拟建项目的全部工程量清单包括分部分项工程量清单、措施项目清单、其他项目清单、规费清单和税金清单5部分。分部分项工程量清单是表明拟建工程的全部分项实体工程名称和相应数量的清单；措施项目清单是为完成分项实体工程而必须采取的发生于工程施工过程中最后不会构成工程实体的一些措施性项目的清单；其他项目清单是招标人提出的一些与拟建工程有关的特殊要求的项目清单。

2. 工程量清单计价

工程量清单计价是在建设工程招投标中，招标人根据工程量清单确定综合单价，汇总工程总造价形成工程招标控制价作为工程投标的最高限额，或由投标人自主报综合单价，汇总工程总造价形成工程商务标书，经评审合理低价中标的工程造价计价模式。

综合单价是指完成一个规定计量单位的分部分项工程量清单项目或措施清单项目所需的人工费、材料费、施工机械使用费、企业管理费与利润，以及一定范围内的风险费用。

综合单价＝人工费＋材料费＋机械费＋企业管理费＋利润＋风险

采用清单计价法确定园林工程产品价格（固定资产投资）的基本方法和公式如下：

综合单价＝人工费＋材料费＋机械费＋企业管理费＋利润＋风险

单位工程分部分项工程费＝∑（拟建园林分部分项工程工程量×综合单价）

单位工程措施项目费＝∑［拟建园林工程措施项目（二）工程量×综合单价）＋措施项目费（一）］

单位工程概预算造价（建筑安装工程费）＝分部分项工程费＋措施项目费＋其他项目费＋规费＋税金

单项工程概算造价＝∑单位工程概预算造价＋设备、工器具购置费

建设项目概算造价＝∑单项工程的概算造价＋预备费＋工程建设的其他费用

1.3.2 定额计价法

定额计价法区别于清单计价法，是我国传统的计价模式。在我国的工程计价历史中，其产生的时期比清单计价法早很多，使用的时期也比清单计价法长。它是新中国成立后我国长期采用的一种工程计价方法。在 2003 年工程计价方法改革以前，定额计价法一直作为我国基本建设项目计价规定的计价方法使用，在工程计价方法改革以后，定额计价法仍在我国工程建设的前期阶段采用。此外，在工程建设的中期施工图预算阶段同样适用于以企业投资为主的建设项目。《建设工程工程量清单计价规范》（GB 50500—2013）中规定，以企业投资为主的建设项目，可以实行工程量清单计价，也可以实行定额计价。

1. 定额与工料单价

定额是指在一定的生产条件下，用科学方法制定出生产质量合格的单位产品所需要的劳动力、材料和机械台班等数量标准。定额一般分生产性定额和计价性定额。生产性定额主要是指施工定额。计价性定额包括预算定额和概算定额。美国工程师泰勒作为定额理论的创始人，曾在米德威尔钢铁厂做过搬运生铁实验、施密特实验、金属切削实验，实验制定出钢铁厂科学的工时定额。泰勒在科学的工时定额基础上，结合有差别的计件工资、标准的操作方法、强化和协调职能管理等管理制度，解决了工人怠工的问题。由此产生的科学管理理论使美国 19 世纪 80 年代的工业生产效率实现了质的飞跃。泰勒所提倡的科学管理理论成为西方管理学发展最重要的第二阶段，即亚当·斯密古典经济学之后，梅奥行为

科学管理理论之前的重要阶段,被称为"管理学之父"。

中国的建设工程造价管理制度在新中国成立后曾经长期采用定额管理。即工程项目的投资估算、设计概算、工程招投标中的标底、投标报价,以及后期的价款结算等都以定额为依据。定额在新中国成立后的54年间一直具有科学性、强制性、权威性与时效性的特点。直至2003年原建设部标准定额司开始在全国范围内推广工程量清单计价模式时止,定额的权威性才开始逐渐被削弱。但由于在工程量清单计价中投标企业分部分项工程量清单综合单位报价仍然需要企业定额(实际是预算定额)来完成组价,以及工程项目在施工招投标以前的工程计价需要等原因,定额计价法在当前中国工程建设项目计价中仍然是必须的,不能忽略。

造价文件编制时采用的定额多为计价性定额,即预算定额或概算定额。计价性定额中的定额基价指工料单价。工料单价是定额计价法采用的单价类型,一般是指人工费、材料费和施工机械使用费。

$$工料单价＝人工费＋材料费＋机械费$$

2. 定额计价法公式

定额计价时,其量的确定遵循定额中约定的工程量计算规则,价的确定采用工料单价乘以定额工程量。即根据概算定额或预算定额计算分部分项工程量,再乘以定额基价,得到直接工程费,继而进行价差调整,最后再计提措施费、综合费用、规费、税金,得到建筑安装工程费。

采用定额计价法确定园林工程产品价格(固定资产投资)的基本方法和公式如下:

$$工料(直接工程费)单价＝定额人工费＋定额材料费＋定额施工机械使用费$$

式中:定额人工费＝$\sum$(人工工日数量×人工日工资标准);

定额材料费＝$\sum$(材料用量×材料预算价格);

定额机械使用费＝$\sum$(机械台班用量×台班单价)。

$$单位工程直接工程费＝\sum(拟建园林分部分项工程工程量×工料单价)$$

$$单位工程直接费＝直接工程费＋措施费$$

$$单位工程概预算造价(建筑安装工程费)＝直接费＋间接费＋利润＋税金$$

$$单项工程概预算造价＝\sum单位工程概预算造价＋设备、工器具购置费$$

$$建设项目概预算造价＝\sum单项工程的概算造价＋预备费＋工程建设的其他费用$$

1.3.3 清单计价法与定额计价法的联系和区别

1. 清单计价法与定额计价法的联系

无论工程量清单计价还是定额计价,都适用于相同的工程造价计价的基本原理,遵循工程造价计价的基本程序,满足工程项目投资的基本费用构成要求,并都为工程项目建设相应阶段的造价控制服务。

2. 清单计价法与定额计价法的区别

(1) 两种模式的最大差别在于体现了我国建设市场发展过程中的不同定价阶段。清单计价模式反映了市场定价阶段,定额计价模式更多地反映了国家定价或国家指导价阶段。

（2）两种模式的主要计价依据及其性质不同。清单计价模式的主要计价依据为《建设工程工程量清单计价规范》（GB 50500—2013)体系。定额计价模式的主要计价依据为国家、省、有关专业部门制定的各种定额。

（3）编制工程量的主体不同。在清单计价方法中，工程量由招标人统一计算或委托具有相应资质的工程造价咨询单位统一计算。而在定额计价方法中，建设工程的工程量由招标人和投标人分别按图计算。

（4）单价与报价的组成不同。清单计价方法采用综合单价形式，综合单价包括人工费、材料费、机械使用费、管理费、利润，并考虑风险因素。而定额计价法采用的工料单价则仅包含人工费、材料费、机械台班费。

（5）适用阶段不同。工程定额计价主要适用于项目建设前期各阶段对于建设投资的预测和估计，在工程建设交易阶段，工程定额计价通常只能作为建设产品价格形成的辅助依据，而工程量清单计价适用于合同价格形成及后续的合同价格管理阶段。

（6）合同价格的调整方式不同。工程量清单计价方法在一般情况下综合单价是相对固定下来的，合同价格的调整根据实际完成的工程量乘以相对固定的综合单价完成。而定额计价方法形成的合同价格需要调整时，主要调整方式有变更签证、定额解释、政策性调整。

（7）工程量清单计价把施工措施性消耗单列并纳入了竞争的范畴。工程量清单计价规范的工程量计算规则原则上以工程实体的净尺寸计算，也没有包含工程量合理损耗，施工中的合理损耗应该包含在投标人所报的综合单价中。这一特点也是工程定额计价的工程量计算规则与《建设工程工程量清单计价规范》（GB 50500—2013)的工程量计算规则的本质区别。

1.4 园林工程计量与计价课程学习要求

园林工程计量与计价作为园林、园艺专业学生的专业课程之一，课程设置的目的是使学生掌握园林工程概预算的基本知识、理论和方法；让学生了解各类资源的市场价格信息和相关造价指标；了解工程造价的国内外发展动态；掌握编制园林工程施工图预算的方法；掌握编制园林工程设计概算的方法，以及培养学生独立编制工程造价文件的能力。本课程的理论性、应用性和操作性都很强。学生需要通过结合具体工程案例，才能更好地学习本课程。

1.4.1 课程的特点

1）工程性

对园林工程的理解首先应该基于工程问题。园林工程是基本建设的组成内容之一，是建设项目的一种工程类型。园林工程与建筑工程、装饰装修工程、安装工程、市政工程一样，是建设项目的一个种类。另一方面，园林工程也是建筑工程、市政工程等建设项目不可或缺的组成部分。也就是说，园林工程一方面体现为园林工程建设项目，另一方面体现为其他建设项目不可或缺的组成部分。

2) 艺术性

园林工程项目无处不存在艺术设计，艺术思想是无形的，艺术的表现形式多数是不规则的。合理的主观取舍通过数学的计算表达正确反映艺术设计所代表的工程内容是本课程区别于其他工程类别计量与计价课程的重要特点。整理绿化用地、园路、铺装等在园林工程设计中往往以不规则的形状体现，采用方格网法统计整理绿化用地面积、园路长度和铺装面积时恰恰需要采用合理的主观取舍通过数学计算来正确地反映艺术设计所代表的工程内容。

3) 应用性

本课程区别于园林工程规划设计类课程，它反映的技术内容发生在工程规划设计之后，工程施工招投标之前，是对规划设计方案的技术经济分析与评价，即成本考量。在具体计算时主要体现为对规范和定额的套取应用，按照规定程序、规定方法和规定依据完成工作，较少需要开放性、艺术性的思维。另一方面，区别于力学课、建筑经济与企业管理等基础课或理论基础课，它体现的是针对具体工程的研究，其应用性更为突出。

4) 严谨性

在进行工程量的计算时，严格按照清单规范或定额中要求的工程量计算规则进行，并能够准确反映园林工程施工图纸中所表达的工程内容、工程数量，这是进行工程计量的基本要求。数据不能反映图纸信息，工程量计算违背计算规则或者计算错误都是不可取的。在进行工程计价时，如何根据规范中约定的工程内容进行组价，如何正确地根据工程内容进行定额套取，是减少招标投标风险，规范商务标评定以及后期价款结算的重要技术基础，这都要求招标方和投标方有严谨的工作态度和作风。

5) 时效性

本课程反映的技术内容所需要的规范、定额、调价规定、价格信息等计量计价依据在实践应用中都是不断变化的，编制计量与计价文件要时时考虑时效性的要求，建立时效性的意识。教材内容及学生学习的内容也要体现时效性的特点。

1.4.2 课程的培养目标

本课程致力于培养学生独立编制设计概算和施工图预算的能力。编制设计概算和施工图预算要以较强的图纸阅读能力，完整丰富的费用意识，对规范、定额加以灵活套用换算的能力为基础。这些能力的培养通过教材中的工程案例、图纸资料以及对案例的详细解读和计算来实现，让学生在案例的具体学习中掌握计量与计价的方法，加深对费用的全局理解和掌握，深入浅出，生动活泼。

1.4.3 课程的基本学习方法

1) 与其他学科相联系的方法

要学好本课程，必须与园林工程制图、园林建筑材料与构造、园林绿化工程施工技术、园林工程施工组织管理、园林植物栽培与养护、园林绿化工程设计、园林绿化工程招投标、计算机制图(CAD)等课程相联系，以这些课程为基础进行学习，学习效率会更高，学习效果也会更明显。缺乏上述课程做基础，则会发生所学问题无法理解，实践操作能力的培养无法达到预期目标等问题。

2）理论联系实际的方法

学习本课程应该与实际工程相结合，根据工程案例进行训练。此方法不仅可以避免在学习过程中对各项费用和定额、规范理解时的枯燥感，提高学习的兴趣，还可以使学生熟悉工程现状，提高学生毕业后融入工程建设实践的能力。

3）熟练运用计算机

随着计算机的普及，各类概预算软件和工程计量软件被广泛应用于园林绿化工程的计量与计价过程中。各种软件的操作不尽相同，部分软件需要造价员把工程图按照计量计价的需要导入计算机，因此熟练运用计算机和各类预算软件是非常有必要的，也是做好概预算工作的前提。

习 题

一、填空题

1. 园林工程计量与计价是指_____和_____两部分工作。

2. 在初步设计阶段编制的园林工程造价文件是_____。

3. 在施工图设计阶段编制的园林工程造价文件是_____。

4. 园林工程一般分为_____、_____、_____和_____4个分部工程。

二、选择题

1. 目前，园林工程计价的方法包括（ ）。

A. 定额计价法和施工图预算法 B. 手算法

C. 理论联系实际法 D. 清单计价法和定额计价法

2. 园林分部分项工程计量的单位不包括（ ）。

A. km B. 株

C. 个 D. m²

3. 投标报价是（ ）在获取招标文件后编制的关于招标工程的造价文件。

A. 建设单位 B. 施工单位

C. 监理单位 D. 造价咨询单位

4. 栽植乔木属于（ ）。

A. 单项工程 B. 单位工程

C. 分部工程 D. 分项工程

三、思考题

1. 请总结园林工程计量与计价的特点。

2. 简述园林工程造价文件的组成，并分析不同的造价文件在工程建设过程中的适用阶段。

3. 对清单计价法与定额计价法进行比较。

4. 分析清单计价法与定额计价法适用的场合。

5. 请简要总结园林工程计量与计价课程的特点和学习方法。

第2章
园林工程计量与计价的依据

工程计量与计价必须根据规范编制。国家标准 GB 50500—2013《建设工程工程量清单计价规范》是当前指导我国工程计量与计价的主要依据之一。如何约定工程量清单的编制？如何约定工程量清单计价表的编制？如何约定工程项目承发包过程中承包方与发包方工程价款的结算？规范对于学习、理解和掌握这些问题至关重要。除（GB 50500—2013）外，我国人力资源和社会保障部与住房和城乡建设部联合发布的《建设工程劳动定额 园林绿化工程国家标准》（LD/T 75.1～3—2008）属于园林工程劳动和劳动安全行业标准，用于园林企业施工生产管理和编制园林工程施工预算和施工组织设计。而《浙江省园林绿化及仿古建筑工程预算定额》（2010 版）是当前指导浙江省园林工程计量与计价的主要规范。定额用于园林工程投资估算、设计概算、定额计价法施工图预算以及清单计价法园林分项工程综合单价的组价。定额和规范在编制园林工程招标控制价和园林工程商务标标书时都是不可或缺的计算依据。

教学目标

1. 掌握规范（GB 50500—2013）和（GB 50858—2013）中清单项目的分类及特点，掌握绿化工程、园路园桥工程、园林景观工程所包含的分项工程内容、清单计量单位和清单工程量计算规则。

2. 掌握劳动定额的编制方法和表现形式，了解《建设工程劳动定额 园林绿化工程》（LD/T 75.1～3—2008）的项目组成及用途。

3. 了解预算定额的编制方法，熟悉《浙江省园林绿化及仿古建筑工程预算定额》（2010 版）上、下册所包含的内容。

4. 理解规范和定额在工程量计算规则方面的异同点。

教学要求

知识要点	能力要求	相关知识
GB 50500—2003	(1) 了解 GB 50500—2013 的相关规定和要求 (2) 掌握各术语的含义	工程其他规范
GB 50858—2013	(1) 熟悉项目编码、项目名称、项目特征 (2) 熟悉计量单位、工程量计算规则、工程内容	园林工程量清单

（续）

知识要点	能力要求	相关知识
LD/T 75.1～3—2008	（1）掌握劳动定额的特点、编制方法和表现形式 （2）理解时间定额表	时间定额 产量定额
《浙江省园林绿化及仿古建筑工程预算定额》	（1）熟悉定额的结构 （2）掌握定额的套用和换算	预算定额

 基本概念

　　《建设工程工程量清单计价规范》（GB 50500—2013）：为规范工程造价的计价行为，统一建设工程工程量清单的编制和计价方法，根据《中华人民共和国建筑法》、《中华人民共和国合同法》和《中华人民共和国招标投标法》编制的用于约束工程项目计量与计价行为的国家标准。

　　《建设工程劳动定额》（LD/T 75.1～3—2008）：反映工程项目劳动和劳动安全的行业标准，由我国住房和城乡建设部与人力资源和社会保障部2009年联合颁发。

　　时间定额表：反映分项工程及工序作业时间消耗标准的表格。

　　单位估价表：反映分项工程工料单价及其人工费、材料费和机械费标准的表格。

引例

英国皇家特许测量师学会（RICS）

图 2.1　RICS 的徽标及图书馆

　　英国皇家特许测量师学会（Royal Institution of Chartered Surveyor，RICS）是个有着140余年历史，被全球广泛认可的专业性学会。它是全球范围内对工程进行工料测量的先驱。RICS 的徽标及图书馆如图 2.1 所示。中国的造价工程师协会与其有相似的属性。早在1868年，20名测量师汇聚于英国伦敦的威斯敏斯特宫殿酒店，在约翰·克拉顿（John Clutton）的主持下组成一个小组委员会来起草决议、流程和规章并达成一致意见，最终筹建成 RICS。John Clutton 被推选为测量师学会的首届主席，办公室就设在伦敦著名的大本钟对面，至今这里仍然是 RICS 全球的行政总部。目前 RICS 有超过14万名会员分布在全球146个国家；拥有400多个 RICS 认可的相关大学学位专业课程，每年发表超过500多份研究及公共政策评论报告，向会员提供覆盖17个专业领域和相关行业的最新发展趋势。

2.1 建设工程工程量清单计价规范

　　新中国成立以来，我国颁发了一系列工程计价的依据，列入国家标准，包括1957年全国统一的《建筑工程预算定额》、1981 年全国统一的《建筑工程预算定额》第 2 版、1995 年《全国统一建筑工程基础定额》（GJD—101—95）、2002 年《全国统一建筑装饰装修工程消耗量定额》（GYD—901—2002）和 2003 年《建设工程工程量清单计价规范》（GB 50500—2003）等。其中《建设工程工程量清单计价规范》（GB 50500—2013）由原国家建设部和国家质量监督检验检疫总局联合发布。

自 2003 年开始，在园林工程招投标中，招标单位在招标文件发放前会独立编制或委托具有相应资质的中介咨询单位编制招标工程的工程量清单。工程量清单作为招标文件的组成部分一起发放给前来参加投标的投标单位。在投标单位投标报价过程中，工程量清单作为量的统一标准使所有的投标单位具备了相同的竞争前提，投标单位只需要在工程量清单中报出分项工程的综合单价并汇总，即可完成投标报价的主要工作。投标工作由此变得简单易行。在投标时，投标单位之间竞争的是综合单价，而非工程量。这是一种借鉴于英国的工程招投标模式。

招标单位在编制工程量清单时主要的依据是《建设工程工程量清单计价规范》（GB 50500—2003）。在 GB 50500—2003 中首次将分项工程的项目编码定为全国统一的 12 位，以期实现全国清单项目报价的信息共享，学习国外先进的工程造价管理经验。2008 年，《建设工程工程量清单计价规范》更新为一个新的版本 GB 50500—2008。2012 年颁布的《建设工程工程量清单计价规范》征求意见稿 GB 50500—2013，2013 年 7 月开始实施。《建设工程工程量清单计价规范》（GB 50500—2013）中包含的国家标准共计 9 个专业：《房屋建筑与装饰工程计量规范》（GB 50854—2013）、《通用安装工程计量规范》（GB 50856—2013）、《市政工程计量规范》（GB 50857—2013）、《园林绿化工程工程量计算规范》（GB 50858—2013）、《仿古建筑工程计量规范》（GB 50855—2013）、《矿山工程工程量计算规范》GB 50859—2013）、《构筑物工程工程量计算规范》（GB 50860—2013）、《城市轨道交通工程工程量计算规范》（GB 50861—2013）、《爆破工程工程工程量计算规范》（GB 50862—2013）。

园林绿化工程涉及普通公共建筑物等工程的项目，按国家标准《房屋建筑与装饰工程计量规范》（GB 50854—2013）的相应项目执行；涉及仿古建筑工程的项目，按国家标准《仿古建筑工程计量规范》（GB 50855—2013）的相应项目执行；涉及电气、给排水等安装工程的项目，按照国家标准《通用安装工程计量规范》（GB 50856—2013）的相应项目执行；涉及市政道路、室外给排水等工程的项目，按国家标准《市政工程计量规范》（GB 50857—2013）的相应项目执行。

2.1.1 总则

《建设工程工程量清单计价规范》（GB 50500—2013）总则首先提出其适用于建设工程的工程计价活动，全部使用国有资金投资或以国有资金投资为主的建设工程发、承包必须采用工程量清单计价。非国有资金投资为主的建设项目，可以采用工程量清单计价。其次，总则还指出工程量清单、招标控制价、投标报价、中标后的价款结算应该由具有相应资格的工程造价专业人员承担。建设工程工程量清单计价应该遵循客观、公正、公平的原则。建设工程工程量清单计价活动，除应该满足《建设工程工程量清单计价规范》（GB 50500—2013）的要求外，还应符合国家现行有关标准的规定。

《建设工程工程量清单计价规范》（GB 50500—2013）中的强制性条款包括以下两条。

(1) 全部使用国有资金或以国有资金投资为主的大中型建设工程执行本规范。

(2) 规范中要求强制执行的 4 个统一。

① 统一的分部分项工程项目名称。

② 统一的计量单位。

③ 统一的工程量计算规则。

④ 统一的项目编码。

2.1.2　术语

1. 工程量清单

工程量清单是表现拟建工程的分部分项工程项目、措施项目、其他项目、规费项目和税金项目的名称和相应数量的明细清单。

工程量清单一般由分部分项工程量清单、措施项目清单、其他项目清单、规费清单和税金清单组成。其中分部分项工程量清单和措施项目清单(二)包括项目编码、项目名称、项目特征、计量单位和工程量 5 个组成要件。清单中的工程量主要表现的是工程实体的工程量。清单工程量是招标人估算出来的，仅作为投标报价的基础。结算时的工程量应以招标人或由其授权委托的监理工程师核准的实际完成量为依据。

2. 招标工程量清单

招标工程量清单是招标人依据国家标准、招标文件、设计文件以及施工现场实际情况编制的，随招标文件发布供投标报价的工程量清单。招标工程量清单必须作为招标文件的组成部分，其准确性和完整性由招标人负责。

招标工程量清单标明的工程量是投标人投标报价的共同基础，竣工结算的工程量按发、承包双方在合同中约定应予计量且实际完成的工程量确定。合同履行期间，出现招标工程量清单项目缺项的，发、承包双方应调整合同价款。招标工程量清单中出现缺项，造成新增工程量清单项目的，应确定单价，调整分部分项工程费。由于招标工程量清单中分部分项工程出现缺项，引起措施项目发生变化的，应在承包人提交的实施方案被发包人批准后，计算调整的措施费用。

3. 已标价工程量清单

已标价工程量清单是指构成合同文件组成部分的投标文件中已标明价格，经算术性错误修正(如有)且承包人已确认的工程量清单，包括对其的说明和表格。

4. 工程量偏差

工程量偏差是指承包人按照合同签订时的图纸(含经发包人批准由承包人提供的图纸)实施，完成合同工程应予计量的实际工程量与招标工程量清单列出的工程量之间的偏差。

5. 项目编码

项目编码是指分部分项工程量清单项目名称的数字标示。

项目编码采用12位阿拉伯数字标示(图2.2)。其中一、二、三、四级编码统一;第五级编码由编制人自行设置。第一级表示分类码(两位):建筑工程、装饰装修工程为01、仿古建筑工程为02、安装工程为03、市政工程为04、园林绿化工程为05、矿山工程为06。第二级表示章顺序码(两位)、第三级表示节顺序码(两位)、第四级表示清单项目码(三位)、第五级表示具体清单项目码(三位)。

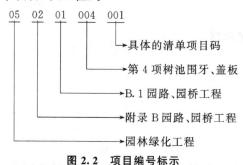

图 2.2　项目编号标示

6. 项目名称和项目特征

项目名称即分部分项工程量清单中的分项工程名称。项目名称应按规范的项目名称结合拟建工程的项目实际确定。以附规范中的分项工程项目名称为基础,考虑该项目的规格、型号、材质等特征要求,结合拟建工程的实际情况,使其工程量清单项目名称具体化、细化,能够反映影响工程造价的主要因素。

项目特征是构成分部分项工程量清单项目、措施项目自身价值的本质特征。项目特征按规范中规定的项目特征内容,结合拟建工程项目的实际予以描述,满足确定综合单价的需要。在描写项目特征时,应注意哪些是必须描述的,哪些是可以不描述的,哪些是可不详细描述的。

例如,景墙必须描述的项目特征如下。

(1) 土质类别。

(2) 垫层材料种类。

(3) 基础材料种类、规格。

(4) 墙体材料种类、规格。

(5) 墙体厚度。

(6) 混凝土、砂浆强度等级、配合比。

(7) 饰面材料种类。

承包人在招标工程量清单中对项目特征的描述,应被认为是准确和全面的,并且与实际施工要求相符合。承包人应按照发包人提供的工程量清单,根据其项目特征描述的内容及有关要求实施合同工程,直到其被改变为止。

合同履行期间,出现实际施工设计图纸(含设计变更)与招标工程量清单任一项目的特征描述不符,且该变化引起该项目的工程造价增减变化的,应按照实际施工的项目特征重新确定相应工程量清单项目的综合单价,计算调整合同价款。

7. 计量单位与工程量计算规则

计量单位应采用基本单位。以质量计算的项目以 t 或 kg 为单位,以体积计算的项目以 m^3

为单位，以面积计算的项目以 m^2 为单位，以长度计算的项目以 m 为单位，以自然计量单位计算的项目以株、丛、个、套、块、座为单位，没有具体数量的项目以系统、项为单位。

清单工程量的计算应该遵守规范中的工程量计算规则。一般情况下，清单规则往往比定额规则综合。例如，预算定额中的基础包括垫层、模板、现浇混凝土基础 3 项，清单中只有现浇混凝土基础一项，模板作为措施项目另列，垫层与混凝土基础合二为一。部分清单项目的清单工程量计算方法与定额不同。例如，清单"挖基础土方"以垫层底面积乘挖土深度计算，定额工程量"挖基础土方"要考虑放坡和工作面的需要。

当清单工程量以 t 为单位时，计算结果要求保留 3 位小数。当清单工程量以 m^3、m^2、m 为单位时，计算结果保留两位小数。当清单工程量以株、丛、个、套、块、系统、项为单位时，计算结果保留整数。

8. 工程内容

工程内容是指完成该清单项目可能发生的具体工程。实际工程招标时，工程量清单中一般不用写出工程内容。投标单位在理解工程量清单中的分部分项工程内容时应该以规范中的描述为准。例如，"砖墙"项目的工程内容包括搭拆内外墙脚手架、运输、砌砖、勾缝等。"天棚吊顶"项目的工程内容包括基层清理、龙骨安装、基层板铺贴、面层铺贴、嵌缝、刷防护材料、油漆。

9. 措施项目

措施项目是发生于工程施工前和施工过程中技术、生活、安全等方面的非工程实体项目。措施项目根据专业类别的不同可以分为一般措施项目和建筑工程、装饰装修工程、安装工程、市政工程、园林绿化工程、矿山工程等专业工程项目，见表2.1。

表 2.1 一般措施项目

序号	项 目 名 称
1	安全文明施工(含环境保护、文明施工、安全施工、临时设施)
2	夜间施工
3	二次搬运
4	冬雨季施工
5	大型机械设备进出场及安拆
6	施工排水
7	施工降水
8	地上、地下设施。建筑物的临时保护设施
9	已完工程及设备保护

措施项目有两类：措施项目(一)和措施项目(二)。

措施项目(一)用于不能计算工程量的措施项目，以"项"为计量单位进行编制。措施项目(二)用于可以计算工程量的措施项目。宜采用分部分项工程量清单的方式编制，列出项目编码、项目名称、项目特征、计量单位和工程数量。

10. 暂列金额和暂估价

暂列金额是招标人在工程量清单中暂定并包括在合同价款中的一笔款项。用于施工合同签定时尚未确定或不可预见的材料、设备、服务的采购，施工合同变更，索赔和现场签证确认费用。

已签约合同价中的暂列金额由发包人掌握使用。发包人所作支付后，暂列金额如有余额归发包人。

暂估价(材料暂估价、专业工程暂估价)是招标人在工程量清单中提供的用于支付必然发生但暂时不能确定价格的材料单价，以及专业工程金额。暂估价包括材料暂估价、专业工程暂估价。其中材料暂估价应计入分部分项工程量清单的综合单价报价中。

11. 总承包服务费和计日工

总承包服务费是指为配合协调发包人进行专业工程分包、发包人自行采购的材料设备管理，以及施工现场管理、竣工资料汇总整理等所发生的费用。

计日工是指在施工过程中完成发包人所提出的施工图纸以外的零星项目或工作，按合同约定的综合单价计价。

采用计日工计价的任何一项变更工作，承包人应在该项变更的实施过程中，每天提交以下报表和有关凭证送发包人复核。

(1) 工作名称、内容和数量。

(2) 投入该工作所有人员的姓名、工种、级别和耗用工时。

(3) 投入该工作的材料名称、类别和数量。

(4) 投入该工作的施工设备型号、台数和耗用台时。

(5) 发包人要求提交的其他资料和凭证。

12. 施工索赔和现场签证

在工程合同履行过程中，合同当事人一方因非己方的原因而遭受损失，按合同约定或法规规定应由对方承担责任，从而向对方提出补偿的要求。

现场签证是指发包人现场代表与承包人现场代表就施工过程中涉及的责任事件所作的签认证明。

13. 提前竣工费和误期赔偿费

提前竣工(赶工)费是指承包人应发包人的要求，采取加快工程进度的措施，使合同工程工期缩短产生的，应由发包人支付的费用。

误期赔偿费是指承包人未按照合同工程的计划进度施工，导致实际工期大于合同工期与发包人批准的延长工期之和，承包人应向发包人赔偿损失发生的费用。

14. 企业定额

企业定额是指施工企业根据本企业的施工技术和管理水平而编制的人工、材料和施工机械台班等的消耗标准。

15. 规费和税金

规费包含工程排污费、工程定额测定费、社会保障费、住房公积金和危险作业意外伤害保险。

税金包括营业税、城乡维护建设税和教育费附加。

规费和税金应按国家或省级、行业建设主管部门的规定计算，不得作为竞争性费用。

16. 招标控制价、投标价、签约合同价及竣工结算价

招标控制价是指招标人根据国家或省级、行业建设主管部门颁发的有关计价依据和办法，以及拟定的招标文件和招标工程量清单，编制的招标工程的最高限价。

投标价是指投标人投标时报出的工程合同价。

签约合同价是指发、承包双方在施工合同中约定的，包括暂列金额、暂估价、计日工的合同总金额。

竣工结算价(合同价格)是发、承包双方依据国家有关法律、法规和标准规定，按照合同约定确定的，包括在履行合同过程中按合同约定进行的工程变更、索赔和价款调整，是承包人按合同约定完成了全部承包工作后，发包人应付给承包人的合同总金额。

2.1.3　计价风险

GB 50500—2013 首次将风险列入规范。

(1) 采用工程量清单计价的工程，应在招标文件或合同中明确计价中的风险内容及其范围(幅度)，不得采用无限风险、所有风险或类似语句规定计价中的风险内容及其范围(幅度)。

(2) 出现下列影响合同价款的因素，应由发包人承担。

① 国家法律、法规、规章和政策变化。

② 省级或行业建设主管部门发布的人工费调整。

(3) 由于市场物价波动影响合同价款，应由发承包双方合理分摊并在合同中约定。合同中没有约定，发、承包双方发生争议时，按下列规定实施。

① 材料、工程设备的涨幅超过招标时基准价格 5% 以上由发包人承担。

② 施工机械使用费涨幅超过招标时的基准价格 10% 以上由发包人承担。

(4) 由于承包人使用机械设备、施工技术以及组织管理水平等自身原因造成施工费用增加的，应由承包人全部承担。

(5) 不可抗力发生时，影响合同价款的，按 GB 50500—2013 第 9.11 条的规定执行。

2.1.4　园林绿化工程工程量计算规范

园林工程分部分项工程量清单、措施项目清单需要根据国家标准《园林绿化工程工程量计算规范》(GB 50858—2013)进行编制。《园林绿化工程工程量计算规范》(GB 50858—2013)分为 4 个部分：绿化工程(附录 A)、园路园桥工程(附录 B)、园林景观工程(附录 C)和措施项目(附录 D)。

1. 绿化工程清单项目及计算规则

绿化工程是指树木、花卉、草坪、地被植物等的植物种植工程。绿化工程主要包含园林工程中常见的乔灌木起挖，乔灌木、色带、绿篱栽植，草皮播种、绿地喷灌等项目。在工程设计图纸中常见于乔木种植施工图、灌木草种植施工图以及苗木表施工图。这些施工图所表达的工程内容一般套取附录 A "绿化工程"。例如，某工程灌木草种植图如图 2.3 所示。

绿化工程项目的项目编码、项目名称、项目特征、计量单位、清单工程量计算规则和工程内容见表 2.2。

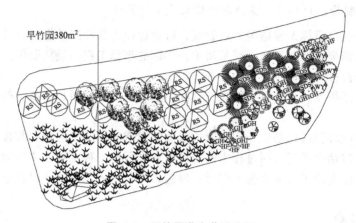

图 2.3　旱竹园灌木草种植图

表 2.2　绿 化 工 程　　　（编号：050101~050103）

项目编号	项目名称	项目特征	计量单位	工程量计算规则	工程内容
050101001	砍伐乔木	树干胸径	株（株丛）	按数量计算	（1）砍伐、挖、清除、理理 （2）废弃物运输 （3）场地清理
050101002	挖树根	地径			
050101003	砍挖灌木丛及根	丛高			
050101004	砍挖竹及根	根盘直径			
050101005	砍挖芦苇及根	丛高			
050101006	清除草皮	丛高	m²	按设计图示尺寸以水平面积计算	（1）土方挖、运 （2）回填 （3）找平、找坡 （4）废弃物运输
050101007	清除地被植物	植物种类			
050101008	屋面清理	屋面做法、屋面高度、垂直运输方式			
050101009	种植土回（换）填	回填土质要求、取土运距、回填厚度			
050101010	整理绿化用地	土壤类别、土质、取土运距、回填厚度、弃渣运距			
050101011	绿地起坡造型	回填土质要求、回填厚度、取土运距、起坡高度			
050101012	屋顶花园基底处理	找平层、防水层、排水层、过滤层、回填层厚度、种类、做法、材质、屋顶高度、垂直运输方式			

（续）

项目编号	项目名称	项目特征	计量单位	工程量计算规则	工程内容
050102001	栽植乔木	乔木种类、胸径、养护期	株（株丛）	按设计图示数量计算	(1) 起挖 (2) 运输 (3) 栽植 (4) 支撑 (5) 草绳绕树干 (6) 养护
050102002	栽植灌木	灌木种类、冠丛高、养护期			
050102003	栽植竹类	竹种类、竹胸径、养护期			
050102004	栽植棕榈类	种类、株高、养护期			
050102005	栽植绿篱	绿篱种类、篱高、行数、间距、养护期	m/m²	以长度或面积计算	
050102006	栽植攀缘植物	攀缘植物种类、养护期	株	按设计图示数量计算	
050102007	栽植色带	色带种类、株高、株距、养护期	m²	按设计图示面积计算	
050102008	栽植花卉	花卉种类、株距、养护期	株/m²	按设计图示以数量或面积计算	
050102009	栽植水生植物	水生植物种类、养护期	丛/m²		
050102010	垂直墙体绿化种植	植物种类、生长年数或地（干）、径、养护期	m²	按设计图示面积计算	
050102011	花卉立体布置	草本花卉种类、高度或蓬径、单位面积株数、种植形式、养护期			
050102012	铺种草皮	草皮种类、铺种方式、养护期			
050102013	喷播植草	草籽种类、养护期			
050102014	植草砖内植草	草（籽）种类、养护期			
050102015	挂网	种类、规格			

（续）

项目编号	项目名称	项目特征	计量单位	工程量计算规则	工程内容
050102016	箱/钵栽植	材料品种、箱钵外形尺寸、防护材料种类	个	按设计图示数量计算	制作、运输、安放
050103001	喷灌管线安装	管道品种、规格、管件品种、规格、管道固定方式、防护材料种类、油漆品种、刷漆遍数	m	按设计图示以长度计算	挖土石方、阀门井砌筑、管道铺设、固筑、感应电控设施安装、水压试验、刷防护材料、油漆、回填
050103002	喷灌配件安装	管道附件、阀门、喷头、品种、规格、管道附件、阀门、喷头、固定方式、防护材料种类、油漆品种、刷漆遍数	个	按设计图示数量计算	

注：1. 挖填土石方应按《房屋建筑与装饰工程计量规范》（GB 50854—2013）附录 A 相关项目编码列项。

2. 阀门井应按市政工程计量规范相关项目编码列项。

2. 园路园桥工程清单项目及计算规则

园路在风景名胜区、城市公园、小区景观等园林工程中非常常见，它区别于城市市政道路工程和交通公路工程。园路往往结构较为简单，一般包含典型的公园路面、踏（蹬）道、两侧的路牙3个项目。

园桥（图2.4）在风景名胜区、城市公园等园林工程中多数为简支梁混凝土桥或石板桥。它区别于城市立交桥或城市大型过江（河）桥，构造亦不复杂。清单项目包含桥基础、桥墩台、桥面等。

此外，园林工程中小河两侧、湖泊四周常需要加固驳岸处理。驳岸技术分为石砌驳岸（图2.5）、原木桩驳岸（图2.6）、散铺砂卵石护岸和框格花木护坡4类。4种驳岸除套取本章项目外，还要考虑驳岸基础。

园路园桥工程项目的项目编码、项目名称、项目特征、计量单位、清单工程量计算规则和工程内容见表2.3。

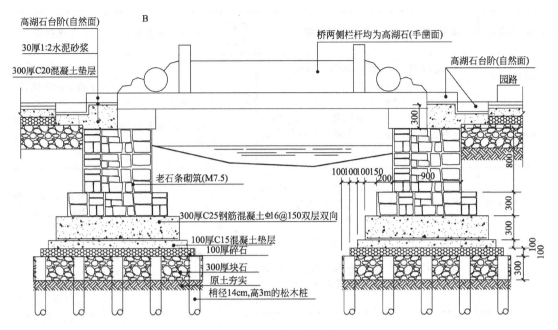

高湖石台阶(自然面)
30厚1:2水泥砂浆
300厚C20混凝土垫层

桥两侧栏杆均为高湖石(手凿面)
高湖石台阶(自然面)
园路

老石条砌筑(M7.5)
300厚C25钢筋混凝土⊥16@150双层双向
100厚C15混凝土垫层
100厚碎石
300厚块石
原土夯实
梢径14cm,高3m的松木桩

图 2.4 文昌桥纵剖面

图 2.5 石砌驳岸

图 2.6 原木桩驳岸

表 2.3 园路、园桥工程　　　　　　　　　　　　　　（编号：050201）

项目编号	项目名称	项目特征	计量单位	工程量计算规则	工程内容
050201001	园路	垫层和路面厚、宽、材料种类，混凝土强度等级、砂浆强度等级	m²	按设计图示以面积计算	路基床整理、垫层铺筑、路面铺筑、路面养护
050201002	踏(蹬)道			按设计图示尺寸以水平投影面积计算，不包括路牙	
050201003	路牙铺设	垫层和路牙材料种类，混凝土强度等级、砂浆强度等级	m	按设计图示以长度计算	基层整理、垫层铺设、路牙铺设

（续）

项目编号	项目名称	项目特征	计量单位	工程量计算规则	工程内容
050201004	树池围牙、盖板	围牙种类、铺设方式、盖板种类	m		基层理理、围牙盖板运输铺设
050201005	嵌草砖铺装	垫层厚度、铺设方式、嵌草砖品种、漏空部分填土要求	m²	按设计图示以面积计算	原土夯实、垫层铺设、铺砖、填土
050201006	桥基础	基础类型、石料种类、规格、混凝土强度等级、砂浆强度等级			垫层铺筑、基础砌浇筑、砌石
050201007	石桥墩、石桥台	石料种类、规格、勾缝要求、砂浆强度等级	m³	按设计图示尺寸以体积计算	石料加工、起重架、搭拆、墩、台、旋石、旋脸砌筑、勾缝
050201008	拱券石				
050201009	石券脸	石料种类、规格、旋脸雕刻要求、勾缝要求、砂浆强度等级	m²	按设计图示以面积计算	
050201010	金刚墙砌筑		m³	按设计图示以体积计算	石料加工、起重架、搭拆、砌石、填土夯实
050201011	石桥面铺筑	石料种类、规格、找平层厚度、材料种类、勾缝要求、混凝土强度等级、砂浆强度等级	m²	按设计图示以面积计算	石材加工、抹找平层、起重架、搭拆、桥面（踏步）铺设、檐板、仰天石、地伏石铺设、勾缝
050201012	石桥面檐板	石料种类、规格、勾缝要求、砂浆强度等级			
050201013	石汀步（步石、飞石）	石料种类、规格、砂浆强度等级、配合比	m³	以体积计算	基层整理、石材加工、砂浆调运、砌石
050201014	木制步桥	桥宽、长，木料种类，防护材料	m²	按桥面板长乘桥面板宽以面积计算	打木桩基础、木桥安装、刷防护材料
050201015	栈道	栈道宽度、支架材料种类、面层木材种类、防护材料种类			凿洞、安装支架、铺设面板、刷防护材料

驳岸工程项目的项目编码、项目名称、项目特征、计量单位、清单工程量计算规则和工程内容见表2.4。

表 2.4 驳 岸 工 程 （编号：050203）

项目编号	项目名称	项目特征	计量单位	工程量计算规则	工程内容
050202001	石（卵石）砌驳岸	石材种类、驳岸截面、勾缝要求、砂浆强度	m³/t	按设计图示体积计算	石料加工、砌石、勾缝
050202002	原木桩驳岸	木材各类、桩直径、桩长、防护材料种类	m/根	按设计图示桩长计算	木桩加工、打木桩、防护
050202003	满（散）铺砂、卵石护岸	护岸宽度、粗细砂比、卵石粒径、数量	m²	按护岸面积计算	修边坡、铺卵石、点布大卵石
050202004	点（散）布大卵石	大卵石粒径、数量	块/t	以块/吨计量	
050202005	框格花木护坡	护岸平均宽度、护坡材质、框格种类与规格	m²	按护坡面积计算	修边坡、安放框格

注：1. 驳岸工程的挖土方、开凿石方、回填等应按《房屋建筑与装饰工程计量规范》（GB 50854—2013)附录 A 相关项目编码列项。

2. 木桩钎(梅花桩)按原木桩驳岸项目单独编码列项。

3. 钢筋混凝土仿木桩驳岸，其钢筋混凝土及表面装饰按《房屋建筑与装饰工程计量规范》（GB 50854—2013)相关项目编码列项，若表面"塑松皮"按附录 C "园林景观工程"相关项目编码列项。

4. 框格花木护坡的铺草皮、撒草籽等应按附录 A "绿化工程"相关项目编码列项

3. 园林景观工程清单项目及计算规则

园林景观是园林工程的典型分部工程，主要包括假山工程、原木亭廊结构、原木（竹）建筑装饰、花架、园林桌椅、喷泉、石灯、仿石音箱、标志牌等。在《园林绿化工程工程量计算规范》（GB 50858—2013)中分为堆塑假山、原木（竹）构件、亭廊屋面、花架、喷泉、石桌石凳和杂项共 7 个小类，项目编码为 050301～050307。

假山工程是风景名胜区、城市公园等园林工程中常见的艺术设计构图手段，是园林工程特有的分部工程。假山一般有土山丘或石假山，以石假山更为常见。假山分部包含的分项工程除堆筑土山丘和塑石假山外，通常还包括常见的点风景石及随着山坡走势铺建的山坡石台阶(图 2.7)。

园林中常见用原木（竹）做的亭结构和建筑结构。这些结构可以细分为原木（竹）柱、原木（竹）梁(图 2.8)、原木（竹）檩椽(图 2.8)、原木墙。此外，仿古建筑外墙还常见吊挂楣子的装饰手法。树枝吊挂楣子和竹吊挂楣子是两种典型的吊挂技艺。

假山工程项目的项目编码、项目名称、项目特征、计量单位、清单工程量计算规则和工程内容见表2.5。

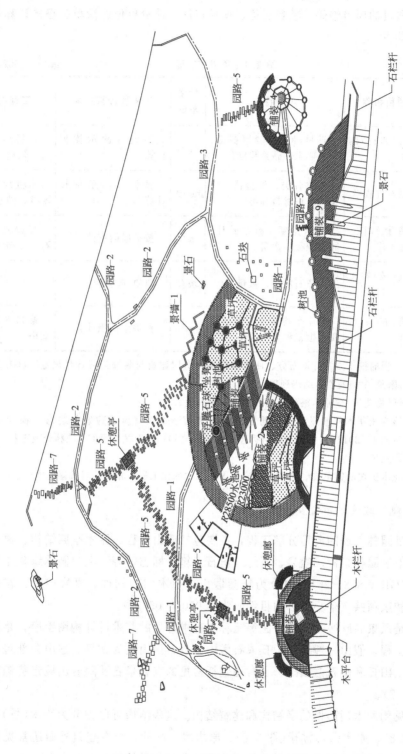

图 2.7 园路、景石、山坡石台阶和栏杆

34

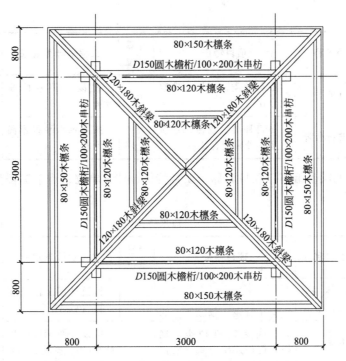

图 2.8 休憩亭屋架平面图

表 2.5 堆 塑 假 山 （编号：050301）

项目编号	项目名称	项目特征	计量单位	工程量计算规则	工程内容
050301001	堆筑土山丘	山丘高度、坡度要求、底外接矩形面积	m³	山丘水平投影外接矩形面积乘以高度的1/3，以体积计算	取运土、堆砌、夯实、修整
050301002	堆砌石假山	假山高度、石料种类、规格、混凝土强度等级、砂浆强度等级	t	按设计图示以质量计算	选料、起重架搭设、堆砌、修整
050301003	塑假山	假山高度、骨架材料种类、山皮料种类、混凝土强度等级、砂浆强度等级	m²	按设计图示面积计算	骨架胎模制作、塑假山、山皮料安装
050301004	石笋	石笋高度、材料种类、砂浆强度等级	支		选石料、石笋安装
050301005	点风景石	石料种类、规格、质量、砂浆配合比	块	按设计图示数量计算	选石料、起重架搭设、点石
050301006	池石、盆景置石	底盘种类、山石高度种类、混凝土强度等级、砂浆强度等级	座		底盘、池石、盆景山制作安装

（续）

项目编号	项目名称	项目特征	计量单位	工程量计算规则	工程内容
050301007	山石护角	石料种类、规格、砂浆配合比	m³	按设计图示体积计算	石料加工、砌石
050301008	山坡石台阶	石料种类、规格、台阶坡度、砂浆配合比	m²	按图示水平投影面积计算	选石料、台阶砌筑

原木竹构件的项目编码、项目名称、项目特征、计量单位、清单工程量计算规则和工程内容见表2.6。

表 2.6　原木竹构件　（编号：050302）

项目编号	项目名称	项目特征	计量单位	工程量计算规则	工程内容
050302001	原木柱、梁、檩、椽	原木种类、梢径、墙龙骨、底层材料种类、规格，构件连结方式，防护材料种类	m	按设计图示以长度计算（包括榫长）	
050302002	原木墙		m²	按设计图示以面积计算（不包括柱、梁）	
050302003	树枝吊挂楣子			按设计图示以框外围面积计算	（1）构件制作（2）构件安装（3）刷防护材料
050302004	竹柱、梁、檩、椽	竹种类、梢径、连接方式、防护材料种类	m	按设计图示以长度计算	
050302005	竹编墙	竹种类、梢径，墙龙骨、底层材料种类、规格，防护材料种类	m²	按设计图示尺寸以面积计算（不包括柱、梁）	
050302006	竹吊挂楣子	竹种类、梢径、防护材料种类	m²	按设计图示以框外围面积计算	

亭廊建筑是园林构园的典型景观元素之一。结构上可用原木竹，也可用钢筋混凝土。但屋面和柱面往往多加修饰。其中以屋面为最，反映了园林的文化特征。屋面有草屋面、树皮屋面、竹屋面等，不同于工业与民用建筑中常见的屋面形式（图2.9和图2.10）。

图 2.9　别墅亭

图 2.10　某休憩亭立面图

亭廊屋面工程的项目编码、项目名称、项目特征、计量单位、清单工程量计算规则和工程内容见表2.7。

表 2.7 亭廊屋面

（编号：050303）

项目编号	项目名称	项目特征	计量单位	工程量计算规则	工程内容
050303001	草屋面	屋面坡度、铺草种类、竹材种类、防护材料种类	m²	按设计图示以斜面积计算	整理、选料、屋面铺设、刷防护材料
050303002	竹屋面			按设计图示尺寸以实铺面积计算	
050303003	树皮屋面				
050303004	油毡瓦屋面	冷底子油品种、冷底子油涂刷遍、油毡瓦颜色规格	m²	按设计图示以斜面积计算	清理基层、材料裁接、刷油、铺设
050303005	预制混凝土穹顶	亭屋面坡度、穹顶弧长、直径、肋截面尺寸、板厚、混凝土强度等级、砂浆强度等级、拉杆材质、规格	m³	按设计图示以体积计算	制作、运输、安装、接头灌缝、养护
050303006	彩色压型钢板攒尖亭屋面板	屋面坡度、穹顶弧长、直径、彩色压型钢板品种、规格、拉杆材质、规格、嵌缝材料种类、防护材料种类	m²	按设计图示以面积计算	压型板安装、护角、包角安装、嵌缝、刷防护材料
050303007	彩色压型钢板穹顶				

注：1. 柱顶石（磉蹬石）、钢筋混凝土屋面板、钢筋混凝土亭屋面板、木柱、木屋架、钢柱、钢屋架、屋面木基层和防水层等，应按《房屋建筑与装饰工程计量规范》（GB 50854—2013）中相关项目编码列项。

2. 膜结构的亭、廊，应按《房屋建筑与装饰工程计量规范》（GB 50854—2013）中相关项目编码列项。

3. 竹构件连接方式应包括：竹钉固定、竹篾绑扎、铁丝连接。

花架是园林工程构图的又一典型景观元素，常见于公园、小游园、街心景观绿化组团等园林工程中（图2.11）。花架材料一般为原木、混凝土或金属。花架结构一般亦包括柱、梁和檩椽。在《园林绿化工程工程量计算规范》（GB 50858—2013）中，列有木花架柱梁、现浇混凝土花架柱梁、预制混凝土花架柱梁和金属花架柱梁等项目。

花架的项目编码、项目名称、项目特征、计量单位、清单工程量计算规则和工程内容见表2.8。

石桌石凳（图2.12）、塑树根桌凳、塑树节椅、铁艺金属椅和飞来椅在园林工程中一般供游人休息而设置。其中石桌石凳、塑树根桌凳、塑树节椅和铁艺金属椅一般单独设置。

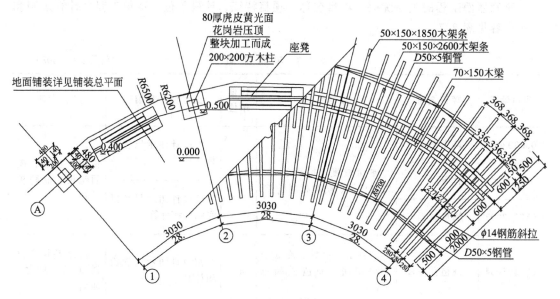

图 2.11　花架平面图

飞来椅常常设置在树池、花坛和休憩亭的四周以及檐廊的两侧。其中传统建筑休憩亭四周及檐廊两侧的飞来椅又称"美人靠"。飞来椅材料可用木材、竹子或钢筋混凝土，所以常见木制飞来椅、竹制飞来椅和钢筋混凝土飞来椅。

表 2.8　花　架　　　　　（编号：050304）

项目编号	项目名称	项目特征	计量单位	工程量计算规则	工程内容
050304001	现浇混凝土花架柱、梁	柱、梁截面、高度、根数、混凝土强度等级	m³	按设计图示以体积计算	土石方挖运、混凝土制作、运输、浇筑、振捣、养护、构件制作运输安装、砂浆制作运输、接头灌缝、养护
050304002	预制混凝土花架柱、梁	柱、梁截面、高度、根数、混凝土强度等级、砂浆强度等级			
050304003	金属花架柱、梁	钢材种类、柱梁截面、油漆品种、刷漆遍数	t	按设计图示尺寸以质量计算	构件制作、运输、安装、刷防护材料、油漆
050304004	木花架柱、梁	木材品种、规格、柱梁截面、连接方式、防护材料种类	m³	按设计图示尺寸以体积计算	制作、运输、安装、油漆
050304005	竹花架柱、梁	竹种类、竹胸径、油漆品种、刷漆遍数	m/根	长度以延长米计算	

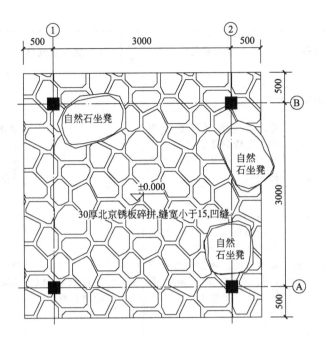

图 2.12　石坐凳平面图

园林桌椅工程的项目编码、项目名称、项目特征、计量单位、清单工程量计算规则和工程内容见表 2.9。

表 2.9　园 林 桌 椅　　　　　（编号：050305）

项目编号	项目名称	项目特征	计量单位	工程量计算规则	工程内容
050305001	预制钢筋混凝土飞来椅	座凳面厚宽、靠背扶手截面、座凳楣子形状、尺寸、混凝土强度等级			混凝土制作、运输、安装
050305002	水磨石飞来椅	座凳面厚宽、靠背扶手截面、座凳楣子形状、尺寸、砂浆配合比	m	按设计图示以座凳面中心线长度计算	砂浆制作、运输、安装
050305003	竹制飞来椅	竹材种类、座凳面厚宽、靠背扶手截面、座凳楣子形状、尺寸、铁件尺寸、厚度、油漆品种、刷油遍数			座凳面、靠背扶手、靠背安装、铁件安装、刷油漆
050305004	现浇混凝土桌凳	桌凳形状、尺寸、混凝土强度等级	个	按设计图示数量计算	模板、混凝土

（续）

项目编号	项目名称	项目特征	计量单位	工程量计算规则	工程内容
050305005	预制混凝土桌凳	桌凳形状、基础、桌面、凳面尺寸、基础埋深、支墩高度、混凝土强度等级、砂浆配合比、石材种类	个	按设计图示数量计算	土石方挖运、混凝土制作、运输、浇筑、振捣、养护、桌凳制作安装、砂浆制作运输、接头灌缝、养护
050305006	石桌石凳				
050305007	水磨石桌凳	基础形状、尺寸、埋设深度、桌面形状、尺寸、支墩高度、凳面尺寸、支墩高度、混凝土强度等级、砂浆配合比			砂浆制作、运输、桌凳制作、桌凳运输、桌凳安装
050305008	塑树根桌凳	桌凳、高度、砖石种类、砂浆强度配合比、颜料品种、颜色			土石方挖运、砂浆制作运输、砌石砌筑、塑树皮、绘木纹
050305009	塑树节椅				
050305010	塑料、铁艺、金属椅	木座板面截面、塑料、铁艺、金属椅规格、颜色、混凝土强度等级、防护材料			土石方挖运、混凝土制作、运输、浇筑、振捣、养护、桌椅安装、木座板制作安装、刷防护材料

喷泉构造一般包括喷泉管道、电缆、水下艺术装饰灯具、电气控制柜和喷泉设备5部分，即在一个喷泉项目（一张喷泉施工图）中至少包括上述5个清单项目（分项工程），否则清单项目列项不完整，将导致清单报价时分部分项工程量清单计价合计有缺陷。喷泉的项目编码、项目名称、项目特征、计量单位、清单工程量计算规则和工程内容见表2.10。

表 2.10　喷泉安装 （编号：050306）

项目编号	项目名称	项目特征	计量单位	工程量计算规则	工程内容
050306001	喷泉管道	管材品种、规格、管道固定方式、防护材料种类	m	按设计图示数以长度计算	土石方挖动、管道安装、刷防护材料、回填
050306002	喷泉电缆	保护管品种规格、电缆品种规格			土石方挖动、电缆保护管安装、电缆敷设、回填

（续）

项目编号	项目名称	项目特征	计量单位	工程量计算规则	工程内容
050306003	水下艺术装饰灯具	灯具品种规格、灯光颜色	套	按设计图示以数量计算	灯具安装、支架制作运输安装
050306004	电气控制柜	规格、型号、安装方式	台	按设计图示以数量计算	电气控制柜安装、调试
050306005	喷泉设备	设备品种、设备规格、型号、防护网品种、规格			设备安装、系统调试、防护网安装

注：1. 喷泉水池应按《房屋建筑与装饰工程计量规范》（50854—2013）中相关项目编码列项。
2. 管架项目按《房屋建筑与装饰工程计量规范》（GB 50854—2013）中钢支架项目单独编码列项。

石灯、塑仿石音箱、标志牌沿园路设置，起照明、音乐播放和指示的功能。石浮雕和石镌字常作为园林景墙（图 2.13）的装饰手法。但在《建设工程工程量清单计价规范》（GB 50500—2013）中石浮雕和石镌字列入了仿古建筑工程。此外园林中常见的砖砌花池等构造可套用砖石砌小摆设项目。这些项目都归于杂项类。

图 2.13 景墙

杂项的项目编码、项目名称、项目特征、计量单位、清单工程量计算规则和工程内容见表 2.11。

表 2.11 杂 项 （编号：050307）

项目编号	项目名称	项目特征	计量单位	工程量计算规则	工程内容
050307001	石灯	石材种类、石灯截面高度、混凝土强度等级、砂浆配合比	个	按设计图示以数量计算	石灯（球）制作、石灯（球）安装
050307002	石球	石料种类、球体直径、砂浆配合比			

（续）

项目编号	项目名称	项目特征	计量单位	工程量计算规则	工程内容
050307003	塑仿石音箱	音箱石内空尺寸、铁丝型号、砂浆配合比、水泥漆品牌、颜色	个	按设计图示以数量计算	胎模、铁丝网制作安装、砂浆制作运输养护、喷水泥浆、埋仿石音箱
050307004	塑树皮梁柱	塑树、竹种类、砂浆配合比、水泥漆品牌、颜色	m²/m	以梁柱外表面积或构件长度计算	灰塑、刷涂颜料
050307005	塑竹梁柱				
050307006	铁艺栏杆	铁艺栏杆高度、单位长度质量、防护材料种类	m	按设计图示以长度计算	铁艺栏杆安装、刷防护材料
050307007	塑料栏杆	栏杆高度、塑料种类			下料、安装、校正
050307008	钢筋混凝土艺术围栏	围栏高度、混凝土强度等级、表面涂敷材料种类	m²	按设计图示尺寸以面积计算	安装、砂浆制作、运输、接头灌缝、养护
050307009	标志牌	材料、镌字、喷字、油漆种类、规格、品种、颜色	个	按设计图示以数量计算	选料、制作、雕凿、镌字、喷字、运输安装、刷油漆
050307010	景墙	土质类别、垫层材料种类、基础材料种类、规格、墙体材料种类、规格、墙体厚度、混凝土、砂浆强度等级、配合比、饰面材料种类	m³/段	以 m³ 计量，按设计图示尺寸以体积计算 以段计量，按设计图示尺寸以数量计算	土（石）方挖运、垫层、基础铺设、墙体砌筑、面层铺贴
050307011	景窗	景窗材料品种、规格、混凝土强度等级、砂浆强度等级、配合比、涂刷材料品种	m²	按设计图示尺寸以面积计算	制作、运输、砌筑安放、勾缝、表面涂刷
050307012	花饰	花饰材料品种、规格、砂浆配合比、涂刷材料品种			
050307013	博古架	博古架材料品种、规格、混凝土强度等级、砂浆配合比、涂刷材料品种	m²/m/个	面积/长度/数量	

（续）

项目编号	项目名称	项目特征	计量单位	工程量计算规则	工程内容
050307014	花盆（坛）、箱	花盆（坛）的材质及类型、规格尺寸、混凝土强度等级、砂浆配合比	个	数量	制作、运输、安放
050307015	摆花	花盆（钵）材质类型、花卉品种与规格	m²/个	面积/数量	
050307016	花池				
050307017	垃圾箱	垃圾箱材质、规格尺寸、混凝土强度等级、砂浆配合比	个	按设计图示以数量计算	制作、运输、安放
050307018	砖石砌小摆设	砖石种类规格、砂浆配合比、石表面加工要求、勾缝要求	m³（个）	按设计图示以体积或数量计算	砂浆制作运输、砌砖石、抹面、勾缝、石表面加工
050307019	其他景观小摆设	名称及材质、规格尺寸	个	按设计图示以数量计算	制作、运输、安装
050307020	柔性水池	水池深度、防水（漏）材料品种	m²	按设计图示尺寸以水平投影面积计算	清理基层、材料裁接、铺设

注：砌筑果皮箱，放置盆景的须弥座等，应按砖石砌小摆设项目编码列项。

4. 措施项目

措施项目清单中脚手架项目编码、项目名称、项目特征、计量单位、工程量计算规则应按表 2.12 的规定执行。

表 2.12　脚手架工程　　　　　　　　　　（编号：050401）

项目编码	项目名称	项目特征	计量单位	工程量计算规则	工作内容
050401001	砌筑脚手架	（1）搭设方式 （2）墙体高度	m²	按墙的长度乘墙的高度以面积计算（硬山建筑山墙高算至山尖）。独立砖石柱高度在 3.6m 以内时，以柱结构周长乘以柱高计算，独立砖石柱高度在 3.6m 以上时，以柱结构周长加 3.6m 乘以柱高计算 凡砌筑高度在 1.5m 及以上的砌体，应计算脚手架	（1）场内、场外材料搬运 （2）搭、拆脚手架、斜道、上料平台 （3）铺设安全网 （4）拆除脚手架后材料分类堆放、保养

（续）

项目编码	项目名称	项目特征	计量单位	工程量计算规则	工作内容
050401002	抹灰脚手架	(1) 搭设方式 (2) 墙体高度	m²	按抹灰墙面的长度乘高度以面积计算（硬山建筑山墙高算至山尖）。独立砖石柱高度在 3.6m 以内时，以柱结构周长乘以柱高计算，独立砖石柱高度在 3.6m 以上时，以柱结构周长加 3.6m 乘以柱高计算	(1) 场内、场外材料搬运 (2) 搭、拆脚手架、斜道、上料平台 (3) 铺设安全网 (4) 拆除脚手架后材料分类堆放、保养
050401003	亭脚手架	(1) 搭设方式 (2) 檐口高度	1. 座 2. m²	(1) 以座计量，按设计图示数量计算 (2) 以 m² 计量，按建筑面积计算	
050401004	满堂脚手架	(1) 搭设方式 (2) 施工面高度		按搭设的地面主墙间尺寸以面积计算	
050401005	堆砌（塑）假山脚手架	(1) 搭设方式 (2) 假山高度	m²	按外围水平投影最大矩形面积计算	
050401006	桥身脚手架	(1) 搭设方式 (2) 桥身高度		按桥基础底面至桥面平均高度乘以河道两侧宽度以面积计算	
050401007	斜道	斜道高度	座	按搭设数量计算	

措施项目清单中模板项目编码、项目名称、项目特征、计量单位、工程量计算规则应按表 2.13 的规定执行。

表 2.13　模板工程　　　　　　　　　　（编码：050402）

项目编码	项目名称	项目特征	计量单位	工程量计算规则	工作内容
050402001	现浇混凝土垫层				(1) 制作 (2) 安装 (3) 拆除 (4) 清理 (5) 刷润滑剂 (6) 材料运输
050402002	现浇混凝土路面	(1) 模板材料种类 (2) 支架材料种类	m²	按混凝土与模板接触面积计算	
050402003	现浇混凝土路牙、树池围牙				

（续）

项目编码	项目名称	项目特征	计量单位	工程量计算规则	工作内容
050402004	现浇混凝土花架柱	(1) 柱子直径 (2) 柱子自然层高 (3) 模板材料种类 (4) 支架材料种类	m²	按混凝土与模板接触面积计算	(1) 制作 (2) 安装 (3) 拆除 (4) 清理 (5) 刷润滑剂 (6) 材料运输
050402005	现浇混凝土花架梁	(1) 梁断面尺寸 (2) 梁底高度 (3) 模板材料种类 (4) 支架材料种类			
050402006	现浇混凝土花池				
050402007	现浇混凝土桌凳	(1) 模板材料种类 (2) 支架材料种类	(1) m³ (2) 个	(1) 以 m³ 计量，按混凝土体积计算 (2) 以个计量，按设计图示数量计算	
050402008	石桥拱券石、石券脸胎架	(1) 胎架面高度 (2) 面层材料种类 (3) 支架材料种类	m²	按拱旋石、石旋脸弧形底面展开尺寸以面积计算	

措施项目清单中树木支撑架、草绳绕树干、搭设遮阴(防寒)棚项目编码、项目名称、项目特征、计量单位、工程量计算规则应按表2.14的规定执行。

表 2.14　树木支撑架、草绳绕树干、搭设遮阴(防寒)棚工程　　　　　（编码：050404）

项目编码	项目名称	项目特征	计量单位	工程量计算规则	工作内容
050403001	树木支撑架	(1) 支撑类型、材质 (2) 支撑材料规格 (3) 单株支撑材料数量	株	按设计图示数量计算	(1) 制作 (2) 运输 (3) 安装 (4) 维护
050403002	草绳绕树干	(1) 胸径(干径) (2) 草绳所绕树干高度			(1) 搬运 (2) 绕杆 (3) 余料清理 (4) 养护期后清除
050403003	搭设遮阴(防寒)棚	(1) 搭设高度 (2) 搭设材料种类、规格	m²/株	按遮阴(防寒)棚外围覆盖层的展开尺寸以面积计算/以楼计算	(1) 制作 (2) 运输 (3) 搭设、维护 (4) 养护期后清除

45

2.2 建设工程劳动定额——园林绿化工程

定额是指在一定的生产条件下，用科学方法制定出生产质量合格的单位建筑产品所需要的劳动力、材料和机械台班等数量标准。定额分为生产性定额和计价性定额。生产性定额通常指施工定额，又称劳动定额、企业定额。计价性定额包括预算定额和概算定额。

施工定额一般供企业内部使用，用于编制施工预算。例如，《全国统一建筑安装工程劳动定额》(1985 版)、《全国统一建筑工程基础定额》(1995 版)都属于施工定额。施工定额项目划分细，是工程基础性定额、编预算定额的依据。

我国人力资源和社会保障部与住房和城乡建设部联合发布的劳动和劳动安全行业标准《建设工程劳动定额》(2009 版)全套 5 册，包括《建设工程劳动定额——建筑工程》(LD/T 72.1～11—2008)、《建设工程劳动定额——装饰工程》(LD/T 73.1～4—2008)、《建设工程劳动定额——安装工程》(LD/T 74.1～4—2008)、《建设工程劳动定额——市政工程》(LD/T 99.1—2008，LD/T 99.4～8—2008，LD/T 99.12—2008，LD/T 99.13—2008)、《建设工程劳动定额——园林绿化工程》(LD/T 75.1～3—2008)。

《建设工程劳动定额——园林绿化工程》(LD/T 75.1～3—2008)于 2009 年 1 月 08 日发布，2009 年 3 月 1 日开始实施。该标准以 1988 年原国家建设部颁布的《仿古建筑及园林工程预算定额》、现行施工规范、施工质量验收标准、建筑安装工人安全技术操作规程和各省、自治区、直辖市及有关部门现行的定额标准，以及其他有关劳动定额制定的技术测定和统计分析资料为依据，根据近年来施工生产水平、经过资料收集、整理、测算，广泛征求意见后编制而成。标准含附录 A 和附录 B，附录 A 是标准性附录，附录 B 是资料性附录。

该标准的定额编号用 6 位码标识(图 2.14)。第 1 位码用英文大写字母标识，A 代表建筑工程，B 代表装饰工程，C 代表安装工程，D 代表市政工程，E 代表园林工程。第 2 位码用英文大写字母标识，代表分册的顺序，如园林绿化工程的第一分册"绿化工程"为 A，第二分册"园路、园桥及假山工程"为 B，第三分册"园林景观工程"为 C。第 3～6 位码用阿拉伯数字标识，是顺序码。

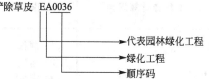

图 2.14 LD/T 75.1～75.3—2008 定额编码号

该标准是园林施工企业编制施工作业计划、签发施工任务书、考核工效、实行按劳分配和经济核算的依据；是规范建筑劳务合同的签订和履行，指导施工企业劳务结算与支付管理的依据；是各地区各部门编制预算定额、清单计价定额人工消耗量标准的依据。

定额中的劳动消耗量均以"时间定额"表示，以"工日"为单位，每一工日按 8 小时计算。定额时间由完成生产工作的作业时间、作业宽放时间、个人生理需要与休息宽放时间，以及必须分摊的准备与结束时间等部分组成。

2.2.1 确定劳动定额的工作时间研究

1. 工时研究

工作时间研究又称工时研究，是指确定操作者作业活动所需时间总量的方法。工时研究的结果是确定时间定额。

工时研究前需要将施工过程进行分类，即施工过程研究，一般根据组织的复杂程度分为工序、工作过程和综合工作过程。工序是组织上分不开和技术上相同的施工过程，特点是人员不变、地点不变、材料工具不变。例如，制作砂浆、运输砂浆、铺面砖。工作过程是由同一工人或班组完成的技术上相互联系的工序的总和。特点是人员不变、地点不变、而材料工具可以变换，如园路满铺卵石面。综合工作过程是同时进行的、组织上相互联系在一起的、最终能获得一种产品的工作过程的总和。例如，浇混凝土搅拌、运输、浇灌、振捣、制作砂浆、砌湖石峰等。工时研究是建立在施工过程基础上的，以工序、工作过程或综合工作过程为研究对象。

工时研究工人的工作时间包括必须消耗的时间和损失时间。必须消耗的时间包括有效工作时间、休息时间和不可避免的中断时间。损失时间包括多余工作时间、偶然工作时间、停工时间和违背劳动纪律损失时间。有效工作时间包括基本工作时间、辅助工作时间、准备与结束工作时间。停工时间包括施工本身造成的停工时间和非施工本身造成的停工时间。例如，砌砖、铺砂浆、勾缝、弹灰线、钢筋弯曲、混凝土养护、墙面粉刷油漆消耗的时间属于基本工作时间，摆砖、修理墙面属于辅助工作时间，接受施工任务单、研究图纸、准备工具、领取材料、布置工作地点等属于准备与结束工作时间，重砌质量不合格的墙体、抹灰工补上遗漏的墙洞属于多余工作时间和偶然工作时间，组织不善、材料供应不及时、工作面准备不好属于施工原因造成的停工时间，停水、停电属于非施工原因造成的停工时间(图 2.15)。

2. 工时定额的测定方法

工时定额测定的方法包括测时法、写实记录法和工作日写实法。

测时法适合测定那些定时重复循环工作的工时消耗，是精确度比较高的一种计时观察法，主要测定有效工作时间中的基本工作时间。测时法包括选择法测时和连续法测时。选择法测时又称间隔法测时，它是间隔选择施工过程中非紧连的组成部分(工序或操作)进行工时测定。采用选择法测时，当被观察的某一循环工作的组成部分开始，观察立即开动秒表；当该组成部分终止，则立即停止秒表。把秒表上指标的延续时间记录到选择法测时记录表上，并把秒针回位到零点。下一组成部分开始，再开动秒表，如此依次观察，依次记录下延续时间。连续法测时是连续测定一个施工过程各工序或操作的延续时间。连续法测时每次要记录各工序或操作的终止时间，再计算本施工过程的延续时间。连续法测时比选择法测时准确、完善，但观察技术较复杂。当所测定的各工序或操作的延续时间较短，连续测时比较困难时，用选择法测时。

写实记录法是一种研究各种性质的工作时间消耗的方法。测时用普通表进行，详细记录在一段时间内观察对象的各种活动及其时间消耗，以及完成的产品数量。采用这种方法可以获得分析工作时间消耗的全部资料，并且精确度能达到 0.5～1min，在实际工作中是

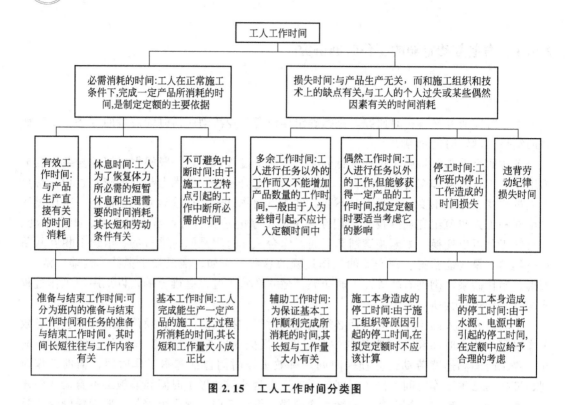

图 2.15 工人工作时间分类图

一种值得提倡的方法。

工作日写实法是一种研究整个工作班内各种工时时间消耗的方法，包括研究有效工作时间、损失时间、休息时间、不可避免中断时间。运用工作日写实法有两个目的：一是取得编制定额的基础资料；二是检查定额的执行情况，找出缺点，改进工作。工作日写实法具有技术简便、节省费用、应用面广和资料全面的优点，在我国是一种应用较广的编制定额方法。

2.2.2 劳动定额及其表达式

劳动定额由于表现形式不同，分为时间定额和产量定额。由标定对象不同，分为单项工序定额和综合定额。

1. 时间定额和产量定额

时间定额是指完成质量合格的单位产品所消耗的时间。

$$单位产品时间定额 = \frac{1}{每工产量} 或 \frac{小组成员数}{小组每班产量}$$

时间定额的单位有工日/m、工日/m²、工日/m³、工日/t、工日/块、工日/株、件/丛、工日/座等。

产量定额是指单位工日中所完成的合格产品的数量。

$$产量定额 = \frac{1}{时间定额}$$

产量定额的单位有 m/工日、m²/工日、m³/工日、t/工日、块/工日、根/工日、件/工日、扇/工日等。

【例2-1】 人工挖土方工程，工作内容为挖土、装土、修理边底等操作内容，挖 1m³ 的二类土，时间定额为 0.192 工日，记作 0.192 工日/m³，产量定额为 1/0.192＝5.208（m³），记作 5.208m³/工日。

2. 单项工序定额和综合定额

单项工序定额表示生产质量合格产品需要的某项工序的时间。综合定额表示完成同一产品中的各单项定额的综合。

$$综合时间定额＝\sum 各单项工序时间定额$$

$$综合产量定额＝\frac{1}{综合时间定额}$$

【例2-2】 已知弹石片每 10m² 园路的劳动定额。弹石片包括铺面、调制砂浆、运输 3 个工序，各工序的劳动定额分别为 1.014 工日/10m²、0.263 工日/10m²、0.611 工日/10m²。问该弹石片园路的产量定额为多少？

解：弹石片园路综合时间定额为：1.014＋0.263＋0.611＝1.888（工日/10m²）。

弹石片园路的产量定额为：1÷1.888×10＝5.297（m²/工日）。

2.2.3 制定劳动定额的方法

1. 技术测定法

技术测定法的步骤如下。

(1) 技术测定法需要拟定正常的施工作业条件：包括施工作业内容、作业方法、施工作业地点的组织、施工作业人员的组织。

(2) 拟定施工作业的定额时间：包括基本工作时间、辅助工作时间、准备、结束时间、休息时间、不可避免的中断和休息时间。

定额时间＝基本工作时间＋辅助工作时间、准备、结束时间＋不可避免的中断和休息时间

举例如下。

作业内容：砌砖景墙。

作业方法：放线、砌筑、勾缝。

施工组织：运砖、运砂浆、砌筑（小工、大工）。

基本工作时间：砌砖、铺砂浆、勾缝、弹灰线。

辅助工作时间：修理墙面。

准备与结束时间：接受施工任务单、研究图纸、准备工具、领取材料、布置工作地点等。

不可避免的中断和休息时间。

(3) 确定时间定额。

$$定额时间＝\frac{基本工作时间}{1-其他各项时间所占百分比}$$

【例2-3】 人工伐树，伐 1 株需要消耗基本工作时间 25min，辅助工作时间占工作班延续时间的 2%，准备与结束时间占 1%，不可避免中断时间占 1%，休息占 20%，请确定时间定额。

解：设工作班延续时间为 x，则

$$25+2\%x+1\%x+1\%x+20\%x=x$$

即 $$x=25/[1-(2\%+1\%+1\%+20\%)]=33(\min)$$

换算为工日，则时间定额为：$33/(60\times8)=0.069$（工日/株），产量定额$=1/0.069=14$（株/工日）。

2. 比较类推法

比较类推法是选定一个已经确定好的典型项目的定额，经过对比分析，计算出同类型其他相邻项目的定额的方法（表 2.15）。采用这种方法工作量小，简单易行。适用于制定同类产品品种多、批量小的劳动定额。

表 2.15　挖地槽时间定额比较类推表　　　　　单位：工日/m³

项　目	耗用工时比例	挖地槽深度在 1.5m 以内		
		上口宽度在（m 以内）		
		0.8	1.5	3
一类土	1.00	0.167	0.144	0.133
二类土	1.43	0.239	0.206	0.190
三类土	2.50	0.418	0.360	0.333
四类土	3.76	0.628	0.541	0.500

比较类推法的公式为

$$t=p\cdot t_0$$

式中：t——比较类推同类相邻定额项目的时间定额；

t_0——典型项目的时间定额；

p——各同类相邻项目耗用工时的比例。

3. 统计分析法

统计分析法是将以往施工中所累积的同类型工程项目的工时耗用量加以科学地统计、分析，并考虑施工技术与组织变化的因素，经分析研究后制定劳动定额的一种方法。为了使定额保持平均先进水平，应该从统计资料中求出平均先进值。

平均先进值的计算步骤如下。

（1）删除统计资料中特别偏高、偏低及明显不合理的数据。

（2）计算出算术平均值。

（3）在工时统计数组中，取小于上述算术平均值的数组，再计算其平均值，即为平均先进值。

【例 2-4】 某木制飞来椅，根据统计数据完成每米木制飞来椅所需要的时间有 10 组数据：23h，24h，21h，25h，28h，30h，26h，24h，27h，25h。试采用统计分析法确定木制飞来椅的时间定额。

解： 先计算 10 个统计数据的算术平均值：$(23+24+21+25+28+30+26+24+27+25)\div10=25.2(h)$。

去掉时间超过 25.2 小时的数据，即去掉 28h、30h、26h 、27h。

剩下数据再求平均值：$(23+24+21+25+24+25)/6=24(h)$。

木制飞来椅的时间定额为：$24/8=3(工日/m)$。

4．经验估计法

经验估计法是对生产产品所需消耗的工日、原材料、机械台班等的数量，根据定额管理人员、技术人员、工人等以往的经验，结合图纸分析、现场观察、分解施工工艺、组织条件和操作方法来估计，适用于制定多品种产品的定额。

经验估计法技术优点是简单、工作量小、速度快，缺点是人为因素较多，科学性、准确性较差。

2.2.4 园林绿化工程劳动定额

1．绿化工程

1）范围和规范性引用文件

《建设工程劳动定额——园林绿化工程》绿化工程分册标准适用于城市园林和市政绿化工程，也适用于厂矿、机关、学校、宾馆、居住小区的绿化项目(图2.16)。

2）使用规定和工作内容

(1)工程量计算规则。在此分册中，伐树、挖树根、砍灌木丛、起挖或栽植乔灌木和攀缘植物、栽植水生植物、乔灌木及攀缘植物的养护、树身涂白均以"株"计算工程量。

栽植色带、片植花卉及绿篱、栽植草皮及喷播草籽、遮阴棚搭设，成片绿篱、花卉、草坪的养护，水体护理、水池清洗、色带防寒均按面积以"m^2"计算工作量。

栽植单、双排绿篱以长度计算，草绳绕树干的长度以"延长米"计算工作量。

(2)水平与垂直运输。绿化工程定额项目已包括施工地点至堆放地点距离不大于50m的花草树木搬运。如果实际超运距用工，每超过10m，按相应定额项目时间定额综合用工乘以1.5％计算。

屋面绿化工程，人力垂直运输增加用工，垂直运距每10m按相应定额项目时间定额综合用工乘以系数3.5％计算。

(3)使用系数。起挖或栽植树木定额中以一、二类土为准，如为三类土，时间定额乘以系数1.34，四类土时间定额乘以系数1.76，冻土人工乘以系数2.20。

片植匍匐的地被植物(图2.17)按片植花卉项目执行且乘以系数1.2。

图2.16 乔灌木种植

图2.17 匍匐的地被植物

清除匍匐的地被植物按清除草皮定额执行且乘以系数 0.80。

在边坡起挖或栽植花草树木按相应定额项目乘以系数 1.2。

标准同时使用两个或两个系数时，按连乘方法计算。

(4) 相关规定。胸径是指地表面向上 1.2m 处树干的直径。株高是指地表面至树顶端的高度。冠丛高是指地表面至乔(灌)木顶端的高度。篱高是指地表面至绿篱顶端的高度。

3) 时间定额表

人工、机械伐树，挖丛生竹、铲除草皮和整理绿化用地的综合时间定额见表 2.16。

表 2.16　绿化工程时间定额表 1

定额编号	EA0001	EA0013	EA0029	EA0036	EA0037
项目	人工伐树	机械推树墩	丛生竹	铲除草皮	整理绿化用地
	离地 200mm 处直径	树墩直径	根盘直径		
	≤100mm	≤300mm	≤400mm		
综合	0.069 工日/株	0.050 台班/株	0.130 工日/丛	0.300 工日/10m²	0.450 工日/10m²

起挖乔木、灌木和竹类的综合时间定额和各工序时间定额见表 2.17。其中综合时间定额等于各工序时间定额的合计。起挖项目各分项工程(起挖乔木、起挖灌木、起挖散生竹)综合施工过程都包含起挖、搬运绑扎修理和回填土坑 3 个工序。

表 2.17　绿化工程时间定额表 2　　　　　　　　单位：工日/株

定额编号	EA0041	EA0076	EA0082
项目	起挖乔木 (土球直径≤200mm)	起挖灌木(灌丛 高≤1000mm)	起挖散生竹 (胸径≤60mm)
综合	0.045	0.021	0.070
起挖	0.019	0.009	0.030
搬运、绑扎、修理	0.019	0.009	0.030
回填土坑	0.007	0.003	0.010

栽植乔木、灌木和竹类的综合时间定额和各工序时间定额见表 2.18。其中综合时间定额等于各工序时间定额的合计。栽植项目各分项工程(如栽植乔木、栽植灌木、栽植散生竹)综合施工过程都包含挖种植穴和栽植两个工序。

表 2.18　绿化工程时间定额表 3　　　　　　　　单位：工日/株

定额编号	EA0091	EA0126	EA0132
项目	栽植乔木 (土球直径≤200mm)	栽植灌木(灌丛 高≤1000mm)	栽植散生竹 (胸径≤60mm)
综合	0.040	0.030	0.070
挖种植穴	0.012	0.007	0.024
栽植	0.028	0.023	0.046

乔木、灌木和竹类养护的综合时间定额见表2.19。其中成活养护乔木、球形植物和运动草坪按月计取劳动消耗。保存养护乔木、成片绿篱按年计取劳动消耗。

表2.19 绿化工程时间定额表4

定额编号	EA0266	EA0310	EA0329	EA0029	EA0367
项目	成活养护乔木	成活养护球形植物	成活养护运动草坪	保存养护乔木	保存养护成片绿篱
	胸径	蓬径	播种	胸径	高度
	≤50mm	≤1000mm		≤50mm	≤500mm
综合	0.580工日/（10株·月）	0.320工日/（10株·月）	0.650工日/（10m²·月）	1.971工日/（10株·年）	1.040工日/（10m²·年）

2. 园路、园桥及假山工程

1）范围和规范性引用文件

《建设工程劳动定额——园林绿化工程》园路园桥分册标准适用于公园、小游园、庭园的园路（图2.18）、园桥、假山、水域驳岸工程。

2）使用规定和工作内容

（1）工程量计算规则。各种园路、卵石拼花、贴陶瓷片、嵌草砖铺、石作栏板、山坡石台阶均按面积以"m²"计算。园路垫层、园桥、拱旋石、旋脸石制作安装、地伏石均按体积以"m³"计算。石栏杆柱以"根"计算，石作抱鼓以"块"计算。堆砌假山、布置景石、自然式石驳岸以"t"计算。塑假山石、贴卵石护岸按其表面积以面积计算。堆筑土山丘按水平投影外接矩形面积乘以高度的1/3以体积计算。原木桩驳岸以桩长度乘以截面面积以体积计算。

图2.18 园路

（2）水平运输。定额包括材料场内不大于50m的水平运输。

（3）使用系数。石做金刚墙按石桥墩项目执行，定额综合用工乘以系数1.2。

若在满铺卵石地面（图2.19）中用砖、瓦、瓷片拼花时，拼花部分按相应的地面定额计算，定额综合用工乘以系数1.5。满铺卵石地面若需要分色拼花时，定额综合用工乘以系数1.2。

图2.19 满铺卵石拼花地面

栏板望柱制作安装如为斜形或异形时，定额综合用工乘以系数1.2。

在室内叠塑假山或作盆景式假山时，定额综合用工乘以系数1.5。

标准同时使用两个或两个以上系数时，按连乘方法计算。

（4）其他相关规定。园路、园桥、假山及驳岸工程的挖土方、开凿石方、回填、围堰挖运淤泥等应该按《建筑工程劳动定额——建筑工程》相关项目计算用工。卵石护岸适用于满铺卵石护岸，不适用于点布大卵石护岸。园路地面包括了结合层，不包括垫层。路沿、路牙材料与路面相同时，其用工已包括在定额内。砖地面、卵石地面、瓷片地面定额包括了砍砖、筛选、清洗砖、瓷片等用工。石桥面已包括了砂浆嵌缝的用工。堆砌假山、塑假山石、自然式驳岸定额项目均未包括基础，也不包括采购山石前的选石。塑假山定额项目也未包括制作安装钢骨架用工。

3）时间定额表

园路面层的综合时间定额和各工序时间定额见表2.20。其中综合时间定额等于各工序时间定额的合计。园路面层项目各分项工程（如满铺卵石拼花面、方整石板面层、弹石片）综合施工过程都包含铺面、调制砂浆/铺砂和运输砂浆和砂3个工序。园路面层包含结合层。

表2.20　园路面层时间定额　　　　　　　单位：工日/10m²

定额编号	EB008	EB0018	EB0034
项目	满铺卵石面（拼花）	方整石板面层（平道）	弹石片
综合	17.850	3.090	1.888
铺面	17.461	2.145	1.014
调制砂浆/铺砂	0.221（调制砂浆）	0.186（铺砂）	0.263
运输	0.168	0.759	0.611

园桥的综合时间定额和各工序时间定额见表2.21。园桥项目各分项工程（如毛石基础、毛石桥台、石桥面等）综合施工过程都包含砌石/安装桥面、调制砂浆和运输砂石3个工序。

表2.21　园桥时间定额　　　　　　　单位：工日/m³

定额编号	EB0040	EB0042	EB0050
项目	基础（毛石）	桥台（毛石）	石桥面（10m²）
综合	1.220	2.220	11.339
砌石/安装桥面	0.593（砌石）	1.668（砌石）	10.728（安装桥面）
调制砂浆	0.221	0.209	0.123
运输	0.406	0.343	0.448

假山、驳岸工程的综合时间定额和各工序时间定额见表2.22。假山、石笋项目各分项工程（如湖石假山、人造湖石峰、石笋安装等）综合施工过程都包含堆砌/安装、调制砂浆、混凝土搅捣和运输砂石4个工序。布置景石、自然式驳岸分项工程包含布石/砌石、调制砂浆和运输砂石3个工序。

表 2.22　假山、驳岸时间定额　　　　　　单位：工日/t

定额编号	EB0082	EB0091	EB0096	EB0103	EB0110
项目	湖石假山	人造湖石峰	石笋安装	布置景石	自然式驳岸
	高度	高度	高度	质量	
	≤1000mm	≤3000mm	≤4000 mm	≤5t	
综合	4.000	11.500	5.500	15.360	2.330
堆砌/安装/布石/砌石	3.745(堆砌)	11.124(安装)	5.127(安装)	15.157(布石)	2.127(砌石)
调制砂浆	0.022	0.028	0.017	0.028	0.028
混凝土搅捣	0.030	0.076	0.050	—	—
运输	0.203	0.272	0.306	0.175	0.175

3. 园林景观工程

园林景观示例及园林景观平面图分别如图 2.20 和图 2.21 所示。

图 2.20　景墙、树池围牙、铺装与石凳

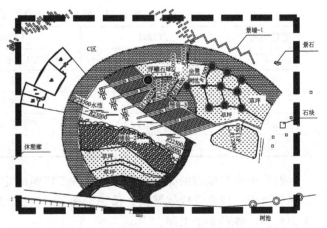

图 2.21　园林景观平面图

1）范围和规范性引用文件

《建设工程劳动定额——园林绿化工程》景观分册标准适用于公园、小游园、庭园的景观工程。

2）使用规定和工作内容

（1）工程量计算规则。原木构件、现浇（预制）混凝土屋面板、现浇混凝土飞来椅工程量按体积计算。树皮（草类）屋面、混凝土屋面板模板、压型钢板屋面、现浇混凝土飞来椅模板、预制吴王靠背条、塑树皮梁（柱）、花坛铁艺栏杆、石浮雕、花瓦什锦窗工程量按面积以"m²"计算。原木椽、木制飞来椅、现浇彩色水磨石飞来椅、塑树根、预制混凝土花坛栏杆、砖檐、墙帽按"延长米"计算。石镌字按"个"计算。石作沟门、沟漏按"块"计算。

（2）水平运输和垂直运输。定额包括材料场内不大于50m的水平运输。

（3）使用系数。亭廊屋面是按檐高不大于3.6m编制的，檐高大于3.6m，其时间定额的综合用工乘以相应系数：檐高不大于 8m 时，乘以系数 1.15；檐高不大于 12m，乘以系数 1.2；檐高不大于 16m，乘以系数 1.25。

混凝土屋面板、混凝土飞来椅和混凝土花坛栏杆现浇时需要用木模板成型。木模板以二、三类木种混合使用为准，如使用一、四类木种者，其定额用工为一类木种制作安装项目乘以系数 0.91，四类木种制作安装项目乘以系数 1.25。标准同时使用两个或两个以上系数时，按连乘方法计算。

（4）其他相关规定。本标准只列有园林景观特殊做法项目，其他普通做法工程项目（土石方工程、基础工程、防水层、钢屋架等）按《建筑工程劳动定额》的建筑工程、装饰工程、安装工程相关项目计算用工。木制飞来椅制作安装包括扶手、靠背及在座凳平盘上凿卯眼、与柱拉结的铁件安装用工。现浇混凝土飞来椅只包括扶手、靠背、平盘，不包括预制靠背条的用工。石镌字的面积是指字的最大矩形面积。

3）时间定额表

原木构件的综合时间定额和各工序时间定额见表 2.23。原木构件项目各分项工程（如原木柱、原木椽等）综合施工过程包含制作、安装、和运输原木 3 个工序。表 2.25 还列出了屋面（麦、稻草屋面）的综合时间定额。

表 2.23　原木构件和草屋面时间定额

定额编号	EC001	EC0006	EC0008
项目	原木柱（直径≤100mm）	原木椽（直径≤100mm）	麦（稻）草屋面（200mm 厚）
综合	8.825 工日/m³	4.694 工日/100m	2.700 工日/m²
制作	3.713 工日/m³	2.026 工日/100m	—
安装	4.912 工日/m³	2.477 工日/100m	—
运输	0.200 工日/m³	0.191 工日/100m	—

混凝土亭廊屋面的综合时间定额和各工序时间定额见表 2.24。各分项工程（如现浇不带椽屋面板、现浇带椽戗翼板、预制老角梁等）综合施工过程包含搅拌、振捣及养护和运输混凝土、砂石 3 个工序。

表 2.24　混凝土亭廊屋面时间定额　　　　单位：工日/m³

定额编号	EC0018	EC0022	EC0029
项目	现浇不带椽屋面板	现浇带椽戗翼板	预制老角梁
综合	3.114	3.577	1.881
搅拌	0.099	0.099	0.086
振捣及养护	2.351	2.814	1.363
运输	0.664	0.664	0.432

园林桌椅的综合时间定额和各工序时间定额见表 2.25。木制飞来椅综合施工过程包含制作和安装两个工序。混凝土飞来椅综合施工过程包含混凝土搅拌、振捣及养护、运输混凝土及砂石 3 个工序。彩色水磨石飞来椅综合施工过程包含调制砂浆、砂浆浇灌及抹面、打蜡水磨、运输 4 个工序。

表 2.25　园林桌椅时间定额　　　　　　单位：工日/10m(10m³)

定额编号	EC0036	EC0041	EC0043
项目	木制飞来椅(10m)	混凝土飞来椅(10m³)	彩色水磨石飞来椅(10m)
综合	30.800	2.319	61.191
制作/调制砂浆	28.379(制作)	—	0.391(调制砂浆)
安装/砂浆浇灌及抹面	2.421(安装)	—	27.320(砂浆浇灌及抹面)
混凝土搅拌	—	0.099	—
振捣、养护/打蜡、水磨	—	1.716(振捣、养护)	33.387(打蜡、水磨)
运输	—	0.504	0.093

2.3 浙江省园林绿化及仿古建筑工程预算定额

　　长期以来，中国的定额编制制度都是在国家统一编制的劳动定额的基础上各地独立编制地方预算定额和概算定额。就园林工程而言，当前国内就有浙江省《浙江省园林绿化及仿古建筑工程预算定额》(2010 版)，广东省《广东园林绿化工程预算定额》和《广东绿化种植工程定额》、江苏省《江苏省园林工程计价定额》、江西省《江西仿古建筑及园林工程预算定额》、重庆市《重庆市园林工程消耗量定额综合单价》(2003)、四川省《四川省园林工程预算定额》、《四川园林绿化养护工程》和《四川树木防寒风障工程定额》、广西壮族自治区《广西园林工程预算定额》、《广西绿化种植工程预算定额》和《广西绿化养护工程定额》、辽宁省《辽宁省园林绿化工程计价定额》(2008)、吉林省《仿古建筑及园林工程预算定额吉林省基价表(2 册)》、黑龙江省《黑龙江省园林工程预算定额》和《黑龙江省最新园林工程定额》等。不同的定额适用于不同的省、自治区和直辖市，但都以全国统一的《建设工程劳动定额——园林绿化工程》(LD/T 75.1～3—2008)为基础编制。

2.3.1 预算定额的含义、作用和性质

1. 预算定额的含义

　　预算定额一般包括消耗量定额及统一基价表。其中，消耗量定额是确定一定计量单位分项工程或工程结构构件的人工、材料、施工机械台班消耗的数量标准。统一基价表由预算定额的工日、材料、机械台班的消耗量分别乘以相应的工日单价、材料预算价格、机械台班单价后汇总而成。统一基价表包括分项工程人工费、分项工程材料费和分项工程机械费。

2. 预算定额的作用

(1) 预算定额是编制施工图预算的基础。

　　园林工程编制施工图预算，如果采用定额计价法则需要直接套用预算定额基价进行编制，如果采用清单计价法也需要参考企业定额进行综合单价组价。在很多情况下，采用清

单计价法时，直接套用预算定额组价。

（2）预算定额是确定工程造价的依据。

施工图预算是招标单位确定招标控制价、投标单位投标报价的核心。施工图预算的结果也称为工程造价，即园林工程的建筑安装工程费。由于施工图预算需要依据预算定额编制，所以预算定额是确定工程造价的依据。

（3）预算定额是决定建设单位工程费用支出和施工单位企业收入的重要因素。

在园林工程招投标时，中标单位的投标报价（施工图预算）决定了施工合同的价款，即决定了建设单位的工程费用支出和施工单位的企业收入。

（4）预算定额是编制概算定额和概算指标的基础。

预算定额是编制概算定额的基础。概算定额中的人工、材料、机械台班消耗量一般根据预算定额综合考虑，概算定额中的扩大分部分项工程单价综合了预算定额的基价。概算指标的编制有两种方法，一种是根据预算定额编制，另一种是根据工程实践总结。

3．预算定额的性质

（1）预算定额是一种计价定额。

由于预算定额的作用是编制施工图预算，它是作为使用"工料单价法"计算工程造价的依据，所以预算定额是一种计价定额。

（2）预算定额反映了社会平均的生产消耗数量标准。

与施工定额反映的是社会平均先进性的水平不同，预算定额反映的是社会平均的生产消耗水平，即企业中大部分生产工人按一般速度工作在正常条件下能够达到的水平。预算定额的水平以施工定额的水平为基础，预算定额中包含了更多的可变因素，需要保留合理的幅度差。预算定额与施工定额相比，水平要低一些。

（3）预算定额的标定对象为分项工程。

预算定额的标定对象是分项工程。分项工程是按照园林工程不同的施工方法、不同规格的材料等划分的工程项目。

2.3.2　预算定额编制的原则、依据和方法

1．预算定额编制的原则

预算定额根据社会平均水平、简明适用、统一性与差别性相结合3个原则编制。

（1）根据社会平均水平编制的原则。即按照"在现有的社会正常的生产条件下，在社会平均的劳动熟练程度和劳动强度下制造某种使用价值所需要的劳动时间"来确定定额水平。预算定额的平均水平是在正常的施工条件、合理的施工组织和工艺条件、平均劳动熟练程度和劳动强度下，完成单位分项工程所需的劳动时间。

（2）简明适用原则。简明适用原则是为了执行定额的可操作性且便于掌握。

（3）统一性和差别性相结合的原则。所谓统一性，就是从培育全国统一市场规范和计价行为出发。所谓差别性，就是在统一性基础上，本部门和省、自治区、直辖市主管部门可以在自己的管辖范围内，根据本部门和地区的具体情况制定本部门和地区性定额、补充性制度和管理办法。

2. 预算定额编制的依据

(1) 全国统一劳动定额、全国统一基础定额。例如《建设工程劳动定额——园林绿化工程》(LD/T 75.1~3—2008)。

(2) 现行的设计规范、施工验收规范、质量评定标准和安全操作规程。

(3) 通用标准图集和已经确定的典型工程施工图纸。

(4) 推广的新技术、新结构、新材料和新工艺。

(5) 施工现场测定资料、实验资料和统计资料。

(6) 现行预算定额及基础资料和地区材料预算价格、工资标准及机械台班单价。

3. 预算定额的编制方法

1) 确定预算定额人工消耗量指标

预算定额中的人工消耗量包含基本用工和其他用工。

基本用工是指完成该分项工程的主要用工量。例如,栽植乔木、灌木中的苗木工用工。其他用工是辅助基本用工消耗的工日。其他用工包括超运距用工、辅助用工和人工幅度差用工。超运距用工是指预算定额编制时采用的材料运距超过了施工定额编制时采用的运距而需要增加的用工。辅助用工是指为完成基本用工需要配合的用工。人工幅度差用工是劳动定额中未规定而施工中又不可避免的零星用工。人工幅度差用工包括以下几项:

(1) 各专业工种之间的工序搭接不可避免的停歇时间。

(2) 施工机械在场内变换位置引起的停歇时间。

(3) 施工过程中引起的水电维修用工。

(4) 隐蔽工程验收的时间。

(5) 施工过程中工种之间交叉作业造成的不可避免的剔凿、修复、清理等用工。

人工幅度差用工=(基本用工+辅助用工+超运距用工)×人工幅度差系数

2) 确定预算定额机械消耗量指标

预算定额机械消耗量包含机械台班消耗量和机械幅度差。

预算定额中的机械台班消耗量的确定以施工定额中的机械台班消耗量为基础,加上机械幅度差,就可以计算出预算定额中机械台班的消耗量。

机械幅度差是指在劳动定额中未曾包括的,而机械在合理的施工组织条件下所必须的停歇时间,在编制预算定额时应予以考虑。机械幅度差包括以下几项。

(1) 机械转移工作面及配套机械互相影响损失的时间。

(2) 施工机械不可避免的工序间歇。

(3) 检查工程质量影响机械操作的时间。

(4) 临时水、电线路在施工中移位所发生的机械停歇时间。

机械幅度差系数根据测定和统计资料确定,常用机械的幅度差系数为25%~33%。

机械台班消耗指标的计算分小组产量法和台班产量法。

$$小组产量法定额台班使用量 = \frac{定额计量单位值}{小组产量}$$

$$台班产量法定额台班使用量 = \frac{定额单位}{台班产量} \times (1+机械幅度差系数)$$

【例 2-5】 预算定额中多孔一砖外墙定额分项垂直运输塔吊台班消耗量的计算。

解：查全国建筑安装工程统一劳动定额，工人砌墙产量定额为 $1.08m^3/$工日，砌砖小组成员 22 人，则小组产量为：$1.08×22=23.76(m^3)$。

塔吊台班使用量为：$10÷23.76=0.42(台班/10m^3)$。

【例 2-6】 预算定额木栈道龙骨采用的木工圆锯机和木工平刨机机械台班使用量计算。

解：查全国统一劳动定额得木工圆锯机产量定额为 $2.02m^3/$台班，则木工圆锯机台班使用量为：$10÷2.02×1.25=6.18(台班/10m^3)$。

查全国统一劳动定额得木工平刨机产量定额为 $4.72m^3/$台班，则

木工平刨机台班使用量为：$10÷4.72×1.25=2.65(台班/10m^3)$。

2.3.3 预算定额人工、材料、机械台班单价的确定

1. 人工单价

预算定额人工单价是指生产工人一个工作日在预算中应该计入的全部人工费用。它反映了生产工人的工资水平和生产工人一个工作日能得到的报酬。包括生产工人基本工资、生产工人工资性补贴、生产工人辅助工资、职工福利费和生产工人劳动保护费。基本工资与工人的技术等级有关，工资性补贴是指按规定标准发放的物价补贴。生产工人辅助工资是指生产工人年有效作业天数之外非作业天数的工资。职工福利费按规定标准计提。生产工人劳动保护费是指按规定发放的生产工人劳动保护用品的购置费和修理费、徒工服装补贴、防暑降温费和在有害身体健康环境中施工的保健费。

人工单价＝生产工人基本工资＋生产工人工资性补贴＋生产工人辅助工资＋
职工福利费＋生产工人的劳动保护费

我国的人工单价采用综合人工单价的形式，即根据综合取定不同工种、不同技术等级的工资单价及相应的工时比例进行加权平均得出能够反映工程建设中生产工人一般价格水平的人工单价。

影响人工单价的因素有社会平均工资水平、生活消费指数、人工单价的组成内容、劳动力市场供需变化、政府推行的社会保障和福利政策。

2. 材料单价

材料单价也称材料预算价格，是指材料由来源地或交货地点，经中间转运达工地仓库或施工现场堆放地点后的出库价格。材料单价由材料原价、供销部门手续费、材料包装费、运杂费和材料采购及保管费 5 项构成。

材料单价＝材料原价＋供销部门手续费＋包装费＋运杂费＋采购及保管费
＝［材料原价×(1＋供销部门手续费率)＋包装费＋运杂费］×(1＋采购及保管费率)－包装品的回收价值

为简化起见，以上 5 项也可划分为材料供应价、运杂费和采购保管费 3 项。

3. 机械台班单价

机械台班单价也称机械台班预算价格。是指一台施工机械在正常运转情况下一个台班(8小时)所支出分摊的各种费用之和。机械台班单价的确定包括第一类费用和第二类费用。

第一类费用是不管机械的运转情况如何，都必须按所需费用分摊到每一个台班中的费

用。包括折旧费、台班大修费、养路费及车船使用税。

第二类费用只有机械运转时才发生,包括燃料动力费、人工费(指机上司机、司炉及其他操作人员的基本工资和工资性津贴)、经常修理费、安拆费及场外运费。

机械台班单价=折旧费+大修费+经常修理费+安拆费+人工费+燃料费+税费

例如:

$$台班大修费=\frac{一次大修费\times寿命期内大修理次数}{耐用总台班}$$

4. 分项工程预算基价(工料单价)

分项工程预算基价由分项工程定额人工费、分项工程定额材料费和分项工程定额机械费汇总而成。

定额人工费=人工定额消耗量×生产工人的日工资单价

定额材料费=∑材料定额消耗量×材料定额单价

定额机械费=∑机械定额台班消耗量×机械台班单价

单位估价表是确定园林工程直接工程费的依据,通常由分项工程基价、分项工程人工费、分项工程材料费和分项工程机械费共同组成(表2.26)。

表 2.26 草本花卉预算基价 单位:10m²

定额编号			1-303
项目			草本花卉
基价(元)			51
其中	人工费(元)		30.33
	材料费(元)		12.40
	机械费(元)		8.04
名称	单位	单价(元)	消耗量
人工	工日	40.00	0.758
材料	肥料	kg	0.29	5.025
	药剂	kg	30.00	0.062
	水	m³	2.95	2.928
	其他材料费	元	1.00	0.450
机械	洒水汽车 4000L	台班	383.06	0.021

2.3.4 《浙江省园林绿化及仿古建筑工程预算定额》解读

《浙江省园林绿化及仿古建筑工程预算定额》(2010版)是指导浙江省园林工程建设单位、设计单位和施工单位编制园林工程造价文件的主要依据。由于暂无园林工程概算定额,浙江省园林工程建设单位审核园林工程设计概算和施工图预算,设计单位编制园林工程设计概算,施工企业编制施工图预算都要以《浙江省园林绿化及仿古建筑工程预算定额》(2010

版)为依据，包括园林工程施工企业采用清单计价法编制施工图预算时，对分部分项工程量清单和施工技术措施项目清单综合单价的组价。在园林工程施工企业缺少企业定额时，其对分部分项工程量清单项目和施工技术措施项目综合单价的组价，对应人工费、材料费和机械费可以依据《浙江省园林绿化及仿古建筑工程预算定额》（2010版）。方法上可以套用定额中的人工、材料和机械台班消耗量，在消耗量基础上乘以人工、材料和机械台班市场价格和分项工程计价工程量得出人工费、材料费和机械费。再以人工费和机械费为基数，计提管理费、利润和风险因素，得出分项工程合价，然后将合价除以分项工程清单工程量，得出分项工程综合单价。此外，实践中还有直接套用定额中的人工费、材料费和机械费，在定额人工费和机械费基础上计提管理费和利润，然后计算综合单价的方法。《浙江省园林绿化及仿古建筑工程预算定额》（2010版）对工程造价的确定在当前阶段依然非常重要。

《浙江省园林绿化及仿古建筑工程预算定额》（2010版）分为上、下两册，上册包括园林绿化、园路园桥、园林景观、土石方、砌筑、混凝土及钢筋和装饰装修工程。下册包括仿古木作、砖细、石作、屋面、围堰工程及垂直运输和模板工程。

1.《浙江省园林绿化及仿古建筑工程预算定额》（2010版）上册

《浙江省园林绿化及仿古建筑工程预算定额》（2010版）上册中园林绿化工程、园路园桥假山工程、园林景观工程是园林典型的分部工程。园林工程中典型项目需要套用此3个分部工程中的子项。土方工程、砌筑工程、混凝土和钢筋混凝土工程和装饰装修工程是建筑工程中典型的分部工程，在园林工程中适用于园林建筑、园林景观基础和结构及地面铺装等。

1）园林绿化工程

绿化工程定额包括种植和养护两部分。种植定额包括种植前的准备、种植过程中的工料、机械费用和种植完工验收前的苗木养护费用。养护定额为种植完工验收后的绿地养护费用。种植定额基价中未包括苗木、花卉价格，其价格按当时当地的价格确定。绿化养护定额的养护期为一年，实际养护期非一年的，定额按比例换算。定额按照二类绿地养护标准编制，一般要求行道树成活率在95%以上，其他的成活率在98%以上，保存率为100%。定额未包括非适宜地树种栽植养护、反季节栽植养护、古树名木栽植养护、高架（边坡）绿化栽植养护、屋顶绿化养护和绿化围栏等设计的维护费用（图2.22）。

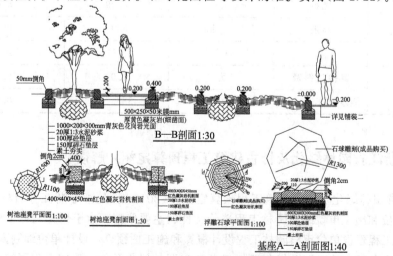

图2.22　乔灌木种植剖面图

部分绿化分项工程项目定额人工费、材料费和机械费及定额人材机消耗量见表 2.27。

表 2.27 园林绿化工程定额项目表　　　　　　（单位：10 株）

定额编号			1-1	1-9	1-21	1-55	1-100	1-157	1-185
项目			起挖乔木（土球直径 20cm 以内）	起挖乔木（裸根，胸径 4cm 以内）	起挖灌木、藤本（土球直径 5cm 以内）	栽植乔木（土球直径 20cm 以内）	灌木片植（苗高 50～100cm 以内，种植密度 9 株/m²）	大树起挖（土球直径 180cm 以内）	树棍桩（铅丝吊桩）
基价（元）			22	11	3	17	44	544	222
其中	人工费（元）		10.88	10.88	2.4	16	42.12	233.04	19.04
	材料费（元）		10.80	—	1.08	0.74	1.48	77.03	203.00
	机械费（元）		—	—	—	—	—	234.33	—
名称		单位	单价（元）		消耗量				
人工	一类人工	工日	40	0.272	0.272	0.060	0.400	1.053	5.826	0.476
材料	草绳	kg	1.08	10	—	1.000			70.000	
	水						0.250	0.500		
	镀锌铁丝 8#	kg	4.80							10.000
	木桩	个	5.00							30.000
	其他材料费	元	1.00						1.430	5.000
机械	汽车式起重机 20t	台班	976.37	—					0.240	

2）园路、园桥、假山工程

园路园桥假山定额包括堆砌假山、园路及园桥（图 2.23）工程。园路包括垫层、面层，园桥包括基础、桥台、桥墩、石桥面、木桥面等项目。假山按不同石材区分分项工程项目。

图 2.23 园路及园桥

部分假山和驳岸分项工程项目定额人工费、材料费和机械费及定额人材机消耗量见表 2.28。

表 2.28　假山、驳岸工程定额项目表　　　　计量单位：t

定额编号			2-1	2-13	2-24	2-33
项目			湖石假山(高度1m以内)	黄石假山(高度1m以内)	整块湖石峰(高度5m以内)	自然式护岸(湖石)
基价(元)			309	191	1524	273
其中	人工费(元)		50.00	45.00	223.08	80.81
	材料费(元)		209.22	101.42	1282.22	189.13
	机械费(元)		49.53	44.58	18.49	3.30
名称	单位	单价(元)	消耗量			
人工	二类人工	工日	43	1.163	1.046	5.188	1.879
材料	整块湖石峰					1.000	
	湖石	t	180	1.000		0.250	0.940
	黄石	t	80		1.000		0.100
	现浇现拌混凝土 C15(16)	m^3	200.08	0.060	0.060	0.100	—
	水泥砂浆 1∶2.5	m^3	210.26	0.040	0.040	0.030	0.050
	块石 200~500	t	40.50	0.165		0.050	
	水	m^3	2.95	0.170	0.170	0.250	
	其他材料费	元	1.00	1.620	0.500	8.140	1.420
机械	汽车式起重机 5t	台班	330.22	0.150	0.135	0.056	0.010

3）园林景观工程

部分景观工程项目定额人工费、材料费和机械费及定额人材机消耗量见表 2.29。园林景观工程是指园林建设中的工艺点缀品。包括堆塑装饰和小型预制钢筋混凝土水磨石等。

表 2.29　园林景观工程定额项目表　　　　计量单位：10m^2

定额编号		3-1	3-3	3-69	3-70	3-74
项目		塑松(衫)树皮	塑壁画面	木制花坛(厚3cm)	木制花坛厚每增减1cm	石球安装/10个
基价(元)		1142	948	838	204	6412
其中	人工费(元)	1017.15	814.85	196.57	15.60	200.86
	材料费(元)	121.76	130.48	641.42	188.75	6207.01
	机械费(元)	3.28	3.10	—	—	4.12

（续）

定额编号			3-1	3-3	3-69	3-70	3-74
名称	单位	单价(元)	消耗量				
人工 二类人工	工日	43	23.655	18.950	4.571	0.363	4.671
材料 水泥砂浆1:1	m³	262.93	0.150				
水泥砂浆1:2.5	m³	210.26	0.100	0.150			
混合砂浆 1:1:6	m³	206.16	0.080				
石性颜料	kg	5.8	6.000				
水泥石灰麻 刀砂浆1:2:4	m³			0.160			
石灰麻刀浆	t			0.120			
水泥32.5	kg			2.000			
杉板枋材	m³	1450.00			0.375	0.130	
乳胶漆	kg	12.70			7.200		
圆钉	kg	4.36			1.200		
石球φ500	个	605.00					10.2
其他材料费	元	1.00	10.000	18.450	1.000	0.250	36.01
机械 灰浆搅拌机 200L	台班	58.57	0.056	0.053			0.070

4）土石方、打桩、基础垫层工程

园林工程中常有园林建筑设置，如仿古建筑、亭、廊等。这些园林建筑如果采用钢筋混凝土结构，其基础一般包含土石方工程、打桩工程和基础、垫层工程。部分土石方、打桩、基础垫层工程项目定额人工费、材料费和机械费见表2.30。

表2.30　土石方、打桩、基础垫层工程定额项目表　　计量单位：10m³

定额编号		4-3	4-52	4-60	4-97	4-122
项目		人工挖沟槽一、二类土(深3m以内)	人力车运土方	平整场地/10m²	推土机推土运距20m以内、三类土	打圆木桩
基价(元)		92	74	18	28	15249
其中	人工费(元)	92.38	74.40	18.42	2.05	4018.29
	材料费(元)	—	—	—	—	11230.84
	机械费(元)	—	—	—	26.21	—

5）砌筑工程

砌筑工程在园林工程中用于园林建筑的砖墙（图2.24）和砖基础。在景墙基础、景墙墙体和砖砌花池基础（图2.25）中也比较常见。砌体材料常用标准砖（240mm×115mm×53mm）、空心砖、蒸压灰砂砖和混凝土砌块等。砌筑砂浆分为水泥砂浆、石灰砂浆和混合砂浆。强度等级有 M5、M7.5、M10 等。砌筑工程中常见由于砌筑砂浆强度等级与定额不同导致的定额基价的换算。部分砌筑工程项目定额人工费、材料费和机械费见表 2.31。

图 2.24　园林建筑砖砌内外墙

图 2.25　别墅砖石砌围墙、大门及花池

表 2.31　砌筑工程定额项目表　　　　　　　　　　计量单位：10m³

定额编号		5-2	5-10	5-57	5-70	5-72
项目		浆砌毛石基础	砖砌内、外墙（1 砖墙）	毛石台阶 /10m²	景石墙（厚 30cm）	浆砌冰梅窗下墙
基价(元)		1936	2996	665	27604	3167
其中	人工费(元)	543.95	685.85	224.03	4016.20	848.82
	材料费(元)	1356.99	2287.76	433.45	23563.39	2290.77
	机械费(元)	35.14	22.84	7.03	24.60	26.94

6）混凝土及钢筋工程

园林建筑的柱、梁、板框架和基础，景墙墙体及基础、石砌驳岸基础等通常为混凝土及钢筋混凝土结构（图 2.26），其工程造价计价时通常套用混凝土及钢筋工程分部中的定额项目（表 2.32）。

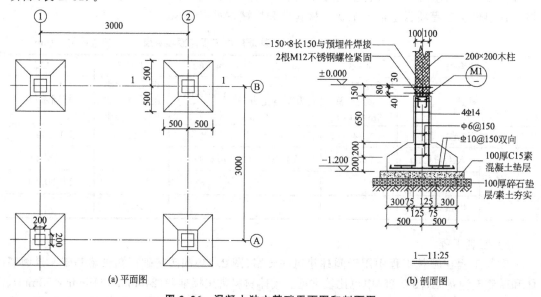

图 2.26　混凝土独立基础平面图和剖面图

表 2.32　混凝土及钢筋工程定额项目表　　　　计量单位：10m³

定额编号		6 - 1	6 - 4	6 - 16	6 - 25	6 - 37
项目		素混凝土垫层	钢筋混凝土带形基础	老、嫩戗	橡望板	吴王靠/10m
基价(元)		2406	2419	3259	3702	181
其中	人工费(元)	446.17	685.85	976.59	1116.99	52.65
	材料费(元)	1905.72	2287.76	2153.69	2457.87	121.27
	机械费(元)	53.91	22.84	129.17	127.55	7.19

7）装饰、装修工程

装饰装修工程除用于园林建筑的室内外装饰装修外，还用于园林中常见的广场铺装（图 2.27 和图 2.28）和景墙墙面装饰。部分装饰装修工程项目定额人工费、材料费和机械费见表 2.33。

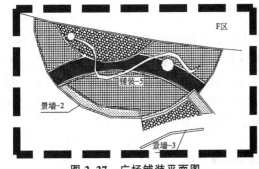

图 2.27　广场铺装平面图

图 2.28　广场铺装实景

表 2.33　装饰、装修工程定额项目表　　　　计量单位：100m²

定额编号		7 - 1	7 - 26	7 - 44	7 - 34	7 - 346
项目		细石混凝土找平层	地砖楼地面	地砖踢脚线	企口木地板	外墙仿石型涂料
基价(元)		969	4034	4783	25947	7896
其中	人工费(元)	285.00	1038.96	2405.50	2382.50	1291.50
	材料费(元)	637.40	2971.82	2366.58	23549.99	6604.59
	机械费(元)	46.58	20.50	11.13	14.92	—

2.《浙江省园林绿化及仿古建筑工程预算定额》（2010 版）下册

仿古建筑多建在城市公园和风景名胜区中，满足园林景观造园技艺和彰显景区传统文化的需要。有时也因为需要对历史上曾经存在，但如今被毁坏的建筑进行修复，或者因为景区旅游的需要而建造。仿古建筑一般提倡在结构和技术上遵循原有的建制，即"建旧如旧"、"修旧如旧"的观点。北宋李诫编著的建筑典籍《营造法式》对中国传统建筑的建造技艺有详细描述。定额下册仿古建筑分仿古木作工程、石作工程、砖作工程和屋面工程 4 个分部工程。此外，在园林工程园桥设计中还常用仿古拱桥或仿古栏杆（图 2.29）。仿古建筑工程计量与计价将在本书第 7 章重点讲述。

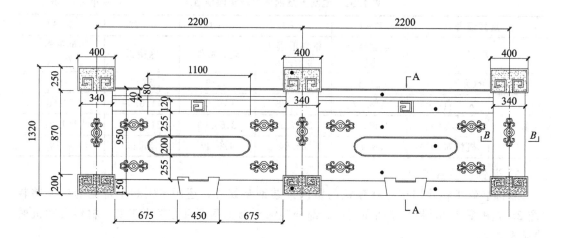

图 2.29　仿古栏杆立面图

在《浙江省园林绿化及仿古建筑工程预算定额》（2010版）下册中，除仿古建筑的4个分部工程分列四章外，还罗列了园林工程中常见的施工技术措施，如围堰、脚手架、垂直运输和模板，见表2.34。围堰在桥梁墩台和桥梁基础施工中常用，但最后不会构成工程实体。脚手架、垂直运输和模板通常用于园林建筑主体结构、装饰的施工，在园林建筑结构、装饰施工中必须发生但最后不会构成工程实体。

表 2.34　施工技术措施项目

序号	分部工程	分　项　工　程
1	围堰	土草围堰、筑岛填心
2	脚手架	综合脚手架、单项脚手架
3	垂直运输	机械垂直运输、人工垂直运输（金属材、板材、地材）
4	模板	丽江钢筋混凝土模板（基础、柱、梁、桁、枋、连机、墙、板）、预制、预应力钢筋混凝土模板（柱、梁、桁、板、椽、地膜、胎模）

此外，定额下册还对砂浆、混凝土等原材料进行单价组价，并将这些原材料的定额单价以附录的形式表现。

附录是《浙江省园林绿化及仿古建筑工程预算定额》（2010版）下册的最后部分，内容包括砂浆配合比表、普通混凝土配合比表、防水材料配合比表、垫层及保湿材料配合比表、干混砂浆配合比表和人工、材料（半成品）、机械台班的定额单价。其中砂浆、混凝土等配合比表用于砌筑砂浆强度等级、抹灰砂浆强度等级、混凝土强度等级与定额规定不同时对应分项工程（如砖墙、砖墙面抹灰、混凝土柱、混凝土梁、混凝土板等）定额基价的换算。定额中规定砖墙等分项工程砌筑砂浆的强度等级为M5，砖墙（混凝土墙）面抹灰砂浆的强度等级为M5，混凝土柱梁板等分项工程混凝土强度等级为C20。如果园林工程施工图中砌筑砂浆或抹灰砂浆的强度等级为M7.5或M10，混凝土强度等级为C25或C30，则必须对相应分项工程的定额基价进行换算。

1）砂浆、混凝土配合比

（1）砂浆配合比见表 2.35。

表 2.35　砌筑砂浆配合比　　　　　　　　　　　计量单位：m³

定额编号			1	2	3	4
项　目			混合砂浆			
			强度等级			
			M2.5	M5.0	M7.5	M10.0
基价（元）			173.52	181.66	181.75	184.56
	名称	单位	单价（元）	消耗量		
材料	水泥 42.5	kg	0.33	141.000	164.000	187.000	209.000
	石灰膏	m³	278.00	0.113	0.115	0.088	0.072
	黄砂（综合）	t	62.50	1.515	1.515	1.515	1.515
	水	m³	2.95	0.300	0.300	0.300	0.300

（2）普通混凝土配合比见表 2.36。

此外，防水材料配合比包含有防水砂浆、热石油沥青玛蹄酯、石油沥青砂浆、冷底子油 4 个项目。垫层及保湿材料配合比包含灰土、三合土、石灰炉（矿）渣、炉（矿）渣混凝土、水泥珍珠岩、水泥蛭石 6 个项目。干混砂浆配合比分砌筑砂浆、抹灰砂浆、地面砂浆，分别列表计算。

2）人工、材料（半成品）、机械台班单价

表 2.36　泵送混凝土配合比　　　　　　　　　　　计量单位：m³

定额编号			1	2	3	4
项目			碎石（最大粒径：16mm）			
			强度等级			
			C20	C25	C30	C35
基价（元）			223.44	240.48	250.50	264.19
	名称	单位	单价（元）	消耗量		
材料	水泥 42.5	kg	0.33	406.000	451.000	485.000	525.000
	黄砂（综合）	t	62.50	0.675	0.710	0.730	0.730
	碎石综合	t	49.00	0.950	0.950	0.900	0.910
	水	m³	2.95	0.245	0.245	0.245	0.245

定额人工、材料（半成品）、机械台班单价（表 2.37）用于分项工程定额人工费、材料费和机械费的计算。通常为分项工程人工消耗量、材料消耗量、机械台班消耗量分别乘人工单价、材料单价和机械台班单价后汇总而成，即汇总形成定额人工费、定额材料费和定额机械费。

表 2.37　人工、材料、机械台班单价

序号	材料名称	型号规格	单位	单价(元)
1	一类人工		工日	40.00
2	二类人工		工日	43.00
3	三类人工		工日	50.00
4	圆钢	10 以内	t	3850.00
5	圆钢	10 以外	t	3850.00
6	螺纹钢	综合	t	3780.00
7	杉板枋材		m³	1450.00
8	圆木桩		m³	973.59
9	水泥	32.5	kg	0.30
10	水泥	52.5	kg	0.39
11	木工平刨机	500	台班	21.43
12	石料切割机		台班	18.48

3. 预算定额的应用

预算定额通常由总说明、建筑面积计算规则、分部工程说明、表头、定额项目表组成。在使用预算定额时，一般有预算定额项目的选用、预算定额的直接套用和预算定额的换算 3 种情况。

1) 定额项目的选用

【例 2-7】　栽植香樟，土球直径 20cm，选用合适的定额项目。

解：查表 2.27，选用定额 1-55，栽植乔木(土球直径 20cm 以内)，定额基价为 17 元/10 株，定额人工费为 16 元/10 株，定额材料费为 1 元/10 株，定额机械费为 0。其中定额材料费不包括主材，即香樟苗木的费用。

2) 定额项目的直接套用

【例 2-8】　某公园假山采用太湖石，选用合适的定额项目并套用基价。

解：查表 2.28，直接套用定额 2-1，"湖石假山(高度 1m 以内)"，定额基价为 309 元/t，其中定额人工费为 50.00 元/t，定额材料费为 209.22 元/t，定额机械费为 49.53 元/t。

3) 定额项目的换算

定额换算分砌筑砂浆的换算和构件混凝土的换算。

当设计图纸要求的砌筑砂浆强度等级在预算定额中缺项时，需要调整砂浆强度等级求出新的定额基价。

换算后的定额基价＝原定额基价＋定额砂浆用量×(换入砂浆基价－换出砂浆基价)

【例 2-9】　M10 混合砂浆砌公园景石(厚 30cm)墙的定额基价换算，墙厚 240mm。

查表 2.31，景石墙定额基价 27604 元/10m³，定额采用 M7.5 混合砂浆，砂浆定额用量为 3.10m³/10m³。

解：查表 2.35，砌筑混合砂浆 M10 单价为 184.56 元/m³，砌筑混合砂浆 M7.5 的单价为 181.75 元/m³，

换算后的景墙定额基价为：27604＋3.10×(184.56－181.75)＝27613(元/10m³)

当设计要求的混凝土强度等级在预算定额中没有相符合的项目时，就产生了混凝土强度等级的换算：

换算后定额基价＝原定额基价＋定额混凝土用量×（换入混凝土基价－换出混凝土基价）

【例 2－10】 园林建筑现浇 C30 钢筋混凝土带形基础的定额基价换算。

查表 2.32 现浇钢筋混凝土带形基础定额基价为 2419 元/10m³，定额采用 C20 混凝土，混凝土定额用量为 10.15m³/10m³

查表 2.36，泵送 C30 商品混凝土单价为 264.19 元/m³，C20 商品混凝土单价为 240.48 元/m³

解： 换算后的定额基价为：2419＋10.15×（264.19－240.48）＝2660（元/10m³）

关于定额基价的换算，在后续章节中还将有更详细阐述。

习　题

一、填空题

1.《园林绿化工程工程量计算规范》（GB 50858—2013）主要由＿＿＿＿、＿＿＿＿、＿＿＿＿及＿＿＿＿四部分构成。

2. 屋面绿化工程，人力垂直运输增加用工，垂直运距每 10m 按相应定额项目时间定额综合用工乘以系数＿＿＿＿计算。

3. 定额中遇到两个或两个以上系数时，按＿＿＿＿方法计算。

4.《浙江省园林绿化及仿古建筑工程预算定额》（2010 版）中堆砌假山包括＿＿＿＿、＿＿＿＿、＿＿＿＿等。

二、选择题

1. 清单项目的项目编码由（　　）位阿拉伯数字构成。

A. 2 位　　　　　B. 4 位　　　　　C. 6 位　　　　　D. 12 位

2. 栽植乔木项目在描述其项目特征时不需要描述的是（　　）。

A. 土壤类别　　B. 乔木种类　　C. 胸径　　　　D. 养护期

3. 施工过程可以分为工序、工作过程和综合工作工程，其分类标准是（　　）。

A. 工艺特点　　　　　　　　　B. 工具设备的机械化程度

C. 组织复杂程度　　　　　　　D. 施工过程性质

4. 下列工人工作时间中，虽属于损失时间，但在拟定定额时又要适度考虑它的影响的是（　　）。

A. 施工本身导致的停工时间　　　B. 偶然工作时间

C. 不可避免的中断时间　　　　　D. 多余工作时间

5. 某工程采购国产特种钢材 10t，出厂价为 5000 元/t，材料运输费为 50 元/t 运输耗损率 2%，采购及保管费率为 8%，则特种钢材的基价为（　　）元/t。

A. 5563　　　　　B. 5060　　　　　C. 5500　　　　　D. 5000

6.《建设工程劳动定额——园林绿化工程》定额项目表中某项目编码为 EB0018，其中 B 代表的含义是（　　）。

A. 绿化工程　　　　　　　　　B. 园路园桥及假山工程

C. 园林景观工程　　　　　　　D. 土石方及基础工程

7. 在预算定额人工工日消耗量计算时，已知完成单位合格产品的基本用工为22工日，超运距用工为4工日，辅助用工为2工日，人工幅度差系数为12%，则预算定额中的人工工日消耗量为(　　)工日。

A. 3.36　　　　　B. 25.36　　　　　C. 28　　　　　D. 31.36

三、思考题

1. 请总结绿化工程清单工程量计算规则、《建设工程劳动定额——园林绿化工程》工程量计算规则和浙江省定额工程量计算规则之间的相同点和不同点。

2. 请简要描述清单规范和定额的主要差别。

3. 简述《建设工程劳动定额——园林绿化工程》和《浙江省园林绿化及仿古建筑工程预算定额》(2010版)在确定分项工程人工、材料、机械台班消耗量方面的异同点。

4. 什么是定额的单位估价表？其用途如何？

5. 浙江省定额附录中描述的砌筑砂浆配合比表、混凝土强度配合比表的作用是什么？

6. 如何确定人工、材料、机械台班单价？人工、材料、机械台班单价在定额中的作用如何？

四、案例分析

1. 列出图2.30所示景墙工程应该套用的清单项目和定额项目。清单项目要求写出项目编码、项目名称、项目特征、计量单位、工程量计算规则和工程内容。定额项目要求写出定额编号、定额基价、定额人工费、定额材料费和定额机械费。

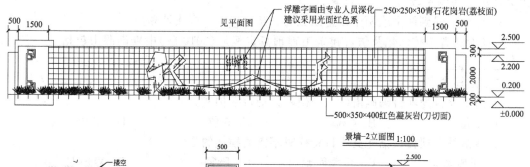

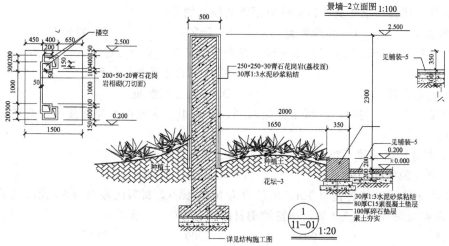

图2.30　景墙工程剖面图

2. 某工地水泥从两个地方采购，其采购量及有关费用见表2.41，求则该工地水泥的单价。

表 2.41　采购量及有关费用

采购处	采购量	原价	运杂费	运输损耗率	采购及保管费费率
来源一	300t	240 元/t	20 元/t	0.5%	3%
来源二	200t	250 元/t	15 元/t	0.4%	

3. 已知某挖土机挖土，一次正常循环工作时间是 40s，每次循环平均挖土量 0.3m³，机械正常利用系数为 0.8，机械幅度差为 25%。求该机械挖土方 1000m³ 的预算定额机械耗用台班量。

第3章
园林工程计价的费用构成

园林工程计价的目的是形成工程造价。工程造价反映了园林工程建设各环节的建设费用。无论是投资估算、设计概算、施工图预算还是竣工决算，工程造价费用的构成是相对固定的，主要反映为工程建设所需的固定资产投资。根据《建设项目经济评价方法参数三》（2006），固定资产投资一般包括设备工器具购置费、建筑安装工程费、工程建设其他费、预备费和建设期贷款利息。2006 年，原建设部颁发的《建筑安装工程费用项目组成》（建标［2003］206 号文)进一步确定了建筑安装工程费用的构成。国外工程造价构成主要体现为世界银行和国际咨询工程师联合会颁布的费用结构。国内工程造价在《建设项目经济评价方法参数三》和《建筑安装工程费用项目组成》基础上细化，一般区分清单计价法和定额计价法略有不同，但费用的本质是一样的。

教学目标

1. 了解国外园林工程造价的费用构成。
2. 掌握国内清单计价法园林工程费用构成和计价程序。
3. 掌握国内定额计价法园林工程费用构成和计价程序。

教学要求

知识要点	能力要求	相关知识
工程造价	(1) 掌握工程造价的内涵 (2) 了解国外园林工程造价的构成	工程价格
费用构成	(1) 了解工程造价费用构成的依据 (2) 熟悉《建设项目经济评价方法参数三》和建标［2003］206 号文	固定资产投资 建筑安装工程费
清单计价费用	(1) 掌握清单计价法的费用构成内容 (2) 掌握各项费用的计价方法	建筑安装工程费
定额计价费用	(1) 掌握定额计价法的费用构成内容 (2) 掌握各项费用的计价方法	建筑安装工程费

基本概念

工程造价：完成一个工程项目的建设所需要花费的全部费用。一般表现为工程投资费用或工程建造价格两个层面。工程投资费用是指工程从确定意向开始至竣工验收时止的全部固定资产投资。工程建造价格一般指工程的建筑安装工程费。

工程造价的费用构成：按项目建设过程中各类费用支出或花费的性质、途径等来确定的工程费用分解结构。

固定资产投资：建设投资和建设期利息的合计。建设投资一般包含设备工器具购置费、建筑安装工程费、工程建设其他费和预备费。

建筑安装工程费：用于工程建筑施工和安装施工的费用。

 引例

两位造价员的心路历程

造价员1：我是2003年参加工作的，毕业后第一份工作就是施工单位的预算员，刚开始主要的工作就是工程量计算和投标。时刻关注招标公告，只要看到我所在的企业满足招标公告的要求就会报名参与，投过的标不计其数，记得有一次打印投标书时，打印纸出来都烫手了。说到计算工程量，现在可能大家很少去手工计算了，记得当时最痛苦的就是手工计算框架梁筋，查锚固长度，一根根算，再用计算器汇总，现在想来那也是我成长中的一段宝贵经历。

造价员2：我2005年考取建筑经济师，2006年被评为工程师，2007年考取了造价师和一级建造师（建筑工程专业），2009年又考取了监理工程师和招标师。这些证书的取得都是在工作经常加班的基础上完成的，2005—2007年以结算审计为主，2007年以后以招标代理为主。其实学习与工作都有相似的地方，都需要认真对待，并且二者可以互相促进，如学习建筑经济师对工程结算就有一定的帮助。参加了这么多考试，让我找到了好多学习与工作的方法，有了这些方法就可以提高工作效率。

还是说一下×××工程审计的情况吧。拿到这个工程，我首先检查建设单位提供的资料是否完整，手续是否完备。发现工程竣工报告不全、签证资料手续不全后，建设单位迅速补齐了。结算审计中发现钢筋工程量误差较大，有些定额子目套用有误，经过与施工单位的造价员初步核对，得出了初步结果并汇总了双方争议问题，之后召集建设单位、监理单位、施工单位和审计单位一起开会，对争议问题研究了解决办法。此次审计得到了建设单位的肯定和施工单位的理解，圆满地完成了工作任务。

（资料来源：筑龙造价网，50位造价人的造价故事）

3.1 国内外园林工程造价的费用构成

3.1.1 国外园林工程造价的费用构成

1978年，世界银行（World Bank）和国际咨询工程师联合会（fédération internationale des ingénieurs conseils，法文缩写FIDIC，英文是 international federation of consulting engineers）对项目的总建设成本作了统一规定。内容包括项目建设的直接成本和间接成本。其中，直接成本是直接与园林工程产品的建造关联的费用。间接成本是一个不具有关联产品的成本，但仍然是由园林企业采取的。直接成本包括施工一线上的员工的工资，如苗圃工、苗木养护工的工资。间接成本包括项目经理的工资。国外项目的总建设成本相当于国内的工程造价。

DMS 国际公司被世界银行委托向各成员国收集世界各地的建筑成本数据，以协助世界银行进行经济研究。数据收集任务是一个艰难的过程，比较容易产生较大的偏差。在建筑成本顾问公司、估算员和工料测量师帮助下，DMS 公司选择了一个工作簿格式进行数据收集，并选定了 4 个典型的建筑类型：住宅、仓库、道路和办公楼。工作簿被送到各成员国，由当地承包商或工料测量师完成。完成后的数据被收集和分析并提交世界银行，作为其总体经济研究的一部分。

美国工程师梅尔·巴塞洛缪提倡的韦恩社区花园项目使用 1976 年提出的"平方英尺园艺方法"。这种方法 35 年后已经成为最为有效、成本最低、收益最高的后院种植形式。花园投资一般只需要 4639 美元，包括 40 平方英尺的菜(果)园和 60 平方英尺的花园空间。苏格兰的阿伯丁城市花园项目是一个特殊的、世界一流的设计，该项目耗资 1.4 亿英镑，除 40% 为自有资金外，其余资金由 TIF 基金提供(包括发行信托基金)。

1. 项目直接建设成本

项目直接建设成本(direct project construction costs)一般由直接人工费、直接材料费和直接机械费用的合计构成。所有在产品线上工作的员工全部加在一起的劳动力成本，是总的直接劳动力。直接材料费是产品使用的所有材料费用加在一起的数额。直接人工和直接材料加在一起，构成了总直接成本的大部分。

世界银行直接成本构成通常包括以下内容。

(1) 土地征购费。

(2) 场外设施费用，如道路、码头、桥梁、机场、输电线路等设施费用。

(3) 场地费用，指用于场地准备、厂区道路、铁路、围栏、场内设施等的建设费用。

(4) 工艺设备费，指主要设备、辅助设备及零配件的购置费用，包括海运包装费用、交货港离岸价，但不包括税金。

(5) 设备安装费，指设备供应商的监理费用，本国劳务及工资费用，辅助材料、施工设备，消耗品和工具等费用，以及安装承包商的管理费和利润等。

(6) 管道系统费用，指与系统的材料及劳务相关的全部费用。

(7) 电气设备费，其内容与第(4)项相似。

(8) 电气安装费，指设备供应商的监理费用，本国劳务与工资费用，辅助材料、电缆、管道和工具费用，以及营造承包商的管理费和利润。

(9) 仪器仪表费，指所有自动仪表、控制板、配线和辅助材料的费用，以及供应商的监理费用、外国或本国劳务及工资费用、承包商的管理费和利润。

(10) 机械的绝缘和油漆费，指与机械及管道的绝缘和油漆相关的全部费用。

(11) 建筑费，指与建筑基础、建筑结构、屋顶、内外装修、公共设施有关的全部费用。

(12) 服务性建筑费用，其内容与第(11)项相似。

(13) 工厂普通公共设施费，指与供水、燃料供应、通风、蒸汽发生及分配、下水道、污物处理等公共设施有关的费用。

(14) 车辆费。指工艺操作必需的机动设备零件费用，包括海运包装费用以及交货港的离岸价，但不包括税金。

(15) 其他当地费用。指那些不能归类于以上任何一个项目，不能计入项目的间接成本，但在建设期间又是必不可少的当地费用。如临时设备、临时公共设施及场地的维持费，营地设施及其管理、建筑保险和债券、杂项开支等费用。

2. 项目间接建设成本

项目间接建设成本（indirect project construction costs）主要表现为园林企业的管理费用。包括以下内容。

（1）项目管理费。

① 总部人员的薪金和福利费，以及用于初步和详细工程设计、采购、时间和成本控制，行政和其他一般管理的费用。

② 施工管理现场人员的薪金、福利费和用于施工现场监督、质量保证、现场采购、时间及成本控制、行政及其他施工管理机构的费用。

③ 零星杂项费用，如返工、旅行、生活津贴、业务支出等。

④ 各种酬金。

（2）开工试车费

开工试车费指工厂投料试车必需的劳务和材料费用（项目直接成本包括项目完工后的试车和空运转费用）。

（3）业主的行政性费用

业主的行政性费用指业主的项目管理人员费用及支出。

（4）生产前费用

生产前费用指前期研究、勘测、建矿、采矿等费用。

（5）运费和保险费

运费和保险费指海运、国内运输、许可证及佣金、海洋保险、综合保险等费用。

（6）地方税

地方税指地方关税、地方税及对特殊项目征收的税金。

3. 应急费

应急费（contingency fee）用于估算暂时不能明确的潜在项目费用和应对社会经济因素变化的费用。包括以下内容。

（1）未明确项目准备金。此项准备金用于在估算不可能明确的潜在项目，包括那些在做成本估算时因为缺乏完整、准确和详细的资料而不能完全预见和不能注明的项目，并且这些项目是必须完成的，或它们的费用是必定要发生的。它是估算不可缺少的一个组成部分。

（2）不可预见准备金。此项准备金（在未明确项目准备金之外）用于估算达到了一定的完整性并符合技术标准的基础上，由于物质、社会和经济的变化，导致估算增加的情况。不可预见准备金只是一种储备，可能不动用。

4. 建设成本上升费用

通常，工程项目的建设期都在一年以上。从建设初期直至建设末期，生产要素会产生价格上涨的现象。核算时必须在已知成本的基础上对项目的直接成本和间接成本进行调整，以补偿直至工程结束时的未知价格增长。这就是建设成本上升费用（construction costs rising costs）。

国外对建设成本上升费用的估算采用点值估算法，即在工程的各个主要组成部分的细目划分决定以后，便可确定每一个主要组成部分的增长率。这个增长率是一项判断因素，它以已发表的国内和国际成本指数、公司记录等为依据，并与实际供应商进行核对，然后根据确定的增长率和从工程进度表中获得的每项活动的中点值，计算出每项主要组成部分的成本上升值。世界银行工程造价的构成如图3.1所示。

3.1.2 国内园林工程造价的费用构成

2006 年，国家发展和改革委员会颁发了《建设项目经济评价方法参数》（第三版）。参数三提出了我国建设项目总投资的构成，即我国现行的工程建设项目总投资由固定资产投资和流动资金投资构成。对工业生产项目一般除需要估算固定资产投资外，还需要估算项目的流动资金和铺底流动资金。民用建设项目则只需要估算固定资产投资。所以，固定资产投资成为了通常所指的工程造价的内涵。工程造价的费用构成也指固定资产投资的构成。园林工程建设项目作为建设项目中的一个种类，其工程造价的费用构成同样遵照《建设项目经济评价方法参数》（第三版）。

世界银行工程造价
- 项目直接建设成本
  - 土地征购费
  - 场外设施费
  - 场地费用
  - 工艺设备费
  - 设备安装费
  - 管道系统费用
  - 电气设备费
  - 电气安装费
  - 仪器仪表费
  - 机械的绝缘和油漆费
  - 建筑费
  - 服务性建筑费用
  - 工厂普通公共设施费
  - 车辆费
  - 其他当地费用
- 项目间接建设成本
  - 项目管理费
  - 开工试车费
  - 业主的行政性费用
  - 生产前费用
  - 运费和保险费
  - 地方税
- 应急费
  - 未明确项目准备金
  - 不可预见准备金
- 建设成本上升费用

图 3.1 世界银行工程造价的构成

因此，建设项目工程造价的构成一般包括工程费用、工程建设其他费用、预备费用和建设期贷款利息。工程费用包括建筑安装工程费和设备及工器具购置费。工程建设其他费用包括土地使用费、与项目建设有关的其他费用、与项目生产有关的其他费用等。这里，用于购买项目各种设备的费用为设备及工器具购置费；用于建筑施工和安装施工的费用即为建筑安装工程费；用于委托工程设计的费用为勘察设计费；用于购置土地的费用等为土地使用费。

我国现行建设项目工程造价的构成内容如图3.2所示。

2003 年 10 月 15 日原建设部、财政部发布的"关于印发《建筑安装工程费用项目组成》的通知"（建标 [2003] 206 号文）指出建筑安装工程费由过去的直接工程费、间接费、利润和税金构成改为由直接费、间接费、利润和税金构成。虽然看起来只是直接工程费与直接费仅两字之差，但实际内容相去甚远。过去直接工程费由直接费、其他直接费和现场经费构成，其中直接费指构成工程实体的人工费、材料费、机械台班费合计。现在的直接费由直接工程费和措施费构成，其中直接工程费等于构成工程实体的人工费、材料费、机械台班费合计。应该说，构成工程实体的人、材、机费用合计用现在的直接工程费表达更为确切，同时另设措施费来表达不构成工程实体但在工程施工过程中必须发生的费用，以直接工程费和措施费合计来构成直接费。此费用构成更加合理，更能反映工程实

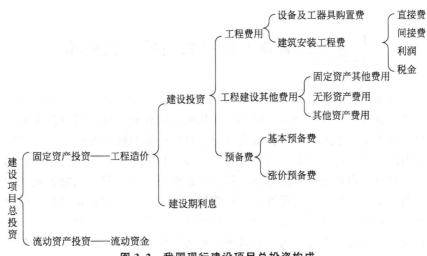

图 3.2 我国现行建设项目总投资构成

际，并与工程量清单招投标相适应，避免了传统费用构成的缺陷，如图 3.3 所示。

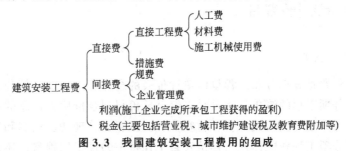

图 3.3 我国建筑安装工程费用的组成

园林工程的建设在实践中通常表现为园林建设项目和园林单项工程两个层面。其中，园林建设项目指公园、旅游景区、风景名胜区等项目的建设。园林单项工程通常指市政基础设施项目的园林绿化配套、房地产开发项目的园林绿化配套、工业生产项目的园林绿化配套等，如图 3.4 所示。

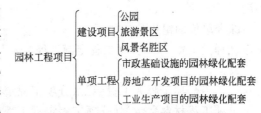

图 3.4 园林工程项目的工程属性

结合园林工程项目的工程属性，园林工程造价通常是指园林工程固定资产投资和园林工程建筑安装工程费。除公园、旅游景区、风景名胜区等园林建设项目其工程造价是指园林工程固定资产投资外，在市政基础设施、房地产开发项目、工业生产项目中的园林配套工程其工程造价一般指建筑安装工程费。风景名胜区等园林建设项目作为独立的工程建设项目，其工程造价的费用构成如图 3.2 所示，其中以建筑安装工程费和工程建设其他费用为主，设备及工器具购置费、预备费、建设期贷款利息和固定资产投资方向调节税为次。房地产开发项目、市政工程项目中的园林景观作为一个独立的单项工程，其造价费用一般只计算建筑安装工程费，其他费用在房地产开发项目或市政工程项目工程造价中计算，如图 3.3 所示。

园林单项工程在计算建筑安装工程费时通常又分为园林绿化和园林建筑两个单位工程，有时也称园林绿化和硬质景观。这种分法类似于建筑单项工程在计算建筑安装工程费时常分为土建和安装两个单位工程一样。本章以下重点阐述园林单项工程建筑安装工程费用的构成。

3.2 清单计价模式园林工程费用

在园林工程施工图预算中，清单计价法和定额计价法是两种主要方法。由于清单计价法和定额计价法在计价阶段、计价方法和计价依据方面皆有不同，其建筑安装工程费的构成也有差异。但无论是采用清单计价法还是定额计价法编制施工图预算，计算结果都是一样的，即得出园林工程建筑安装工程费。建筑安装工程费一般包含建筑工程费用和安装工程费用。其中建筑工程费用主要指绿化工程、园路园桥假山工程、园林景观工程、土石方工程费用、砌筑工程费用、钢筋混凝土工程费用、屋面工程、脚手架费用、装饰装修工程等工程费用。它是按照土建单位工程建设过程中的分部分项工程划分的。安装工程费用包括与项目有关的自动喷淋系统、给排水系统、电力照明设备的安装费用。本节介绍清单计价法园林工程费用的构成，3.3节介绍定额计价法园林工程费用的构成。

3.2.1 清单计价法计价费用

1. 分部分项工程费

分部分项工程费是分部分项工程量清单计价表的合计费用。即分部分项工程量清单中所列的全部分部分项工程的清单工程量乘以综合单价得到合价后再汇总的费用。由于综合单价中包含了分部分项工程的人工费、材料费、机械费、管理费、利润和风险，从费用的属性来看，分部分项工程费既体现出建筑安装工程费中的直接工程费，还体现了间接费和利润。

综合单价的组价公式如下。

分项工程人工费＝∑(分项工程定额工程量×人工实际消耗量×生产工人的日工资市场单价)

或

分项工程人工费＝∑(分项工程定额工程量×分项工程定额人工费)

分项工程材料费＝∑(分项工程定额工程量×材料实际消耗量×材料的市场单价)

或

分项工程材料费＝∑(分项工程定额工程量×分项工程定额材料费)

分项工程施工机械使用费＝∑(分项工程定额工程量×机械实际消耗量×机械台班的市场单价)

或

分项工程施工机械使用费＝∑(分项工程定额工程量×分项工程定额机械费)

管理费＝(分项工程人工费＋分项工程施工机械使用费)×管理费率

利润＝(分项工程人工费＋分项工程施工机械使用费)×利润率

风险＝(分项工程人工费＋分项工程施工机械使用费)×风险费率

分项工程综合单价＝(分项工程人工费＋分项工程材料费＋分项工程机械使用费

＋管理费＋利润＋风险)/清单工程量

人工费、材料费和机械费如果采用分项工程工程量乘以定额人工费、定额材料费和定额机械费用计算，则其综合单价组价时，管理费、利润和风险因素应该合理考虑。风险费用有时也可以不考虑。一个清单项目如果需要套用多个定额项目进行组价，则上述分项工程人工费、材料费、机械费公式需要求和。

分部分项工程量清单与计价见表 3.1，工程量清单综合单价分析表见表 3.2。

表 3.1 分部分项工程量清单计价表

工程名称：　　　　　　　　　　　　标段：　　　　　　　　　　　　第　　页共　　页

序号	项目编码	项目名称	项目特征	计量单位	工程量	金额(元)		
						综合单价	合价	其中：暂估价
本页小计								
合计								

表 3.2 工程量清单综合单价分析表

工程名称：　　　　　　　　　　　　标段：　　　　　　　　　　　　第　　页共　　页

项目编码		项目名称		计量单位	
清单综合单价组成明细										

定额编号	定额名称	定额单位	数量	单价				合价			
				人工费	材料费	机械费	管理费和利润	人工费	材料费	机械费	管理费和利润

人工单价		小计								
元/工日		未计价材料费								
清单项目综合单价										

材料费明细	主要材料名称、规格、型号	单位	数量	单价(元)	合价(元)	暂估单价(元)	暂估合价(元)
	其他材料费	—		—			
	材料费小计	—		—			

注：1. 如不使用省级或行业建设主管部门发布的计价依据，可不填定额项目、编号等。

2. 招标文件提供了暂估单价的材料，按暂估的单价填入表内"暂估单价"栏及"暂估合价"栏。

2. 措施项目费

措施项目费是措施项目清单与计价表的合计费用。从《建设工程工程量清单计价规范》（GB 50500—2013）来看，措施项目清单分为措施项目表（一）（表 3.3）和措施项目表（二）（表 3.4）。其中，措施项目表（一）按照费用名目根据计算基数乘以相应费率计算。措施项目表（二）按照措施项目清单工程量乘以综合单价确定。措施项目表（二）费用由于考虑了综合单价，其费用属性既体现了措施费，又体现了间接费和利润。而措施项目（一）的费用属性表现为措施费。

表 3.3　措施项目清单与计价表（一）

工程名称：　　　　　　　　标段：　　　　　　　　第　页　共　页

序号	项目名称	计算基础	费率(%)	金额(元)
	安全文明施工费			
	夜间施工增加费			
	二次搬运费			
	冬雨季施工增加费			
	大型机械设备进出场及安拆费			
	施工排水			
	施工降水			
	地上、地下设施及建筑物的临时保护设施			
	已完工程及设备保护			
	各专业工程的措施项目			
合计				

表 3.4　措施项目清单与计价表（二）

工程名称：　　　　　　　　标段：　　　　　　　　第　页　共　页

序号	项目编码	项目名称	项目特征	计量单位	工程量	金额(元)	
						综合单价	合价
本页小计							
合计							

安全文明施工费是承包人按照国家法律、法规等规定，在合同履行中为保证安全施工、文明施工，保护现场内外环境等所采用的措施发生的费用。安全文明施工费在措施项目清单与计价表（一）中通常都会计提。安全文明施工费应按照国家或省级、行业建设主管部门的规定计价，不得作为竞争性费用。

3. 其他项目费

其他项目费是其他项目清单计价表的合计费用。其他项目清单（表 3.5）分为招标人部分和投标人部分。所以其他项目费包含了招标人部分的暂列金额、暂估价和投标人部分的总承包服务费和计日工。

表 3.5　其他项目清单与计价表

工程名称：　　　　　　　　　　　标段：　　　　　　　　第　页　共　页

序号	项目名称	计量单位	金额(元)	备注
1	暂列金额			
2	暂估价			
2.1	材料暂估价			
2.2	专业工程暂估价			
3	计日工			
4	总承包服务费			

注：材料暂估价进入清单项目综合单价，此处不汇总。

暂列金额一般按单位工程税前工程造价的 5%计取。

暂估价在预算书中暂定并列取。实际发生后在工程结算时，按实际发生量加以调整。在工程投标时，人工暂估价、材料暂估价应计入分部分项工程量清单的综合单价报价中。

总承包服务费工程结算时按实际签证确认的数值调整。

从费用属性来看，暂列金额有预备费的性质，严格意义来说不属于建筑安装工程费。材料暂估价属于建筑安装工程费中的材料费，专业工程暂估价属于建筑安装工程费用性质。计日工中体现了直接工程费、间接费、利润。

4. 规费和税金

规费包含了工程排污费、工程定额测定费、社会保障费、住房公积金和危险作业意外伤害保险。规费属于建筑安装工程费用中的间接费范畴。

税金包含了营业税、城乡维护建设税和教育费附加。税金本就是建筑安装工程费的组成部分之一。

规费、税金项目清单与计价表见表 3.6。

表 3.6　规费、税金项目清单与计价表

工程名称：　　　　　　　　　　　标段：　　　　　　　　第　页　共　页

序号	项目名称	计算基础	费率(%)	金额(元)
1	规费			
1.1	工程排污费			
1.2	社会保障费			
(1)	养老保险费			
(2)	失业保险费			

（续）

序号	项目名称	计算基础	费率(%)	金额(元)
（3）	医疗保险费			
1.3	住房公积金			
1.4	危险作业意外伤害保险			
1.5	工程定额测定费			
2	税金	分部分项工程费＋措施项目费＋其他项目费＋规费		
合计				

注：根据建标［2003］206 号文规定，规费计算基础可为直接费、人工费、人工费＋机械费。

清单计价模式工程造价的构成如图 3.5 所示。

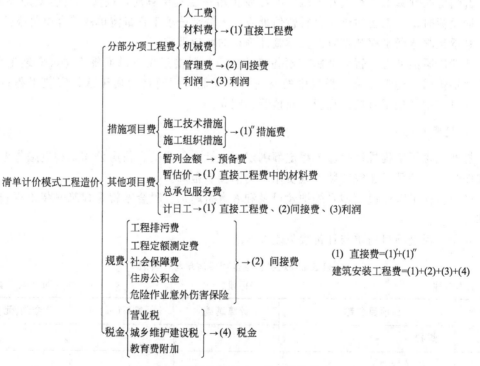

图 3.5　清单计价模式工程造价的构成

从计价方法看，分部分项工程费和措施项目费(二)采用综合单价法，其他项目费根据估算，措施项目费(一)、规费和税金根据费率计算。采用清单计价法计算园林工程造价可按表 3.7 计算。

表 3.7 园林工程清单计价的计算方法

序号	名称		计算方法
1	分部分项工程费		∑清单工程量×综合单价
2	措施项目费(二)		∑措施项目工程量×措施项目综合单价
3	措施项目费(一)		∑(1+2)中(人工费+机械费)×费率
4	其他项目费	招标人部分	按估算金额确定
		投标人部分	根据招标人提出要求所发生费用确定
5	规费		∑(1+2)中(人工费+机械费)×相应费率
6	税金		(1+2+3+4+5)×相应税率
7	工程造价		1+2+3+4+5+6

3.2.2 清单计价法计价程序

在工程招投标清单计价中,有两种计价目标:一是招标单位(建设单位)在招标文件发出之前编制招标控制价,二是投标单位(施工单位)在获取招标文件后,进行商务标书的投标报价。招标控制价应由具有编制能力的招标人或受其委托,具有相应资质的工程造价咨询人编制。国有资金投资的工程建设项目应实行工程量清单招标时,应编制招标控制价。招标控制价超过批准的概算时,招标人应将其报原概算审批部门审核。

招标控制价和投标报价工程量清单计价流程略有不同。

1. 园林工程招标控制价

园林工程招标控制价的编制流程如图 3.6 所示。

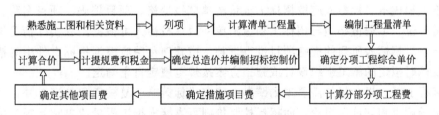

图 3.6 园林工程招标控制价的编制流程

招标控制价应根据下列依据编制与复核。

(1)《建设工程工程量清单计价规范》(GB 50500—2013)。

(2)国家或省级、行业建设主管部门颁发的计价定额和计价办法。

(3)建设工程设计文件及相关资料。

(4)拟定的招标文件及招标工程量清单。

(5)与建设项目相关的标准、规范、技术资料。

(6)施工现场情况、工程特点及常规施工方案。

(7)工程造价管理机构发布的工程造价信息;工程造价信息没有发布的,参照市场价。

(8)其他的相关资料。

2. 园林工程投标报价

园林工程投标报价的编制流程如图 3.7 所示。

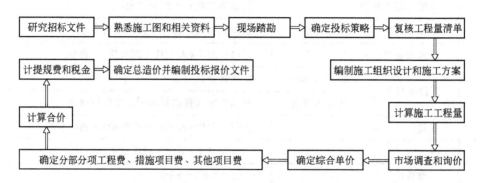

研究招标文件 → 熟悉施工图和相关资料 → 现场踏勘 → 确定投标策略 → 复核工程量清单

计提规费和税金 ← 确定总造价并编制投标报价文件 ／ 编制施工组织设计和施工方案

计算合价 ／ 计算施工工程量

确定分部分项工程费、措施项目费、其他项目费 ← 确定综合单价 ← 市场调查和询价

图 3.7　园林工程投标报价的编制流程

投标报价应根据下列依据编制和复核。

(1)《建设工程工程量清单计价规范》(GB 50500—2013)。

(2) 国家或省级、行业建设主管部门颁发的计价办法。

(3) 企业定额,国家或省级、行业建设主管部门颁发的计价定额。

(4) 招标文件、工程量清单及其补充通知、答疑纪要。

(5) 建设工程设计文件及相关资料。

(6) 施工现场情况、工程特点及拟定的投标施工组织设计或施工方案。

(7) 与建设项目相关的标准、规范等技术资料。

(8) 市场价格信息或工程造价管理机构发布的工程造价信息。

(9) 其他的相关资料。

投标报价时投标人应依据招标文件及其招标工程量清单自主确定报价成本。投标报价不得低于工程成本。投标人应按招标工程量清单填报价格。项目编码、项目名称、项目特征、计量单位、工程量必须与招标工程量清单一致。投标人可根据工程实际情况结合施工组织设计,对招标人所列的措施项目进行增补。措施项目费应根据招标文件中的措施项目清单及投标时拟定的施工组织设计或施工方案按规范规定自主确定。

从流程上看,投标报价需要现场踏勘、确定投标策略、复核工程量清单并计算施工工程量、市场调查和询价后报价,而招标控制价则可直接根据工程量清单和常规的施工方案进行综合单价组价。

3.3 定额计价模式园林工程费用

3.3.1 定额计价法计价费用

采用定额计价法编制园林工程设计概算和施工图预算,其成果建筑安装工程费的构成即为建标〔2013〕206 号文中规定的构成。由于缺乏概算定额,当前国内很多省份编制园林林工程设计概算时依据预算定额，采用定额计价法。浙江省在工程实践中对于措施费分为施工技术措施和施工组织措施，并将企业管理费和利润合并为综合费用(表3.8)。

表 3.8　定额计价法建筑安装工程费用的构成

	国家规定		浙江省规定
建筑安装工程费	直接费	直接工程费	直接工程费
		措施费	施工技术措施费
			施工组织措施费
	间接费	规费	规费
		企业管理费	综合费用
	利润	利润	
	税金	税金	税金

表3.8显示，关于建筑安装工程费的构成，国家规定与浙江省规定两者之间并无矛盾。浙江省在实际操作中将措施项目分为施工技术措施和施工组织措施，并按不同的方法计算取费，将企业管理费和利润合并为综合费用统一取费，也可分开取费。

1. 直接费

直接费由直接工程费和措施费组成。它是指工程施工过程中直接耗费的各项费用。

1) 直接工程费

直接工程费是指工程施工过程中耗费的构成工程实体的各项费用，它包括了工程施工过程中所消耗的人工费、材料费、施工机械使用费。

(1) 人工费。人工费是指为直接从事园林工程施工的生产工人开支的各项费用。

工程人工费＝∑(分项工程工程量×人工定额消耗量×生产工人的日工资单价)

或

工程人工费＝∑(分项工程工程量×分项工程定额人工费)

(2) 材料费。材料费是指施工过程中耗费的构成工程实体的原材料、辅助材料、构配件、零件、半成品的费用。内容包括材料原价(或供应价格)、材料运杂费、运输损耗费、采购及保管费、检验试验费。

工程材料费＝∑(∑分项工程工程量×材料定额消耗量×材料定额单价)

或

工程材料费＝∑(分项工程工程量×分项工程定额材料费)

(3) 施工机械使用费。施工机械使用费是指施工机械作业所发生的机械使用费。

工程施工机械使用费＝∑(分项工程工程量×机械定额台班消耗量×机械台班单价)

或

工程施工机械使用费＝∑(分项工程工程量×分项工程定额机械费)

2) 措施费

措施费是指为完成工程项目施工，发生于该工程施工前和施工过程中非工程实体项目的费用，其所含内容及计算方法见表3.9。

表 3.9　措施费的构成

构成		费用项目	计算方法
措施费	施工技术措施费	大型机械设备进出场及安拆费	①工程量×定额单价
		混凝土、钢筋混凝土模板及支架费	同①
		脚手架费	同①
		施工排水、降水费	同①
		其他施工技术措施费	同①
	施工组织措施费	环境保护费	②直接工程费和技术措施费中人工费、机械费合计×定额费率
		文明施工费	同②
		安全施工费	同②
		临时设施费	同②
		夜间施工费	③直接工程费中人工费、机械费合计×定额费率
		缩短工期增加费	同②
		材料二次搬运费	同③
		已完工程及设备保护费	同②
		其他施工组织措施费	根据工程实际确定

（1）施工技术措施费。

混凝土、钢筋混凝土模板及支架是指混凝土施工过程中需要的各种钢模板、木模板、支架等的支、拆、运输费用及模板、支架的摊销（或租赁）费用。具体内容包括现浇基础垫层模板；现浇独立基础复合木模、钢模板；现浇基础梁复合木模、钢模板；现浇矩形梁复合木模、钢模板；现浇混凝土板复合木模、钢模板；现浇混凝土柱复合木模、钢模板；现浇混凝土悬挑阳台、雨篷复合木模、钢模板等。具体计算公式如下。

模板费用＝定额基价×相应混凝土构件工程量×混凝土构件含模量系数

其中混凝土构件含模量系数在《浙江省园林绿化及仿古建筑工程预算定额》（2010版)下册第十四章"每立方米现浇混凝土含模量参考表"中列出。

【例 3-1】　某园林景亭圆形柱采用现浇混凝土工艺施工，模板采用圆形柱复合木模，已知圆形柱工程量为 0.85m³，直径 300mm 以内，查《浙江省园林绿化及仿古建筑工程预算定额》（2010 版)下册得混凝土圆形柱含模量系数为 16.02、混凝土圆形柱复合木模定额基价为 3673 元/100m²，试计算该工程圆形柱模板费用。

解：圆形柱模板措施费为：3673×0.85×16.02÷100＝5590(元)。

（2）施工组织措施费。

① 安全文明施工费。安全文明施工费是指施工现场为达到环保部门要求、施工现场文明施工、施工现场安全施工所需要的各项费用。其计算公式为

安全文明施工措施费＝直接工程费和施工技术措施费中人工费、机械费合计×定额费率

定额费率区别非市区工程、市区一般工程和市区临街工程确定。非市区工程费率区间为2.99%～3.66%，市区一般工程费率区间为3.52%～4.30%，市区临街工程费率区间为4.05%～4.95%。

② 夜间施工增加费。夜间施工增加费是指因夜间施工所发生的夜班补助费、夜间施工降效、夜间施工照明设备摊销及照明用电等费用。其计算公式为

夜间施工措施费＝直接工程费和施工技术措施费中人工费、机械费合计×定额费率

定额费率区间为0.02%～0.08%。

③ 提前竣工增加费。提前竣工增加费是指缩短工期，项目提前竣工要求发生的施工增加费。

提前竣工增加费＝直接工程费和施工技术措施费中人工费、机械费合计×定额费率

定额费率按缩短工期10%以内、20%以内、30%以内确定。

当缩短工期10%以内时，定额费率区间为0.01%～2.25%

当缩短工期20%以内时，定额费率区间为2.25%～3.3.4%

当缩短工期30%以内时，定额费率区间为3.34%～4.59%

④ 二次搬运费。二次搬运费是指因施工场地狭小等特殊情况而发生的二次搬运费用。其计算公式为：

材料二次搬运措施费＝直接工程费和施工技术措施费中人工费、机械费合计×定额费率

定额费率区间为0.17%～0.25%。

⑤ 已完工程及设备保护费。已完工程及设备保护费是指竣工验收前，对已完工程及设备进行保护所需的费用。其计算公式为：

已完工程及设备保护费＝直接工程费和施工技术措施费中人工费、机械费合计×定额费率

定额费率区间为0.02%～0.17%。

此外，其他施工组织措施费的费率区间见表3.10。

表3.10 施工组织措施费费率表

定额编号	项目名称	计算基数	费率(%)
D1-6	检验试验费	人工费＋机械费	0.83～1.34
D1-7	冬雨季施工增加费	人工费＋机械费	0.12～0.36
D1-8	行人、行车干扰增加费	人工费＋机械费	1.00～2.00
D1-9	优质工程增加费	优质工程增加费前造价	1.00～1.50

注：1. 园林景观工程检验试验费费率乘以系数0.6。

2. 单独绿化工程安全文明施工费费率乘以系数0.7，检验试验费费率乘以系数0.2。

3. 专业土石方工程安全文明施工费费率乘以系数0.6，检验试验费不计。

2. 间接费

间接费由规费、企业管理费构成。

1）规费

规费是指政府及主管部门规定必须缴纳的费用。其内容包括工程排污费、工程定额测定费、社会保障费、住房公积金、危险作业意外伤害保险等。

(1) 工程排污费是指施工现场按规定缴纳的工程排污费。

(2) 工程定额测定费是指按规定支付工程造价（定额）管理部门的定额测定费。

(3) 社会保障费内容包含养老保险费、失业保险费和医疗保险费。养老保险费是指企业按规定标准为职工缴纳的基本养老保险费。失业保险费是指企业按照国家规定标准为职工缴纳的失业保险费。医疗保险费是指企业按照规定标准为职工缴纳的基本医疗保险费。

(4) 住房公积金是指企业按规定标准为职工缴纳的住房公积金。

(5) 危险作业意外伤害保险是指按照建筑法规定，企业为从事危险作业的建筑安装施工人员支付的意外伤害保险费。

规费的计算方法是把以上工程排污费、工程定额测定费、社会保障费、住房公积金、危险作业意外伤害保险等五项费用合计统一计取，《浙江省建设工程施工取费定额》（2010版）中规定的计算公式如下。

$$规费＝（人工费＋机械费）×定额费率$$

定额费率分仿古建筑工程、园林景观工程、专业土石方工程和单独绿化工程分别确定。仿古建筑工程为 13.33%，园林景观工程为 13.19%，专业土石方工程为 4.46%，单独绿化工程为 10.94%。

2）企业管理费

企业管理费是指建筑安装企业组织施工生产和经营管理所需的费用，包括以下内容。

(1) 管理人员工资。管理人员工资是指建筑安装企业管理人员的基本工资、工资性补贴、职工福利费、劳动保护费等。

(2) 办公费。办公费是指建筑安装企业管理办公用的文具、纸张、账表、印刷、邮电、书报、会议、水电等费用。

(3) 差旅交通费。差旅交通费是指建筑安装企业职工因公出差、调动工作的差旅、住勤补助费，市内交通费和误餐补助费，职工探亲路费，劳动力招募费，职工离退休、退职一次性路费，工伤人员就医路费，工地转移费，以及管理部门使用的交通工具的油料、燃料、养路费和牌照费等。

(4) 固定资产使用费。固定资产使用费是指建筑安装企业管理和试验部门及附属生产单位使用的属于固定资产的房屋、设备仪器等的折旧、大修、维修或租赁费。

(5) 工具用具使用费。工具用具使用费是指建筑安装企业管理使用的不属于固定资产的生产工具、器具、家具、交通工具和检验、试验、测绘、消防用具等的购置、维修和摊销费。

(6) 劳动保险费。劳动保险费是指建筑安装企业支付离退休职工的易地安家补助费、职工退职金、6 个月以上的长病假人员工资、职工死亡丧葬补助费、抚恤费、按规定支付的离退休干部的各项经费。

(7) 工会经费。工会经费是指建筑安装企业按职工工资总额计提的工会经费。

(8) 职工教育经费。职工教育经费是指建筑安装企业为了让职工学习先进技术和提高职工文化水平，按职工工资总额计提的费用。

(9) 财产保险费。财产保险费是指建筑安装企业施工管理用财产、车辆保险。

(10) 财务费、税金和其他。财务费是指建筑安装企业为筹集资金而发生的各种费用。

企业管理费中的税金是指建筑安装企业按规定缴纳的房产税、车船使用税、土地使用税、印花税等。

其他包括技术转让费、技术开发费、业务招待费、绿化费、广告费、公证费、法律顾问费、审计费、咨询费等。

$$企业管理费＝(人工费＋机械费)×定额费率$$

定额费率分仿古建筑工程、园林景观工程、专业土石方工程和单独绿化工程，再结合工程类别分别确定，见表 3.11。

表 3.11　企业管理费费率

定额编号	项目名称	计算基数	费率(%)		
			一类	二类	三类
D2-1	仿古建筑工程	人工费＋机械费	22～28	18～24	15～20
D2-2	园林景观工程	人工费＋机械费	20～26	16～22	13～18
D2-3	单独绿化工程	人工费＋机械费	—	14～19	11～15
D2-4	专业土石方工程	人工费＋机械费		4～7	2～5

注：专业土石方工程仅适用于单独承包的土石方工程。

有关仿古建筑及园林绿化工程类别的确定在《浙江省建设工程施工取费定额》(2010版)中的约定见表 3.12。

表 3.12　仿古建筑及园林绿化工程类别的划分标准

	一类	二类	三类
仿古建筑	(1) 单项 1000m² 以上或单体 700m² 以上仿古建筑 (2) 国家级文物古迹复建和古建筑修缮 (3) 高度 27m 以上古塔 (4) 高度 10m 以上牌楼、牌坊	(1) 单项 500m² 以上或单体 300m² 以上仿古建筑 (2) 省级文物古迹复建和古建筑修缮 (3) 高度 15m 以上古塔 (4) 高度 7m 以上牌楼、牌坊	(1) 单项 500m² 以下或单体 300m² 以下仿古建筑 (2) 市县级古迹复建和古建筑修缮 (3) 高度 15m 以下古塔 (4) 高度 7m 以下牌楼、牌坊
园林景区工程	(1) 60 亩以上综合园林建筑 (2) 直径 40m 以上或占地 1257m² 以上的喷泉 (3) 高度 8m 以上城市雕像 (4) 堆砌 7m 以上假山石、塑石、立峰	(1) 30 亩以上综合园林建筑 (2) 直径 20m 以上或占地 314m² 以上的喷泉 (3) 高度 4m 以上城市雕像 (4) 缩影模型制作安装 (5) 堆砌 7m 以下假山石、塑石、立峰	(1) 30 亩以下综合园林建筑 (2) 直径 20m 以下或占地 314m² 以下的喷泉 (3) 高度 4m 以下城市雕像 (4) 园林围墙、园路、园桥和小品
单独绿化工程	—	(1) 国家级风景区、省级风景区绿化工程 (2) 公园、度假村、高尔夫球场、广场、街心花园、屋顶花园、室内花园等绿化工程	(1) 公共建筑环境、企事业单位与居住区的绿化工程 (2) 道路绿化工程 (3) 片林、风景林等工程
土石方工程	—	6m 以上的基坑开挖	(1) 深度 6m 以下的基坑开挖 (2) 平基土方

3. 利润

利润是指按规定应计入园林企业施工项目建筑安装工程费用中的赢利，是园林施工企业劳动者为社会和集体劳动所创造的价值。《浙江省建设工程施工取费定额》（2010 版）关于园林工程利润率的取定不区分工程类别确定。取费基数是人工费和机械费合计，见表 3.13。

表 3.13 园林工程利润的取费标准

定额编号	项目名称	计算基数	费率(%)
D3 - 1	仿古建筑工程	人工费＋机械费	4～10
D3 - 2	园林景观工程	人工费＋机械费	8～14
D3 - 3	单独绿化工程	人工费＋机械费	18～26
D3 - 4	专业土石方工程	人工费＋机械费	1～4

利润的计算公式为

园林工程利润＝（人工费＋机械费）×利润率

4. 税金

《浙江省建设工程施工取费定额》（2010 版）中有关税金的内容包含了税费和水利建设基金。

1）税费

税费指国家税法规定的应计入工程造价内的营业税、城乡维护建设税和教育费附加。

（1）营业税。营业税是指对从事建筑业、交通运输业和各种服务业的单位和个人就其营业收入征收的一种税。从实际交税操作层面看，营业税应纳税额的计算公式为

营业税＝营业额×适用税率

建筑业适用营业税的税率为 3％。营业额是指从事建筑、安装、修缮、装饰及其他工程作业收取的全部收入，还包括建筑、修缮、装饰工程所用原材料及其他物资和动力的价款。当安装设备的价值作为安装工程产值时，亦包括所安装设备的价款。但建筑业的总承包方将工程分包或转包给他人的，其营业额不包括付给分包或转包人的价款。

（2）城乡维护建设税。城乡维护建设税是国家为了加强城乡的维护建设、扩大和稳定城乡维护建设资金来源，而对有经营收入的单位和个人征收的一种税。城乡维护建设税与营业税同时缴纳，从实际交税操作层面看，城乡维护建设税应纳税额的计算公式为

城乡维护建设税＝营业税应纳税额×适用税率

城乡维护建设税实行差别比例税率。城乡维护建设税的纳税人所在地为市区的，适用税率为 7％；所在地为县城、镇的，适用税率为 5％；所在地不在市区、县城或镇的，适用税率为 1％。

（3）教育费附加。教育费附加是指为加快发展地方教育事业，扩大地方教育资金来源的一种地方税。从实际交税操作层面看，教育费附加应纳税额的计算公式为

教育费附加＝营业税应纳税额×适用税率

教育费附加适用税率一般为3%，教育费附加应与营业税同时缴纳。

2）税金

税金是园林企业实际交纳的税收。从预算或清单计价的角度，税金的计算与上述方法不同，计算公式为：

税金＝（直接费＋间接费＋利润）×定额税率＝（直接费＋企业管理费＋规费＋利润）
$\qquad$ ×定额税率

税金的定额税率分市区、城（镇）、其他分别确定。市区为3.577%，城镇为3.513%，其他为3.384%。其中税费的定额税率，市区为3.477%，城镇为3.413%，其他为3.284%。水利建设资金皆为0.100%。

3.3.2 定额计价法计价程序

采用定额计价法确定园林工程设计概算或园林工程施工图预算时套用定额工料单价。

1. 程序

采用定额计价模式编制园林工程施工图预算书的流程如图3.8所示。

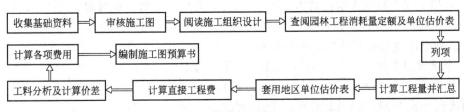

图3.8 园林工程施工图预算书的编制流程

2. 建筑安装工程费计算方法

$$直接工程费 = \sum_{1}^{n} 工程量 \times 定额单价 \tag{1}$$

$$施工技术措施费 = \sum_{1}^{n} 工程量 \times 定额单价 \tag{2}$$

施工组织措施费＝Σ直接工程费和施工技术措施费中的人工费、机械费合计×相应费率
$$\tag{3}$$

直接费＝直接工程费＋施工技术措施费＋施工组织措施费

企业管理费＝直接工程费和施工技术措施费中的人工费、机械费合计×相应费率 (4)

规费＝直接工程费和施工技术措施费中的人工费、机械费合计×相应费率 (5)

间接费＝企业管理费＋规费

利润＝直接工程费和施工技术措施费中的人工费、机械费合计×相应费率 (6)

税金＝((1)＋(2)＋(3)＋(4)＋(5))×税率 (7)

建筑安装工程费用＝直接费＋间接费＋利润＋税金＝(1)＋(2)＋(3)＋(4)＋(5)＋(6)＋(7)
$$\tag{8}$$

3. 园林工程建筑安装工程费计算示例

【例 3 - 2】 某市滨江公园园林单独绿化工程，公园占地面积 13500m²。通过工程算量及定额基价的套用并汇总得直接工程费和施工技术措施费合计约 294.11 万元。其中人工费、机械费合计约 117.64 万元，施工组织措施费考虑安全文明施工费、提前竣工增加费、行车行人干扰增加费和优质工程增加费，试计算该园林工程的建筑安装工程费用。

解：建筑安装工程费的计算顺序如下。

(1) 确定工程类别和相关费率。

按表 3.12 工程类别的划分标准，该工程类别属于二类。

按表 3.10 施工组织措施费费率表，结合工程实际，该工程施工组织措施费费率按如下计提。安全文明施工费费率为 4%，提前竣工增加费费率为 1.5%，行车行人干扰增加费费率为 1.5%，优质工程增加费为 1.25%。

按表 3.11 企业管理费率表，结合工程实际，该工程企业管理费率为 18%，利润率为 20%，按《浙江省建设工程施工取费定额》(2010 版)中有关规费和税金的规定，规费费率为 10.94%，税率为 3.513%。

(2) 建筑安装工程费用计算。

① 直接工程费和技术措施费为 294.11 万元，其中人工费＋机械费为 117.64 万元。

② 施工组织措施费为 117.64×(4.0＋1.5＋1.5)%＝8.23(万元)，

直接费小计为 294.11＋8.23＝302.34(万元)。

③ 企业管理费为 117.64×18%＝21.18(万元)。

④ 规费为 117.64×10.94%＝12.87(万元)，

间接费小计为 21.18＋12.87＝34.05(万元)。

⑤ 利润为 117.64×20%＝23.53(万元)。

⑥ 税金为(302.34＋34.05＋23.53)×3.513%＝12.64(万元)。

⑦ 建筑安装工程费用为 302.34＋34.05＋23.53＋12.64＝372.56(万元)。

(3) 造价指标的确定

$$造价指标＝建筑安装工程费÷公园占地面积$$
$$＝372.56÷13500＝275.97(元/m^2)。$$

3.3.3 定额计价法园林工程设计概算案例

1. 概算编制说明

1) 编制内容

本项目为公园景观设计，主要工程内容包括园林绿化、景观铺装等所有道路相关附属工程。

2) 编制依据

(1) 原建设部建标 [2007] 240 号文《市政工程投资估算指标》。

(2)《公园景观设计》设计图纸主要工程量。

(3)《××省市政工程预算定额》(2010 版)。

（4）《××省园林绿化及仿古建筑工程预算定额》（2010 版）。

（5）《××省安装工程预算定额》（2010 版）。

（6）《××省建设工程施工费用定额》（2010 版）。

（7）《××省工程建设其他费用定额》（2003 版）。

（8）《××省造价信息》2011 第 9 期主要建材市场价格信息。

（9）类似工程概、预算价格及相关技术经济指标价格。

3）取费说明

（1）费用费率，根据费用定额的规定划分工程类别计取，以定额人工费加定额机械费为计算基数，包括施工组织措施费、企业管理费、利润、规费 4 项费用，本项目桥梁工程采用一类费率 45.03%。

（2）场地准备及临时设施费：按工程费用的 0.75% 计取，市政工程附加系数按 1.2 计取。

（3）勘测费按工程费用的 1.2% 计取。

（4）工程保险费：按工程费用的 0.3% 计取。

（5）定额单价取定：人工单价，一类人工为 40 元/工日、二类人工为 43 元/工日，材料单价按《××省建筑安装材料基期价格》（2010 版)取定，机械台班单价根据《××省施工机械台班费用定额》（2010 版)取定。

4）其他说明

（1）建设单位管理费依据财建［2002］394 号文。

（2）建设管理其他费依据计标［1985］352 号文、×价服［2003］77 号文、×价格［2002］1980 号文、×价服［2003］112 号文、×价服［2001］262 号文。

（3）设计费：按国家发展计划委员会建设部《工程勘察设计收费标准》（2002 年)修订本，计价格［2002］10 号文，按招标文件规定，设计费按收费标准的 0.8 计算。

（4）工程监理费按国家发展改革文委、建设部关于印发《建设工程监理与相关服务收费管理规定》的通知（发改价格［2007］670 号)。

（5）预备费用按工程费用及其他基本建设费用之和的 5% 计列。

5）工程总投资

工程投资费用表见表 3.14。

表 3.14　工程投资费用表　　　　　　　单位：万元

工程或费用名称	费　用	备　注
工程费用	7470.03	
工程建设其他费用	964.14	
预备费	421.52	
工程概算总投资	8852.70	

2. 园林工程固定资产投资费用概算表

园林工程固定资产投资费用概算表见表 3.15。

表 3.15 工程费用概算表

工程名称：公园景观及相关配套工程

序号	费用名称	费用金额（万元）	单位	数量	综合单价（元）	备注
一	第一部分 工程费用	7470.03	项	1	74700256	
1	公园铺装及构筑物	3674.32	m²	82317	446	
2	公园绿化	3795.71	m²	108436	350	
二	第二部分 其他费用	961.15				
1	建设管理费	180.27				
1.1	建设单位管理费	101.52				63＋（工程总投资－5001）×1.0%
1.2	建设单位其他费	78.75				59＋（工程费用－5001）×0.8%
2	工程监理费	187.40				
3	设计文件审查费	2.24				工程费用×0.03%
4	建设用地费					
5	项目前期研究费	36.81				工程费用×0.284%
6	勘察设计费	414.59				
6.1	测量费	44.82				工程费用×0.6%
6.2	设计费	369.77				
7	环境影响评价费	11.88				
8	劳动安全卫生评价费	2.61				工程费用×0.035%
9	场地准备及临时设施费	67.23				工程费用×0.9%
10	工程保险费	58.12				工程费用×0.3%
三	预备费	421.52				
1	基本预备费	421.52				（一＋二）×5%
四	设计概算总投资	8852.70				一＋二＋三

3. 绿化工程建筑安装工程费用计算表

绿化工程建筑安装工程费用计算表见表 3.16。

表 3.16 绿化专业工程概算费用计算表

单位及专业工程名称：公园景观及相关配套工程—绿化　　　　　　　第 1 页 共 1 页

序号	费用名称	计算方法	金额（元）
一	直接工程费＋施工技术措施费	人工、材料、机械按市场价计取	31835723
	其中 1. 定额人工费＋定额机械费	Σ（定额人工费＋定额机械费）	9325065

（续）

序号	费用名称	计算方法	金额（元）
二	建筑工程费用	$\sum$（定额人工费＋定额机械费）$\times51.83\%$	4833181
三	扩大系数	$\sum$（定额人工费＋定额机械费）$\times100\%$	
四	税金	（一＋二＋三）$\times3.513\%$	1288179
五	单位工程概算	一＋二＋三＋四	37957083

4. 铺装工程建筑安装工程费用计算表

铺装工程建筑安装工程费用计算表见表 3.17。

表 3.17　铺装专业工程概算费用计算表

单位及专业工程名称：公园景观及相关配套工程—铺装　　　　　　　第 1 页 共 1 页

序号	费用名称	计算方法	金额（元）
一	直接工程费＋施工技术措施费	人工、材料、机械按市场价计取	32695239
1	其中 1. 定额人工费＋定额机械费	$\sum$（定额人工费＋定额机械费）	5404116
二	建筑工程费用	$\sum$（定额人工费＋定额机械费）$\times51.83\%$	2800953
三	扩大系数	（一＋二）$\times100\%$	
四	税金	（一＋二＋三）$\times3.513\%$	1246981
五	单位工程概算	一＋二＋三＋四	36743173

5. 绿化工程直接工程费和施工技术措施费用计算表

绿化工程直接工程费和施工技术措施费用计算表见表 3.18。

表 3.18　分部分项工程费计算表

单位及专业工程名称：公园景观及相关配套工程—绿化　　　　　　　第 1 页 共 8 页

序号	定额编号	名称及说明	单位	工程数量	工料单价（元）	合价（元）
		公园主要部分		1.000	24596939.11	24596939.11
		枫香 $\phi=12$cm $H=4.5\sim5$m $P=3.5\sim4$m		1.000	677755.90	677755.90
1	1-58	栽植乔木 土球直径 80cm 以内	10 株	179.200	355.04	63623.17
2	材料	枫香 $\phi=12$cm $H=4.5-5$m $P=3.5\sim4$m	株	1792.000	260.00	465920.00

（续）

序号	定额编号	名称及说明	单位	工程数量	工料单价(元)	合价(元)
3	1-194	支撑毛竹桩 三脚桩	10株	179.200	431.47	77319.42
4	1-199	草绳绕树干 胸径15cm以内	10m	179.200	33.04	5920.77
5	1-247	落叶乔木养护 胸径20cm以内	10株	179.200	362.57	64972.54
		小香樟 $\phi=10cm$ $H=4.5\sim5m$ $P=2\sim2.5m$		1.000	101725.62	101725.62
6	1-57	栽植乔木 土球直径60cm以内	10株	57.200	130.95	7490.34
7	材料	小香樟 $\phi=10cm$ $H=4.5\sim5m$ $P=2\sim2.5m$	株	572.000	100.00	57200.00
8	1-194	支撑毛竹桩 三脚桩	10株	57.200	431.47	24680.08
9	1-198	草绳绕树干 胸径10cm以内	10m	57.200	23.84	1363.65
10	1-240	常绿乔木养护 胸径10cm以内	10株	57.200	192.16	10991.55
		香樟 $\phi=12cm$ $H=2\sim5.5m$ $P=3\sim3.5m$		1.000	109290.24	109290.24
11	1-57	栽植乔木 土球直径60cm以内	10株	32.000	130.95	4190.40
12	材料	香樟 $\phi=12cm$ $H=2\sim5.5m$ $P=3\sim3.5m$	株	320.000	250.00	80000.00
13	1-194	支撑毛竹桩 三脚桩	10株	32.000	431.47	13807.04
14	1-198	草绳绕树干 胸径10cm以内	10m	32.000	23.84	762.88
15	1-241	常绿乔木养护 胸径20cm以内	10株	32.000	329.06	10529.92
		……				
		二月兰		1.000	251564.48	251564.48
54	1-122	栽植草皮 喷播	100m²	145.870	216.98	31650.87
55	材料	二月兰	m²	14587.000	10.00	145870.00
56	1-303	草本花卉养护	10m²	1458.700	50.76	74043.61
		……				
		合　计				31835723.36

6. 铺装工程直接工程费和施工技术措施费用计算表

铺装工程直接费和施工技术措施费用计算表见表3.19。

表 3.19 分部分项工程费计算表

单位及专业工程名称：公园景观及相关配套工程—铺装 　　　　　　第 1 页 共 7 页

序号	定额编号	名称及说明	单位	工程数量	工料单价(元)	合价(元)
		园路、园桥、假山工程		1.000	32695239.13	32695239.13
		50mm 厚 200mm×100mm 黄色火山凝灰岩铺装		1.000	2179854.98	2179854.98
1	2-76换	铺设花岗岩机制板地面 板厚 3~5cm 黄砂细砂	10m²	974.300	1742.12	1697347.52
2	2-45	铺设园路砂垫层	10m³	48.715	1598.90	77890.41
3	2-48	铺设园路混凝土垫层	10m³	97.430	3126.49	304613.92
4	2-47	铺设园路碎石垫层	10m³	97.430	977.41	95229.06
5	4-61	素土夯实(夯实系数 0.93)	10m²	974.300	4.90	4774.07
		……				
		1.5m 宽公园主路树池		1.000	859129.43	859129.43
11	2-76换	铺设花岗岩机制板地面 板厚 3~5cm 水泥砂浆 1:3	10m²	245.600	1849.03	454121.77
12	土7-31	屋面不锈钢板泛水	100m²	24.560	16490.54	405007.66
		100mm 厚 500mm×200mm 黄色火山凝灰岩收边(顶面凿平，密缝)		1.000	180261.56	180261.56
13	2-76换	铺设花岗岩机制板地面 板厚 3~5cm 水泥砂浆 1:3	10m²	56.500	2775.18	156797.67
14	2-48	铺设园路混凝土垫层	10m³	5.650	3126.49	17664.67
15	2-47	铺设园路碎石垫层	10m³	5.650	977.41	5522.37
16	4-61	素土夯实(夯实系数 0.93)	10m²	56.500	4.90	276.85
		100mm 厚 10~15mm 深灰色碎石散铺		1.000	855820.26	855820.26
17	2-49换	铺设园路碎石面层	10m²	870.080	890.47	774780.14
18	市2-43	200mm 厚三合土(石灰、黄粘土、碎石 1:2:3) 基层厂拌厚 20cm	100m²	87.008	882.41	76776.73
	0409521	三合土	t	33.456	20.00	669.12
19	4-61	素土夯实(夯实系数 0.93)	10m²	870.080	4.90	4263.39
		……				
		合　　计				32695239.13

习　　题

一、填空题

1. 在世界银行工程造价的构成中，应急费包括＿＿＿＿＿＿和＿＿＿＿＿＿。

2. 分部分项工程费是＿＿＿＿＿＿的组成内容之一，它体现了建筑安装工程费中的＿＿＿＿＿＿、＿＿＿＿＿＿和＿＿＿＿＿＿。

3. 环境保护费和文明施工费属于＿＿＿＿＿＿费。

4. 无论是清单计价费用还是定额计价费用，计算的目标都是指＿＿＿＿＿＿费。

二、选择题

1. 直接工程费不包括（　　）。

A. 人工费　　　　　　B. 材料费　　　　　　C. 措施费　　　　　　D. 机械费

2. 建筑安装工程费的构成分为（　　）两种形式。

A. 措施费和规费　　　　　　　　　B. 清单计价费用和定额计价费用

C. 定额计价费用和措施费　　　　　D. 直接费和间接费

3. 以下其他项目费用中属于投标人部分的是（　　）。

A. 暂列金额　　　　　　　　　　　B. 暂估价

C. 专业工程暂估价　　　　　　　　D. 总承包服务费

4. 某建设项目建筑工程费 2000 万元，安装工程费 700 万元，设备购置费 1100 万元，工程建设其他费 450 万元，预备费 180 万元，建设期贷款利息 120 万元，流动资金 500 万元，则该项目的建设投资为（　　）万元。

A. 4250　　　　　　B. 4430　　　　　　C. 4550　　　　　　D. 5050

5. 根据世界银行工程造价构成的规定，项目直接建设成本中不包括（　　）。

A. 临时公共设施及场地的维持费　　　B. 土地征购费

C. 设备安装费　　　　　　　　　　　D. 开工试车费

6. 根据《建筑安装工程费用项目组成》（建标〔2003〕206 号文）的规定，大型机械设备进出场及安拆费中的辅助设施费用应计入（　　）。

A. 直接费　　　　　　　　　　　　B. 间接费

C. 施工机械使用费　　　　　　　　D. 措施费

7. 根据《建筑安装工程费用项目组成》（建标〔2003〕206 号文）的规定，下列属于规费的是（　　）。

A. 环境保护费　　　　　　　　　　B. 工程排污费

C. 安全施工费　　　　　　　　　　D. 文明施工费

三、思考题

1. 请总结园林工程项目的表现形式及其对应的工程造价构成。

2. 对清单计价费用和定额计价费用进行比较。

3. 简述清单计价费用中综合单价的组成和具体的计算方法。

4. 简述浙江省定额计价费用的组成，并指出它与国家规定计价费用组成之间的区别和联系。

5. 在浙江省建筑安装工程费的计算程序中，组织措施费、综合费用、规费的计费基数是什么？

四、案例分析

某园林工程采用工程量清单招标。按工程所在地的计价依据规定，措施费和规费均以分部分项工程费中人工费和机械费合计为计算基础，经计算该工程分部分项工程费总计为3300000元，其中人工费和机械费合计为1260000元。其他有关工程造价方面的背景材料如下。

(1) 木制飞来椅工程量160m，栽植乔木工程量1200株。

园林建筑现浇钢筋混凝土矩形梁模板及支架工程量420m²，支模高度2.6m。现浇钢筋混凝土有梁板模板及支架工程量800m²，梁截面250mm×400mm，梁底支模高度2.6m，板底支模高度3m。

(2) 安全文明施工费率4%，夜间施工费费率0.05%，二次搬运费费率0.2%，冬雨季施工费费率0.35%。

按合理的施工组织设计，该工程需大型机械进出场及安拆费16000元，施工排水费1400元，垂直运输费8000元，脚手架费46000元。以上各项费用中已包括含管理费和利润。

(3) 招标文件中载明，该工程暂列金额130000元，材料暂估价40000元，计日工费用20000元，总承包服务费20000元。

(4) 社会保障费中养老保险费费率16%，失业保险费费率2%，医疗保险费费率6%，住房公积金费率6%，危险作业意外伤害保险费费率0.18%，税金费率3.143%。

问题：

依据《建设工程工程量清单计价规范》(GB 50500—2013)的规定，结合工程背景资料及所在地计价依据的规定，编制招标控制价。

1. 编制木制飞来椅和栽植乔木的分部分项清单及计价表，填入"分部分项工程量清单与计价表"。综合单价：木制飞来椅240.18元/m，栽植乔木149.11元/株。

2. 编制工程措施项目清单及计价，填入"措施项目清单与计价表(一)"和"措施项目清单与计价表(二)"。补充的现浇钢筋混凝土模板及支架项目编码：梁模板及支架AB001，有梁板模板及支架AB002；综合单价：梁模板及支架25.60元/m²，有梁板模板及支架23.20元/m²。

3. 编制工程其他项目清单及计价，填入"其他项目清单与计价汇总表"。

4. 编制工程规费和税金项目清单及计价，填入"规费、税金项目清单与计价表"。

5. 编制工程招标控制价汇总表及计价，根据以上计算结果，计算该工程的招标控制价，填入"单位工程招标控制价汇总表"。(计算结果均保留两位小数。)

第4章
绿化种植工程计量与计价

绿化种植工程是园林工程中最重要组成部分之一，绿地面积通常占园区总面积的70%，绿化部分造价占总造价的比例颇高。绿化材料种类繁多，涉及乔木、灌木、地被、草坪，常绿树、落叶树，水生植物、陆生植物，植物材料的多样性造成了绿化种植工程计量与计价的复杂性。如何区别乔木、灌木与地被？在国家标准 GB 500858—2013《建设工程工程量清单计价规范》规定下，绿化种植工程如何正确列项？在《浙江省园林绿化及仿古建筑工程预算定额》(2010 版)中绿化种植工程如何正确列项？如何进行绿化种植工程定额子目的套用与换算？如何进行绿化种植工程定额计价与清单计价？这些问题都是学习本章需要理解和掌握的问题。

教学目标

1. 了解绿化种植工程基础知识。
2. 掌握绿化种植工程工程量清单和工程量清单计价表的编制。
3. 掌握绿化种植工程定额工程量的计算规则、定额套用与换算以及预算书的编制。

教学要求

知识要点	能力要求	相关知识
绿化种植	(1) 掌握绿化种植工程的施工工艺 (2) 熟悉常用的绿化苗木	绿化工程施工
绿化种植工程量清单编制	(1) 熟悉绿化种植工程施工图 (2) 掌握绿化种植工程清单项目的设置方法及清单编制	绿化种植工程量清单
绿化种植工程量清单计价表的编制	(1) 掌握绿化种植工程综合单价的组价与计算 (2) 熟悉绿化种植工程清单计价表的内容	综合单价分析
绿化种植工程定额工程量计算	(1) 理解绿化种植工程定额工程量计算规则 (2) 掌握绿化种植工程定额工程量的计算	园林绿化定额
绿化种植工程定额的套取与换算	(1) 掌握绿化种植工程定额套用 (2) 熟悉各种换算系数及其使用方法	换算
绿化种植工程预算书的编制	熟悉绿化种植工程预算书的编制及内容	工程预算书

基本概念

城市绿地：以植被为主要存在形态，用于改善城市生态，保护环境，为居民提供游憩场地和美化城市的一种城市用地。

孤植：单株树木栽植的配植方式。

对植：两株树木在一定轴线关系下相对应的配植方式。

列植：沿直线或曲线以等距离或按一定变化规律而进行的植物种植方式。

群植：由多株树木成丛、成群的配植方式。

地被植物：株丛密集、低矮，用于覆盖地面的植物。

攀缘植物：以某种方式攀附于其他物体上生长，主干茎不能直立的植物。

引例

常 春 藤

常春藤(图4.1)，常绿吸附藤本。常春藤是一种颇为流行的室内盆栽花木，在园林绿地中可用以攀缘假山、岩石，或作为植物下层的地被材料。在某园林绿化工程项目清单中有一项清单为"栽植常春藤500m²，种植密度36株/m²，养护一年"。在工程结算时，甲乙双方发生了激烈的争议。乙方认为常春藤是藤本植物，养护费用按藤本植物进行计价，套用定额1-304(养护藤本)，直接工程费为4.9元/株，共计500×36×4.9＝88200(元)。甲方则主张常春藤是作为苗木下层的地被，养护费用按地被植物进行计价，套用定额1-306(养护地被)，直接工程费为4.9元/m²，共计500×4.9＝2450(元)。两者价格相差悬殊，甲乙双方为此项计价争执不下。成片常春藤的养护应当如何正确计价呢？

(a) 盆栽   (b) 地被

图 4.1 常春藤

4.1 绿化种植工程

园林绿地是园林必不可缺的一部分，它在园林中占有很重要的地位。园林绿地分为公园绿地、生产绿地、防护绿地、附属绿地和其他绿地。其中，公园绿地可分为综合绿地、社区绿地、专类绿地、带状绿地、街旁绿地等；附属绿地可分为居住绿地、公共设施绿地、工业绿地、仓储绿地、对外交通绿地、道路绿地、市政设施绿地、特殊绿地。下面将侧重介绍绿化种植工程的相关知识。

4.1.1 地形整理

地形整理是指对地形进行适当松翻、去除杂物碎土、找平、整平、填压土壤，不得有低洼积水。

地形整理前应对施工场地作全面的了解，尤其是地下管线要根据实际情况加以保护或迁移，并全部清除地面上的灰渣、砂石、砖石、碎木、建筑垃圾、杂草、树根及盐渍土、油污土等不适合植物生长的土壤，换上或加填种植土，并最终达到设计标高(图 4.2～图 4.5)。

图 4.2　适合苗木生长的种植土

图 4.3　不适合苗木生长的板结土壤

图 4.4　不适合苗木生长的建筑垃圾

图 4.5　更换为种植土

苗木栽植土壤要求土质肥沃、疏松、透气、排水良好。土层厚度应满足以下条件：浅根乔木不小于 80cm，深根乔木不小于 120cm，小灌木、小藤本植物不小于 40cm，大灌木、大藤本植物不小于 60cm。栽植土的 pH 值应控制在 6.5～7.5，对喜酸性的植物 pH 值应控制在 5.5～6.5。

4.1.2 苗木起挖

1. 苗木起挖时间

春季起挖。当土壤开始解冻但树液尚未开始流动时立即进行，根据苗木发芽的早晚，合理安排起挖顺序。落叶树早挖，常绿树后挖。南方(喜温暖)的树种(如柿树、香樟、乌桕、喜树、枫杨、重阳木等)应在芽开始萌动时起挖，才易成活。

秋季起挖。在树木地上部分生长缓慢或停止生长后，即落叶树开始落叶、常绿树生长高峰过后至土壤封冻前进行。

雨季起挖。南方在梅雨初期，北方在雨季刚开始时，适宜起挖常绿树及萌芽力较强的树种。此时雨水多、空气湿度大，大树移植后蒸腾量小，根系生长迅速，易于成活。

非适宜季节起挖。因有特殊需要的临时任务或其他工程的影响，不能在适宜季节起挖时，可按照不同类别树种采取不同措施。随着科学技术的发展，大容器育苗和移植机械的推出使终年移植已成可能。

2. 起苗方法

起苗的方法有两种：裸根起苗法和带土球起苗法。裸根起苗法适用于大部分落叶树在休眠期的起挖，树木起出后要注意保持根部湿润，避免因日晒风吹而失水干枯，并做到及时装运、及时种植，根系应打浆保护。带土球起苗法适用于常绿树种、珍贵落叶树种和花灌木的起挖。带土球起掘不得掘破土球，原则上土球破损的树木不得出圃。包扎土球的绳索要粗细适宜、质地结实，以草麻绳为宜。土球包扎形式应根据树种的规格、土壤的质地、运输的距离等因素来选定，应保证包扎牢固，严防土球破碎。土球的包扎可分为橘子包、井字包和五角包等3种形式(图4.6～图4.9)。

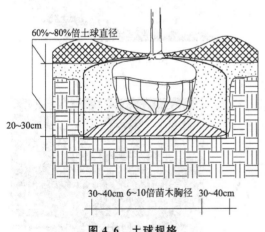

图4.6　土球规格

图4.7　确定苗木土球高度

图4.8　土球包扎

图4.9　断根起苗

4.1.3　苗木装卸与运输

树木挖好后应"随挖、随运、随栽",即尽量在最短的时间内将其运至目的地栽植。树木装运过程中,应做到轻抬、轻装、轻卸、轻放、不拖、不拉,使树木土球不破损碎裂,根盘不擦伤、撕裂,不伤枝干。对有些树冠展开较大的树木应用绳索绑扎树冠,其根部必须放置在车头部位,树冠倒向车尾,叠放整齐,过重苗木不宜重叠,树身与车板接触处应用软物衬垫固定。

装运带土球的大树时,要用竹片或木条对大树的树皮进行保护,防止皮层受损伤,影响成活率。树木运输最好选择在夜间,同时做好防晒、防风、保湿、防雨等工作。树木运输前要用篷布等对大树进行保护,防止苗木在长途运输过程中失水而影响成活率。苗木起吊、运输过程如图 4.10~图 4.13 所示。

图 4.10　苗木起吊 1

图 4.11　苗木起吊 2

图 4.12　苗木运输 1

图 4.13　苗木运输 2

4.1.4　苗木栽植

苗木起掘后,如遇气温骤升骤降、大风大雨等特殊天气不能及时种植时,应采取临时保护措施,如覆盖、假植等。树穴的规格大小、深浅,应按植株的根盘或土球直径适当放大,使根盘能充分舒展。高燥地树穴稍深,低洼地树穴稍浅。树穴的直径一般比树木的土球或根盘直径大 20~40cm;树穴的深度一般是树木穴径的 2/3。如果穴底需要施堆肥或设置滤水层,应按设计要求加深树穴的深度。

挖掘树穴时，遇夹层、块石、建筑垃圾及其他有害物必须清除，并换上种植土。树穴应挖成直筒形，严防锅底形。表土应单独堆放，覆土时将表土先放入树穴。

栽植时应选择丰满完整的植株，并注意树干的垂直及主要观赏面的摆放方向。植株放入穴内待土填至土球深度的 2/3 时，浇足第一次水，经渗透后继续填土至地表持平时，再浇第二次水，以不再向下渗透为宜。3 日内再复水一次，复水后若发现泥土下沉，应在根部补充种植土。树木栽植后，应沿树穴的外缘覆土保墒，高度约为 10～20cm，以便灌溉，防止水土流失。苗木栽植过程如图 4.14～图 4.17 所示。

图 4.14　种植穴

图 4.15　苗木入穴栽植

图 4.16　种植穴底换填部分肥土

图 4.17　树木置入种植穴

4.1.5　苗木支撑与绕干

胸径在 5cm 以上的树木定植后应立支架固定，特别是在栽植季节有大风的地区，以防冠动根摇影响根系恢复生长，但要注意支架不能打在土球或骨干根上。可以用毛竹、木棍、钢管或混凝土作为支撑材料，常用的支撑形式有铁丝吊桩、短单桩、长单桩、扁担桩、三脚桩、四脚桩等，如图 4.18 所示。支撑桩的埋设深度，可按树种规格和土质确定，支撑高度一般是在植株高度的 1/2 以上。

草绳绕树干是指树木栽植后，为防止新种树木因树皮缺水而干死，用草绳将树干缠绕起来，以减少水分从树皮蒸发，同时也能将水喷洒在草绳上以保持树皮的湿润，提高树木成活率的一种保护措施。树木干径在 5cm 以上的乔木和珍贵树木栽植后，在主干与接近主干的主枝部分，应用草绳等绕树干，以保护主干和接近主干的主枝不易受伤和抑制水分蒸发，如图 4.19 所示。

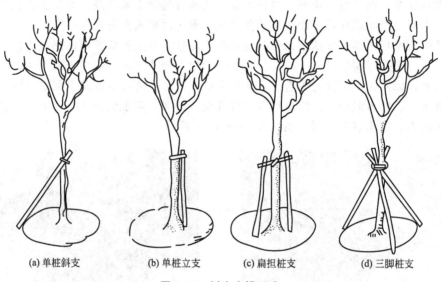

(a) 单桩斜支　　　　(b) 单桩立支　　　　(c) 扁担桩支　　　　(d) 三脚桩支

图 4.18　树木支撑形式

(a)　　　　　　　　　　　　　　(b)

图 4.19　草绳绕干

4.1.6　苗木修剪

苗木栽植后为确保植株成活，必须修剪。修剪要结合树冠形状，将枯枝及损伤枝剪除，剪口必须平整，稍倾斜，必要时需要对剪口采取封口措施以减少植株水分蒸发。植株初剪后，必须摘除部分中片。

4.1.7　苗木养护

1. 灌溉与排水

树木栽植后应根据不同的树种和立地条件及水文、气候情况，进行适时适量的灌溉，以保持土壤中的有效水分。生长在立地条件较差或对水分和空气湿度要求较高的树种，还应适当进行叶面喷水、喷雾。夏季浇水以早晚为宜，冬季浇水以中午为宜。如果发现雨后积水应立即排除。

2. 中耕除草、施肥

新栽树木长势较弱，应及时清除影响其生长的杂草，并及时对因浇水而板结的土壤进行松土。除草可结合中耕进行，中耕深度以不影响根系为宜。同时应按树木的生长情况和观赏要求适当施肥。

3. 整形修剪

新栽树木可在原树形或造型基础上进行适度修剪。通过修剪，调整树形。促进树木生长。新栽观花或观果树木，应适当疏蕾摘果。主梢明显的乔木类，应保护顶芽。孤植树应保留下枝，保持树冠丰满。花灌木的修剪，应有利于促进短枝和花芽形成，促其枝叶繁茂、分布匀称。修剪应遵循"先上后下、先内后外、去弱留强、去老留新"的原则。藤本攀缘类木本植物为促进其分枝，宜适度修剪，并设攀缘设施。新栽绿篱需按设计要求适当修剪整形，促其枝叶茂盛。

4.2 绿化种植工程计量

4.2.1 绿化种植工程工程量清单的编制

绿化工程项目按《园林绿化工程工程量计算规范》（GB 50858—2013）附录 A 列项，包括绿地整理、栽植花木、绿地喷灌 3 个小节共 30 个清单项目。

1. 绿化种植工程清单工程量计算规则

1）绿地整理工程清单工程量计算规则

绿地整理包括伐树，挖树根（蔸），砍挖灌木丛及根，砍挖竹及根，砍挖芦苇及根，清除草皮，清除地被植物，屋面清理，种植土回（换）填，整理绿化用地，绿地起坡造型，屋顶花园基底处理等 12 个项目，项目编码为 050101001～050101012。

（1）伐树、挖树根。伐树包括砍、伐、挖、清除、整理、堆放。挖树根是将树根拔除。清理树墩除用人工挖掘外，直径在 50cm 以上的大树墩可用推土机或用爆破方法清除。建筑物、构筑物基础下土方中不得混有树根、树枝、草及落叶等。凡土方开挖深度不大于50cm 或填方高度较小的土方施工，对于现场及排水沟中的树木移除应按当地有关部门的规定办理审批手续，若遇到名木古树必须注意保护，并做好移植工作。

（2）砍挖竹及根。丛生竹靠地下茎竹蔸上的笋芽出土成竹，无延伸的竹鞭，竹竿紧密相依，在地面形成密集的竹丛（图 4.20～图 4.23）。

散生竹在土中有横向生长的竹鞭，竹鞭顶芽通常不出土，由鞭上侧芽成竹，竹竿在地面上散生（图 4.24 和图 4.25）。

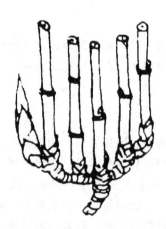

图 4.20　丛生竹地下茎

图 4.21　丛生竹

图 4.22　丛生竹——翠竹

图 4.23　丛生竹——慈竹

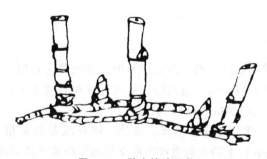

图 4.24　散生竹地下茎

图 4.25　散生竹

挖掘丛生竹母竹：丛生茎竹类无地下鞭茎，其笋芽生长在每竹竿两侧。竿基与较其老1～2年的植株相连，新竹互生枝伸展方向与其相连老竹枝条伸展方向正好垂直，而新竹梢部则倾向于老竹外侧，但有时因风向关系不易辨别。故宜在竹丛周围选取丛生茎竹类母竹，以便挖掘。先在选定的母竹外围距离 17～20cm 处开挖，并按前述新老竹相连的规律，找出其竿基与竹丛相连处，用利刀或利锄靠竹丛方向砍断，以保护母竹竿基两侧的笋牙，要挖至自倒为止。母竹倒下后，仍应切干，包扎或湿润根部，防止根系干燥，否则恐不易成活。

挖掘散生竹母竹:常用的工具是锋利山锄,挖掘时要先在要挖掘的母竹周围轻挖、浅挖,找出鞭茎。宜先按竹株最下一盘枝丫生长方向找,找到后,分清来鞭和去鞭,留来鞭长 33cm,去鞭长 45~60cm,面对母竹方向用山锄将鞭茎截断。这样可使截面光滑,鞭茎不致劈裂。鞭上必须带有 3~5 个健壮鞭芽。截断后再逐渐将鞭两侧土挖松,连同母竹一起掘出。挖出母竹应留枝丫 5~7 盘,斩去顶梢。

(3)砍挖芦苇及根。芦苇根细长、坚韧,挖掘工具要锋利,芦苇根必须清除干净。

(4)清除草皮、清除地被植物。杂草与地被植物的清除是为了便于土地的耕翻与平整。杂草、地被植物的清除主要是为了消灭多年生的杂草,为避免草坪建成后杂草与草坪争水分、养料,所以在种草前应彻底清除。此外,还应把瓦块、石砾等杂物全部清出场地外。

(5)整理绿化用地。在进行绿化施工之前,绿化用地上所有建筑垃圾和其他杂物,都要清除干净。若土质已遭碱化或其他污染,要清除恶化土,置换肥沃客土。

整理绿化用地项目包含 300mm 以内回填土,厚度 300mm 以上回填土,应按房屋建筑与装饰工程计量规范相应项目编码列项,如图 4.26 所示。

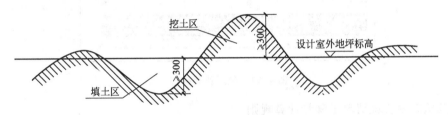

图 4.26 绿地整理示意

(6)绿地起坡造型。绿地起坡造型,适用于松填、抛填。

(7)屋顶花园基底处理。抹找平层。抹水泥砂浆找平层应分为洒水湿润、贴点标高、冲筋,铺水泥砂浆及养护 4 个步骤,具体操作如下。①洒水湿润:抹找平层水泥砂浆前,应适当洒水湿润基层表面,主要是利于基层与找平层的结合,但不可洒水过量,以免影响找平层表面的干燥,防水层施工后窝住水汽,使防水层产生空鼓。所以洒水以达到基层和找平层能牢固结合为度。②贴点标高、冲筋:根据坡度要求,拉线放坡,一般按 1~2m 贴点标高(贴灰饼),铺抹找平砂浆时,先按流水方向以距 1~2m 冲筋,并设置找平层分格缝,宽度一般为 20mm,并且将缝与保温层连通,分格缝最大间距为 6m。③铺水泥砂浆。按分格块装灰、铺平,用刮扛靠冲筋条刮平,找坡后用木抹子搓平,铁抹子压光。待浮水沉失后,人踏上去有脚印但不下陷为度,再用铁抹子压第二遍即可完工。找平层水泥砂浆一般配合比为 1:3,拌和物稠度控制在 7cm。④养护:找平层抹平、压实以后 24h 可浇水养护,一般养护期为 7d,经干燥后铺设防水层。

防水层铺设:种植屋面应先做防水层,防水层材料应选用耐腐蚀、耐碱、耐霉烂和耐穿刺性好的材料,为提高防水设防的可靠性,宜采用涂料和高分子卷材复合,高分子卷材强度高、耐穿刺好,涂料是无接缝的防水层,可以弥补卷材接缝可靠性差的缺陷。

填轻质土壤。人工轻质土壤是使用不含天然土壤、以保湿性强的珍珠岩轻质混凝土为主要成分的土壤,其在潮湿状态下寄入容重为 0.6~0.8N/cm³。人工轻质土壤泥泞程度小,可在雨天施工,施工条件非常好。使用轻质土壤,因其干燥时易飞散,应边洒水边施工。如施工中遇强风,则应中止作业。

屋顶花园构造如图 4.27 所示。

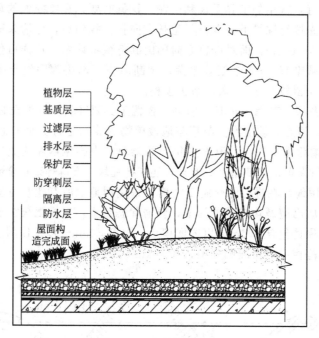

图 4.27　屋顶花园构造

2）栽植花木工程清单工程量计算规则

栽植花木包括栽植乔木，栽植竹类，栽植棕榈，栽植灌木，栽植绿篱，栽植攀缘植物，栽植色带，栽植花卉，栽植水生植物，垂直墙体绿化种植，花卉立体布置，铺种草坪，喷播植草，植草砖内植草（籽），栽种木箱等 15 个项目，项目编码为 050102001～050102015。

（1）栽植乔木。乔木是指树身高大、具有明显主干的树木，由根部发独立的主干，树干和树冠有明显区分。例如，香樟、银杏、雪松、杜英、广玉兰、白玉兰、重阳木、悬铃木、栾树、无患子、合欢、红枫、鸡爪槭、马褂木、龙柏、柳杉、池杉、马尾松等。

乔木按其树体高大程度可分伟乔（特大乔木树高超过 30m）、大乔（树高 20～30m）、中乔（树高 10～20m）、小乔（树高 6～10m）。乔木又分为常绿乔木和落叶乔木两大类。常绿乔木有香樟、雪松、杜英、广玉兰、柳杉、马尾松等，落叶乔木有银杏、白玉兰、重阳木、悬铃木、栾树、无患子、合欢、红枫、鸡爪槭、池杉等，如图 4.28 所示。

城市道路主干道、广场、公园等绿地种植的乔木要求树干主干挺直，树冠枝叶茂密、层次分明、冠形匀称，根系完整，植株无病害。次干道及上述绿地以外的其他绿地种植的乔木，要求树干主干不应有明显弯曲，树冠冠形匀称、无明显损伤，根系完整，植株无明显病害。林地种植的乔木要求树干主干弯曲不超过一次，树冠无严重损伤，根系完整，植株无明显病害。

（2）栽植竹类。竹类植物是指禾本科竹亚科植物，如毛竹、刚竹、四季竹、紫竹、箬竹、方竹等。

竹类植物要求：散生竹宜选 2～3 年生母竹，主干完整，来鞭 35cm 左右，去鞭 70cm 左右；丛生竹来鞭 20cm 左右，去鞭 30cm 左右，同时要求植株根蒂（竹竿与竹鞭之间的着生点）及鞭芽无损伤。

（a）香樟　　　　　　（b）银杏　　　　　　（c）雪松

（d）无患子　　　　　（e）广玉兰　　　　　（f）合欢

图 4.28　乔木

（3）栽植棕榈类。棕榈树属常绿乔木，树干圆形，常残存有老叶柄及其下部的叶鞘，叶簇竖干顶，形如扇，掌状裂深达中下部。棕榈树栽于庭院、路边及花坛之中，树势挺拔，叶色葱茏，适于四季观赏，如图 4.29 所示。

（a）酒瓶椰子　　　　　　（b）棕榈　　　　　　（c）加拿利海枣

图 4.29　棕榈

（4）栽植灌木。灌木是指没有明显的主干、呈丛生状态的树木，分常绿灌木和落叶灌木两大类。常绿灌木有海桐、夹竹桃、茶梅、含笑、龟甲冬青、八角金盘、桃叶珊瑚、十大功劳等。落叶灌木有腊梅、绣线菊、紫荆、寿星桃、月季、倭海棠、木槿、榆叶梅、丁香等。常见灌木如图 4.30 所示。

自然式种植的灌木要求姿态自然、优美、丛生灌木分枝不少于 5 根，且生长均匀无明显病害。整形式种植的灌木要求冠形呈规则式，根系完整，土球符合要求，无明显病害。

(a)紫荆 (b)丁香 (c)夹竹桃

图 4.30　灌木

（5）栽植绿篱。绿篱又称植篱或树篱，是指密集种植的园林植物经过修剪整形而形成的篱垣，用来分隔空间和作为屏障及美化环境等(图 4.31)。选择绿篱的树种要求：耐整体修剪，萌发性强，分枝丛生，枝叶茂密；能耐荫；抗外界机械损伤性强；能耐密植，生长力强。作为绿篱的树种，在形态上常以枝细、叶小、常绿为佳。在习性上还要具有"一慢三强"的特性，即枝叶密集，生长缓慢，下枝不易枯萎；基部萌芽力或再生力强；适应或抵抗不良环境的能力强，生命力强。

图 4.31　绿篱

（6）栽植攀缘植物。攀缘植物，也称藤本植物，是指植物茎叶有钩刺附生物，可以攀缘峭壁或缠绕附近植物生长的藤科植物。这个特性使园林绿化能够从平面向立体空间延伸，丰富了城市绿化方式。攀缘植物具有很高的生态学价值及观赏价值，可用于降温、减噪，观叶、观花、观果等。而且攀缘植物没有固定的株形，具有很强的空间可塑性，可以营造不同的景观效果，被广泛用于建筑、墙面、棚架、绿廊、凉亭、篱垣、阳台、屋顶等处，如图 4.32 所示。

(a)用于墙角 (b)用于绿廊 (c)用于凉亭

图 4.32　攀缘植物

攀缘植物种类繁多、千姿百态。根据茎质地的不同，又可分为木质藤本(如葡萄、紫藤、凌霄等)与草质藤本(如牵牛花等)。根据其攀爬的方式，可以分为缠绕藤本(如牵牛)，吸附藤本(如常春藤)，卷须藤本(如葡萄)和攀缘藤本(如藤棕)。还有一种特殊的藤本蕨类植物，并不依靠茎攀爬，而是依靠不断生长的叶子，逐渐覆盖攀爬到依附物上。藤本植物要求具有攀缘性，根系发达，枝叶茂密，无明显病害，苗龄一般以2～3年生为宜。

(7) 栽植色带。色带是一定地带同种或不同种花卉及观叶植物配合起来所形成的具有一定面积的有观赏价值的风景带。栽植色带最需要注意的是将所栽植苗木栽成带状，并且配置有序，使之具有一定的观赏价值。

(8) 栽植花卉。花卉包括狭义和广义两种。狭义的花卉是指具有观赏价值的草本植物，如凤仙、菊花、一串红等。广义的花卉除具有观赏价值的草本植物外，还包括草本或木本的地被植物、花灌木、开花乔木及盆景等，如月季、桃花、茶花、梅花等。《建设工程工程量清单计价规范》(GB 50500—2013)与《浙江省园林绿化及仿古建筑工程预算定额》(2010版)中的花卉通常是指狭义概念的花卉。

(9) 栽植水生植物。水生植物是指生长在湿地或水里的植物，如千屈菜、梭鱼草、鸢尾、荷花、睡莲、菖蒲、水葱、水芹菜、浮萍、水葫芦等(图4.33)。

(a) 千屈菜　　　　　　　　(b) 梭鱼草　　　　　　　　(c) 睡莲

图4.33　水生植物

(10) 垂直墙体绿化种植。垂直墙体绿化又称立体绿化。由于城市土地有限，为此要充分利用空间，在墙壁、阳台、窗台、屋顶、棚架等处，栽植各种植物。绿化墙体一般外表面覆盖爬墙植物和攀缘植物，常见的适合垂直绿化的藤本植物有爬山虎、常春藤、凌霄、金银花、扶芳藤等，其中爬山虎是最为广泛的墙体绿化材料。

(11) 花卉立体布置。花卉立体布置中所指的"花卉"并不是专指观花植物，而是指花卉的广义概念中所包括的观花、观果、观形的植物，可以是草本，也可以是乔灌木。花卉立体布置是相对于一般平面花卉布置而言的一种园林装饰手法。即通过适当的载体，结合园林色彩美学及装饰绿化原理，经过合理的植物配置，将植物的装饰功能从平面延伸到空间，形成立体或三维的装饰效果。

(12) 铺种草皮。草坪是指经过人工选育的多年生矮生密集型草本植被，经过修剪养护，形成整齐均匀状如地毯，起到绿化保洁和美化环境的草本植物。草坪按种植类型分可分为单纯型草坪与混合型草坪；按对温度的生态适应性分可分为冷季型草坪与暖季型草坪。冷季型草坪草有早熟禾、黑麦草、高羊茅、剪股颖等。暖季型草坪有狗牙根、画眉草、地毯草、结缕草、假俭草等。

(13) 喷播植草。喷播植草的喷播技术是结合喷播和免灌两种技术而成的新型绿化方法，将绿化用草籽与保水剂、胶粘剂、绿色纤维覆盖物及肥料等，在搅拌容器中与水混合成胶状的混合浆液，用压力泵将其喷播于待播土地上。

（14）植草砖内植草(籽)。植草砖既可以形成一定覆盖率的草地，又可用作"硬"地使用，绿化与使用两不误，为此近年来被大量使用，特别是用于室外停车场地面铺装。大量使用的植草砖主要为孔穴式植草砖，在砖洞内填种植土，洒上草籽或直接铺草。

（15）栽种木箱。木箱是用木材或木质混合材料制成的直方体容器，具有外观漂亮、结实耐用的优点。木箱栽种是反季节种植、假植、古树名木栽植、珍贵树种栽植的一种经济实用方式。

3）绿地喷灌工程清单工程量计算规则

绿地喷灌设有喷灌管线安装、喷灌配件安装等两个项目，项目编码为 050103001、050103002。

2. 绿化种植工程清单工程量计算

【例 4-1】 某公园内有一绿地如图 4.34 所示，经过一场大雪，园内的植物遭到重大破坏，需要清理，绿地面积为 500m²，绿地中有广玉兰 ϕ10cm，构树 ϕ12cm，香樟 ϕ8cm，紫穗槐 ϕ5cm，红叶李 ϕ4cm，龙柏球 H100cm$P$120cm，海桐球 H80cm$P$100cm，麦冬 H15cm、400m²。已知场地土壤类型为三类，求清单工程量。

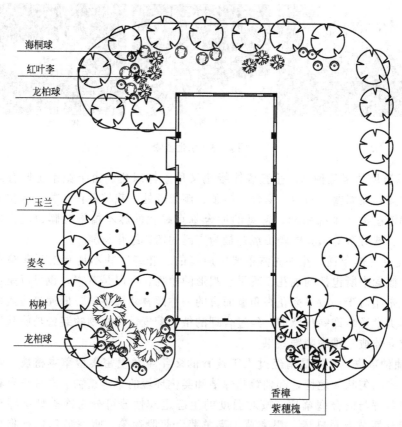

图 4.34　某公园绿地平面图

解：清单工程量计算结果见表 4.1。

表 4.1 某公园绿地分部分项工程量清单

序号	项目编码	项目名称	项目特征	计量单位	工程量
1	050101001001	伐树	ϕ10cm	株	24
2	050101001002	伐树	ϕ12cm	株	3
3	050101001003	伐树	ϕ8cm	株	6
4	050101001004	伐树	ϕ5cm	株	3
5	050101001005	伐树	ϕ4cm	株	7
6	050101003001	砍挖灌木丛及根	H100cm$P$120cm	株	21
7	050101003002	砍挖灌木丛及根	H80cm$P$100cm	株	6
8	050101007001	清除地被植物	麦冬	m²	400

【例 4 - 2】 某校大门入口处有一处绿地 600m²，植物配置如图 4.35 所示，绿地苗木见表 4.2，场地需要进行平整，土壤类型为三类土，需回填种植土 80cm。种植后胸径 5cm以上的乔木采用树棍桩三脚桩支撑，胸径 5cm 以上的乔木进行草绳绕干，所绕高度为1.5m/株，苗木养护期为两年。求清单工程量。

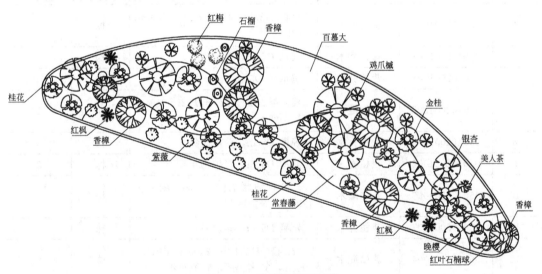

图 4.35 某校绿化平面图

表 4.2 某校绿地苗木表

序号	苗木	规格	单位	数量
1	银杏	ϕ16cm	株	8
2	香樟	ϕ15cm	株	8
3	金桂	H271～300cm P201～250cm	株	17
4	红枫	D5cm	株	4
5	鸡爪槭	D5cm	株	10
6	美人茶	H211～230cm P121～150cm	株	1
7	晚樱	D5cm	株	3

（续）

序号	苗木	规格	单位	数量
8	红梅	D5cm	株	3
9	红叶石楠球	H80～90cm P101～120cm	株	6
10	紫薇	D5cm	株	9
11	石榴	H211～240cm P91～100cm	株	2
12	常春藤	L1.0～1.5m	m²	80（30株/m²）
13	百慕大		m²	500

解：清单工程量计算结果见表4.3、表4.4。

表4.3 某校绿地分部分项工程量清单

序号	项目编码	项目名称	项目特征	计量单位	工程量
1	050101010001	整理绿化用地	种植土回填80cm	m²	600
2	050102001001	栽植乔木	银杏 ϕ16cm，养护两年	株	8
3	050102001002	栽植乔木	香樟 ϕ15cm，养护两年	株	8
4	050102004001	栽植灌木	金桂 H271～300cm P201～250cm，养护两年	株	17
5	050102001003	栽植乔木	红枫 D5cm，养护两年	株	4
6	050102001004	栽植乔木	鸡爪槭 D5cm，养护两年	株	10
7	050102004002	栽植灌木	美人茶 H211～230cm P121～150cm，养护两年	株	1
8	050102001005	栽植乔木	晚樱 D5cm，养护两年	株	3
9	050102001006	栽植乔木	红梅 D5cm，养护两年	株	3
10	050102004003	栽植灌木	红叶石楠球 H80～90cm P101～120cm，养护两年	株	6
11	050102001007	栽植乔木	紫薇 D5cm，养护两年	株	9
12	050102004004	栽植灌木	石榴 H211～240cm P91～100cm，30株/m²，养护两年	株	2
13	050102008001	栽植花卉	常春藤 L1.0～1.5m，养护两年	株	2400
14	050102012001	铺种草皮	百慕大，满铺，养护两年	m²	500

表4.4 某校绿地技术措施项目清单

序号	项目编码	项目名称	项目特征	计量单位	工程量
1	050404002001	草绳绕树干	胸径16cm，所绕树干高度1.5m	株	8
2	050404002002	草绳绕树干	胸径15cm，所绕树干高度1.5m	株	8
3	050404001001	树木支撑架	树棍，三脚桩	株	16

3. 绿化种植工程工程量清单

绿化种植工程工程量清单见表4.5～表4.7。

工程名称：某校大门绿地工程

表 4.5 某校绿地分部分项工程量清单及计价表

第 1 页 共 1 页

序号	项目编码	项目名称	项目特征描述	计量单位	工程量	综合单价（元）	合价（元）	其中		备注
								人工费（元）	机械费（元）	
1	050101010001	整理绿化用地	种植土回填 80cm	m²	600					
2	050102001001	栽植乔木	银杏 φ16cm，养护两年	株	8					
3	050102001002	栽植乔木	香樟 φ15cm，养护两年	株	8					
4	050102004001	栽植灌木	金桂 H271～300cm P201～250cm，养护两年	株	17					
5	050102001003	栽植乔木	红枫 D5cm，养护两年	株	4					
6	050102001004	栽植乔木	鸡爪槭 D5cm，养护两年	株	10					
7	050102004002	栽植灌木	美人茶 H211～230cm P121～150cm，养护两年	株	1					
8	050102001005	栽植乔木	晚樱 D5cm，养护两年	株	3					
9	050102001006	栽植乔木	红梅 D5cm，养护两年	株	3					
10	050102004003	栽植灌木	红叶石楠球 H80～90cm P101～120cm，养护两年	株	6					
11	050102001007	栽植乔木	紫薇 D5cm，养护两年	株	9					
12	050102004004	栽植灌木	石榴 H211～240cm P91～100，养护两年	株	2					
13	050102008001	栽植花卉	常春藤 I1.0～1.5m，30株/m²，养护两年	株	2400					
14	050102012001	铺种草皮	百慕大，满铺，养护两年	m²	500					
			合计							

投标人：（盖章）

法定代表人或委托代理人：（签字或盖章）

表 4.6　某校绿地技术措施项目清单及计价表

工程名称：某校大门绿地工程

第 1 页　共 1 页

序号	项目编码	项目名称	项目特征描述	计量单位	工程量	综合单价（元）	合价（元）	其中		备注
								人工费（元）	机械费（元）	
1	050404002001	草绳绕树干	胸径 16m，所绕树干高度 1.5m	株	8					
2	050404002002	草绳绕树干	胸径 15m，所绕树干高度 1.5m	株	8					
3	050404001001	树木支撑架	树棍，三脚桩	株	16					
合　计										

投标人：（盖章）

法定代表人或委托代理人：（签字或盖章）

表 4.7　某校绿地组织措施项目清单及计价表

工程名称：某校大门绿地工程

第 1 页　共 1 页

序号	项目名称	单位	数量	金额（元）	备注
1	安全文明施工费	项	1		
2	建设工程检验试验费	项	1		
3	提前竣工增加费	项	1		
4	已完工程及设备保护费	项	1		
5	二次搬运费	项	1		
6	夜间施工增加费	项	1		
7	冬雨季施工增加费	项	1		
8	行车、行人干扰增加费	项	1		
合　计					

投标人：（盖章）

法定代表人或委托代理人：（签字或盖章）

4.2.2　绿化种植工程定额工程量的计算

1. 绿化种植工程预算定额工程量的计算规则

《浙江省园林绿化及仿古建筑工程预算定额》(2010 版)包括苗木起挖，苗木栽植，大树迁移，支撑、卷干、遮荫棚，地形改造，绿地整理、滤水层及人工换土，绿地养护等 7 部分。

苗木起挖：起挖乔木、灌木、藤本、散生竹按设计图示数量以"株"计算；起挖丛生竹按设计图示数量以"丛"计算；起挖地被、草皮按设计图示尺寸以面积"m²"计算。

苗木栽植：乔木、亚乔木、灌木的种植、养护以"株"计算；草皮的种植、养护以"m²"计算；单排、双排、三排的绿篱种植、养护，均以"延长米"计算；花卉的种植以"株"计算。

大树迁移：大树起挖、大树栽植、大树砍伐按设计图示数量以"株"计算。

支撑、卷干、遮荫棚：遮荫棚面积按展开面积计算；草绳绕树干长度按草绳所绕部分的树干长度以"m"计算。

地形改造：地形改造按面积"m²"计算。

绿地整理、滤水层及人工换土：绿地整理按设计图示尺寸以面积"m²"计算，垃圾深埋按体积以"m³"计算，陶粒滤水层按体积以"m³"计算，排水阻隔板、土工布滤水层按面积以"m²"计算，人工换土以"株"计算。

绿地养护：攀缘植物的养护，以"株"计算；草本花卉、地被植物的养护按"m²"计算；湿生植物、挺水植物和浮叶植物以"株(丛)"计算，漂浮植物以"m²"计算；竹类植物、球形植物的养护以"株"计算；灌木片植的种植、养护按绿地面积以"m²"计算。

2. 绿化种植工程预算定额工程量的计算

【例 4-3】　根据例 4-1 计算定额工程量。

解： 挖广玉兰 ϕ10cm，24 株；挖构树 ϕ12cm，3 株；挖香樟 ϕ8cm，6 株；挖紫穗槐 ϕ5cm，3 株；挖红叶李 ϕ4cm，7 株；挖龙柏球 H100cm P120cm，21 株，挖海桐球 H80cm P100cm，6 株，挖麦冬 H15cm100m²。

【例 4-4】　根据例 4-2 计算定额工程量。

解： 绿地栽植工程中定额工程量包括绿地整理，苗木栽植，苗木养护，支撑、卷干等。

绿地整理：600m²；种植土回填：$600 \times 0.8 = 480$(m³)。

苗木栽植：栽植银杏 ϕ16cm，8 株；栽植香樟 ϕ15cm，8 株；栽植金桂 H271～300cm$P$201～250cm，17 株；栽植红枫 D5cm，4 株；栽植鸡爪槭 D5cm，10 株；栽植美人茶 P121～150cm，1 株；栽植晚樱 D5cm，3 株；栽植红梅 D5cm，3 株；栽植红叶石楠球 P101～120cm，6 株；栽植紫薇 D5cm，9 株；栽植石榴 P91～100cm，2 株；栽植常春藤 L1.0～1.5m，2400 株，铺种草皮 500m²。

苗木养护：养护银杏 ϕ16cm，8 株；养护香樟 ϕ15cm，8 株；养护金桂 P201～250cm，17 株；养护红枫 D5cm，4 株；养护鸡爪槭 D5cm，10 株；养护美人茶 P121～150cm，1 株；养护晚樱 D5cm，3 株；养护红梅 D4cm，3 株；养护红叶石楠球 P101～120cm，6 株；养护紫薇 D5cm，9 株；养护石榴 P91～100cm，2 株；养护常春藤 L1.0～1.5m，2000 株，养护草皮 500m²。

树木支撑：银杏、香樟等 2 种植物需要进行支撑，共计 8＋8＝16（株）。

草绳绕树干：胸径在 5cm 以上时，需要进行草绳绕树干，草绳绕树干以所绕树干的高度计算，一般草绳绕到树木的枝下高。银杏、香樟 2 种植物均绕 1.5m，即 1.5×8＝12（m）。

4.3 绿化种植工程计价

4.3.1 定额计价法绿化种植工程计价

1. 绿化种植工程的定额套取与换算

《浙江省园林绿化及仿古建筑工程预算定额》(2010 版)计价说明规定如下。

(1) 种植定额包括种植前的准备，种植过程中的工料、机械费用和种植完工验收前的苗木养护费用。养护定额为种植完工验收后的绿地养护费用。

(2) 起挖或栽植树木均以一、二类土为计算标准，如为三类土，人工乘以系数 1.34，四类土则人工乘以系数 1.76，冻土则人工乘以系数 2.20。

(3) 设计未注明土球直径时，乔木按胸径的 8 倍计算，不能按胸径计算时，则按地径的 7 倍计算土球直径，灌木或亚乔木按其蓬径的 1/3 计算土球直径。胸径是指离地面 1.2m 高处的树干直径，地径是指离地面 0.3m 高处的树干直径。

(4) 反季节种植的人工、材料、机械及养护等费用按时结算。根据植物品种在不适宜其种植的季节(一般在每年的 1 月、2 月、7 月、8 月)种植，视作反季节种植。

(5) 绿化养护定额适用于苗木种植后的初次养护。定额的养护期为一年，实际养护期非一年的，定额按比例换算。

(6) 灌木片植是指每块种植的绿地面积在 5m² 以上，种植密度每 m² 大于 6 株，且 3 排以上排列的一种成片栽植形式。

【例 4-5】 某公园内有一绿地，现重新整修，需要把以前所种的植物全部以带土球的方式移走，绿地面积为 500m²。绿地中有广玉兰 ϕ10cm，构树 ϕ12cm，香樟 ϕ8cm，紫穗槐 ϕ5cm，红叶李 ϕ4cm，龙柏球 H100cmP120cm，海桐球 H80cmP100cm，麦冬 H15cm，400m²。已知场地土壤类型为三类，定额节选见表 4.8，请确定定额子目与基价。

表 4.8 绿地整修定额节选　　　　　计量单位：10 株

定额编号	1-2	1-3	1-4	1-5	1-24	1-25	1-52
项目	起挖乔木(带土球)				起挖灌木(带土球)		起挖地被
	土球直径(cm)						
	40 以内	60 以内	80 以内	100 以内	30 以内	40 以内	
基价(元)	57	136	386	664	33	57	13
人工费(元)	35.36	92.48	182.24	394.4.	21.76	40.80	13.26
材料费(元)	21.60	43.20	64.80	108.00	10.80	16.20	—
机械费(元)	—	—	139.41	161.18	—	—	

解：

（1）起挖广玉兰：土球直径为胸径的 8 倍，土球直径为 $10 \times 8 = 80(\mathrm{cm})$，套用定额 1-4。土壤类型为三类土，人工系数乘以 1.34。换算后基价为：$182.24 \times 1.34 + 64.80 + 139.41 = 448.41$（元/10 株）。

（2）起挖构树：土球直径为 $12 \times 8 = 96(\mathrm{cm})$，套用定额 1-5。换算后基价为：$394.40 \times 1.34 + 108 + 161.18 = 797.68$（元/10 株）。

（3）起挖香樟：土球直径为 $8 \times 8 = 64(\mathrm{cm})$，套用定额 1-4。换算略。

（4）起挖紫穗槐：土球直径为 $5 \times 8 = 40(\mathrm{cm})$，套用定额 1-2。换算后基价为：$35.36 \times 1.34 + 21.60 = 68.98$（元/10 株）。

（5）起挖红叶李：土球直径为 $4 \times 8 = 32(\mathrm{cm})$，套用定额 1-2。换算略。

（6）起挖龙柏球：土球直径为其蓬径的 1/3，土球直径为 $120 \div 3 = 40(\mathrm{cm})$，套用定额 1-25。换算后基价为：$57 + 40.8 \times 0.34 = 70.87$（元/10 株）。

（7）起挖海桐球：土球直径为 $100 \div 3 = 33(\mathrm{cm})$，套用定额 1-25。换算略。

（8）起挖麦冬：套用定额 1-52。换算后基价为：$13 + 13.26 \times 0.34 = 17.8$（元/10m²）。

【例 4-6】 根据例 4-2 确定相应定额子目与基价，相关定额节选见表 4.9~表 4.15。

表 4.9 例 4-6 定额 1　　　　计量单位：10 株

定额编号	1-56	1-60	1-61	1-79	1-80	1-82
项目	栽植乔木（带土球）			栽植灌木（带土球）		
	土球直径（cm）					
	40 以内	120 以内	140 以内	40 以内	50 以内	70 以内
基价（元）	49	733	1082	42	65	222
人工费（元）	48.00	496.00	745.60	40.80	62.56	125.12
材料费（元）	1.48	11.80	14.75	1.48	2.21	3.69
机械费（元）	—	225.40	322.03	—	—	92.96

表 4.10 例 4-6 定额 2　　　　计量单位：100m²

定额编号	1-118	1-119	1-120	1-121	1-122
项目	栽植草皮				
	散铺	满铺	直生带	籽播	喷播
基价（元）	382	518	347	270	217
人工费（元）	367.20	503.20	331.84	263.84	211.07
材料费（元）	14.75	14.75	14.75	5.90	5.90
机械费（元）	—	—	—	—	—

表 4.11 例 4 - 6 定额 3　　　　　　　　　　　　　　　计量单位：100 株

定额编号	1 - 123	1 - 124
项目	栽植花卉	
	草本花	球根类
基价(元)	17	26
人工费(元)	15.13	24.14
材料费(元)	1.44	1.87
机械费(元)	—	—

表 4.12　例 4 - 2 定额节选

定额编号	1 - 210	4 - 63
项目	绿地平整	回填土(松填)
	10m²	10m³
基价(元)	15	24
人工费(元)	15.24	23.59
材料费(元)	—	—
机械费(元)	—	—

表 4.13　例 4 - 6 定额 4　　　　　　　　　　　　　　　计量单位：10 株

定额编号	1 - 241	1 - 245	1 - 247	1 - 276	1 - 277	1 - 297
项目	常绿乔木	落叶乔木		灌木		球形植物
	胸径(cm)			高度(cm)		蓬径(cm)
	20 以内	5 以内	20 以内	250 以内	250 以上	150 以内
基价(元)	329	140	363	71	106	113
人工费(元)	256.90	78.61	282.61	24.67	37.01	54.10
材料费(元)	30.77	22.87	31.71	20.41	30.61	26.32
机械费(元)	41.37	38.69	48.27	25.63	38.46	32.94

表 4.14　例 4 - 6 定额 5　　　　　　　　　　　　　　　计量单位：10m²

定额编号	1 - 306	1 - 308	1 - 309
项目	地被植物	暖地型草坪	
		散铺	满铺
基价(元)	49	38	34
人工费(元)	20.40	22.60	17.31
材料费(元)	14.62	5.35	5.26
机械费(元)	13.79	9.58	11.49

表 4.15 例 4-6 定额 6 计量单位：10m

定额编号	1-189	1-194	1-199	1-200
项目	树棍桩(10 株)	毛竹桩(10 株)	草绳绕树干(10m)	
	三脚桩		胸径(cm)	
			15 以内	20 以内
基价(元)	125	431	33	45
人工费(元)	16.32	16.32	13.60	19.04
材料费(元)	108.80	415.15	19.44	25.92
机械费(元)	—	—	—	—

解：

(1) 绿地整理：套用定额 1-210，基价为 15.24 元/$10m^2$。

(2) 种植土回填：《浙江省园林绿化及仿古建筑工程预算完额》(2010 版)第一章园林绿化工程未设有回填子目，需套用第四章土方工程的定额子目，查定额得知，套用定额 4-63。因定额 4-63 是以原土回填考虑的，所以需要进行基价的换算，将种植土的材料费计入基价。种植土市场价为 25 元/m^3。换算后基价为：$23.59+25×10=273.59(元/10m^3)$。

(3) 栽植银杏：土球直径为胸径的 8 倍，土球直径为 $16×8=128(cm)$，套用定额 1-61。土壤类型为三类土，人工系数乘以 1.34。换算后基价为：$745.60×1.34+14.75+322.03=1335.88(元/10 株)$。

(4) 栽植香樟：土球直径为 $15×8=120(cm)$，套用定额 1-60。土壤类型为三类土，人工系数乘以 1.34，换算后基价为：$496×1.34+11.80+225.40=901.84(元/10 株)$。

(5) 栽植金桂：土球直径为 $201÷3=67(cm)$，套用定额 1-82。土壤类型为三类土，人工系数乘以 1.34，换算后基价为：$125.12×1.34+3.69+92.96=264.31(元/10 株)$。

(6) 栽植红枫：土球直径为 $5×7=35(cm)$，套用定额 1-56。土壤类型为三类土，人工系数乘以 1.34，换算后基价为：$48×1.34+1.48=65.8(元/10 株)$。

(7) 栽植鸡爪槭：土球直径为 $5×7=35(cm)$，套用定额 1-56。换算略。

(8) 栽植美人茶：土球直径为 $121÷3=40.3(cm)$，套用定额 1-80。土壤类型为三类土，人工系数乘以 1.34，换算后基价为：$62.56×1.34+2.21=86.04(元/10 株)$。

(9) 栽植晚樱：土球直径为 $5×7=35(cm)$，套用定额 1-56。换算略。

(10) 栽植红梅：土球直径为 $5×7=35(cm)$，套用定额 1-56。换算略。

(11) 栽植红叶石楠球：土球直径为 $101÷3=33.67(cm)$，套用定额 1-79。土壤类型为三类土，人工系数乘以 1.34，换算后基价为：$40.8×1.34+1.48=56.15(元/10 株)$。

(12) 栽植紫薇：土球直径为 $5×7=35(cm)$，套用定额 1-56。换算略。

（13）栽植石榴：土球直径为 91÷3＝30.33(cm)，套用定额 1－79。换算略。

（14）栽植常春藤：套用定额 1－123。土壤类型为三类土，人工系数乘以 1.34，换算后基价为：15.13×1.34＋1.44＝21.71(元/100 株)。

（15）栽植百大慕：草坪以满铺草皮的方式铺种，套用定额 1－119。土壤类型为三类土，人工系数乘以 1.34，换算后基价为：503.2×1.34＋14.75＝689.04(元/100m²)。

（16）养护银杏：银杏为落叶乔木，胸径 16cm，套用定额 1－247。养护两年，定额基价乘以 2，换算后基价为：363×2＝726(元/10 株)。

（17）养护香樟：香樟为常绿乔木，胸径 15cm，套用定额 1－241。养护两年，定额基价乘以 2，换算后基价为：329×2＝658(元/10 株)。

（18）养护金桂：金桂为常绿灌木，高度 271～300cm，套用定额 1－277。养护两年，定额基价乘以 2，换算后基价为：106×2＝212(元/10 株)。

（19）养护红枫：红枫为落叶乔木，地径 5cm，套用定额 1－245。养护两年，定额基价乘以 2，换算后基价为：140×2＝280(元/10 株)。

（20）养护鸡爪槭：鸡爪槭为落叶乔木，地径 5cm，套用定额 1－245。换算略。

（21）养护美人茶：美人茶为常绿灌木，高度 211～230cm，套用定额 1－276。养护两年，定额基价乘以 2，换算后基价为：71×2＝142(元/10 株)。

（22）养护晚樱：晚樱为落叶小乔木，地径 5cm，套用定额 1－245。换算略。

（23）养护红梅：红梅为落叶乔木，地径 5cm，套用定额 1－245。换算略。

（24）养护红叶石楠球：红叶石楠球为球形植物，蓬径 101～120cm，套用定额 1－297。养护两年，定额基价乘以 2，换算后基价为：113×2＝226(元/10 株)。

（25）养护紫薇：紫薇为落叶小乔木，地径 5cm，套用定额 1－245。换算略。

（26）养护石榴：石榴为落叶小乔木或灌木，高度 211～240cm，套用定额 1－276。换算略。

（27）养护常春藤：常春藤从植物学分类角度看属于藤本植物，但它与木质藤本紫藤不同，常春藤通常以铺地形式栽植，作为下层的地被植物应用，在养护时应按地被植物进行养护，所以套用定额 1－306。养护两年，定额基价乘以 2，换算后基价为：49×2＝98(元/10m²)。

（28）养护百大慕：百大慕属于暖季型草坪草，套用定额 1－309。养护两年，定额基价乘以 2，换算后基价为：34×2＝68(元/10m²)。

（29）树木支撑：树棍三脚桩支撑套用定额 1－189，定额基价直接套用，基价为 125(元/10 株)。

（30）草绳绕干：银杏 ϕ16cm 套用定额 1－200，定额基价直接套用，基价为 45 元/10m；香樟 ϕ15cm 套用定额 1－199，定额基价直接套用，基价为 33 元/10m。

2. 绿化种植工程预算书编制

【例 4－7】 杭州某校大门入口处有一处绿地 600m²，植物配置如图 4.35 所示，场地需要进行平整，土壤类型为三类土，需回填种植土 80cm，种植后胸径 5cm 以上的乔木采用树棍桩三脚桩支撑，胸径 5cm 以上的乔木进行草绳绕干，所绕高度为 1.5m/株，苗木养护期为两年。其中种植土到场价为 25 元/m³，银杏 2000 元/株，香樟 720 元/株，金桂 450 元/株，红枫 250 元/株，鸡爪槭 200 元/株，美人茶 80 元/株，晚樱 50 元/株，红梅 66 元/株，红叶石楠球 90 元/株，紫薇 80 元/株，石榴 40 元/株，常春藤 0.54 元/株，百慕大 4.5 元/m^2。除种植土、苗木价格按照上述到场价计取外，人工、机械、其他材料均按照定额相应价格计取。各项费率按中值取费，请编制该绿化种植工程预算书。

解：

该校大门绿地预算书封面、编制说明、费用计算表见表 4.16～表 4.18。

分部分项工程预算书、技术措施项目预算书见表 4.19、表 4.20。

表 4.16 某校大门绿地预算书封面

<u>　　　某校大门绿地　　　</u>工程
预 算 书
预算价(小写)：<u>　　　74759　　　</u>元
(大写)：<u>　柒万肆仟柒佰伍拾玖　</u>元
编制人：<u>　　　　　　</u>(造价员签字盖专用章)
复核人：<u>　　　　　　</u>(造价工程师签字盖专用章)
编制单位：(公章)　　　　　　　　　　编制时间： 年 月 日

表 4.17 某校大门绿地预算编制说明

编 制 说 明
一、工程概况
本工程是某校大门绿地工程，位于某市环城北路。绿地面积 600m^2，工程内容有乔木、灌木、地被、草坪的种植与养护。
二、编制依据
1. 某高校南大门绿地工程施工图纸。
2. 《浙江省园林绿化及仿古建筑工程预算定额》(2010 版)。
3. 《浙江省建设工程施工费用定额》(2010 版)。
4. 《浙江省施工机械台班费用定额参考单价》(2010 版)。
5. 材料价格按浙江省 2012 年第 5 期信息价。
6. 人工价格按定额价。
三、编制说明
1. 本工程规费按浙江省建设工程施工取费定额计取，农民工工伤保险费按 0.114% 计取；税金按市区税金 3.577% 计取。
2. 本工程综合费用按单独绿化工程三类中值考虑；取费基数为人工费＋机械费。
3. 安全文明施工费、建设工程检验试验费、已完工程及设备保护费、二次搬运费均按《浙江省建设工程施工取费定额》(2010 版)相应的中值计入。
4. 苗木养护按两年考虑。

表 4.18 某校大门绿地单位工程预算费用计算表

工程名称：某校大门绿地工程

序号	费用名称		计算公式	金额（元）
一	直接工程费＋施工技术措施费		按计价规则规定计算	65153
	其中	1. 人工费＋机械费	$\sum$（定额人工费＋定额机械费）	13918
二	施工组织措施费			548
	其中	2. 安全文明施工费	$1\times3.15\%$	438
		3. 建设工程检验试验费	$1\times0.22\%$	31
		4. 冬雨季施工增加费	$1\times0.24\%$	33
		5. 夜间施工增加费	$1\times0.04\%$	6
		6. 已完工程及设备保护费	$1\times0.08\%$	11
		7. 二次搬运费	$1\times0.21\%$	29
		8. 行人、行车干扰增加费	$1\times0\%$	0
		9. 提前竣工增加费	$1\times0\%$	0
		10. 其他施工组织措施费	按相关规定计算	0
三	企业管理费		$1\times13\%$	1809
四	利润		$1\times22\%$	3062
五	规费			1605
	11. 排污费、社保费、公积金		$1\times10.94\%$	1523
	12. 民工工伤保险费		（一＋二＋三＋四＋六＋七＋八＋11＋13）$\times0.114\%$	82
	13. 危险作业意外伤害保险费		按各市有关规定计算	0
六	总承包服务费			0
	14. 总承包管理和协调费		分包项目工程造价$\times0\%$	0
	15. 总承包管理、协调和服务费		分包项目工程造价$\times0\%$	0
	16. 甲供材料设备管理服务费		甲供材料设备费$\times0\%$	0
七	风险费		（一＋二＋三＋四＋五＋六）$\times0\%$	0
八	暂列金额		（一＋二＋三＋四＋五＋六＋七）$\times0\%$	0
九	税金		（一＋二＋三＋四＋五＋六＋七＋八）$\times3.577\%$	2582
十	建设工程造价		一＋二＋三＋四＋五＋六＋七＋八＋九	74759

表 4.19　某校大门绿地工程预算书(分部分项工程)

工程名称：某校大门绿地工程　　　　　　　　　　　　　　　　　第1页 共2页

序号	编号	名称	单位	数量	单价(元)	人工费	材料费	机械费	合价(元)
		绿地整理							14047.20
1	1-210	绿地平整	10m²	60.000	15.24	15.24	0.00	0.00	914.40
2	4-63换	回填土 松填	10m³	48.000	273.60	23.60	250.00	0.00	13132.80
		苗木栽植							44165.21
3	1-61换	栽植乔木(带土球)土球直径140cm以内三类土栽植	10株	0.800	1335.87	999.10	14.75	322.02	1068.70
4	主材	银杏 φ16cm	株	8.000	2000.00	0.00	2000.00	0.00	16000.00
5	1-60换	栽植乔木(带土球)土球直径120cm以内三类土栽植	10株	0.800	901.83	664.64	11.80	225.39	721.46
6	主材	香樟 φ15cm	株	8.000	720.00	0.00	720.00	0.00	5760.00
7	1-82换	栽植灌木、藤本(带土球)土球直径70cm以内三类土栽植	10株	1.700	264.30	167.66	3.69	92.95	449.31
8	主材	金桂 H271～300cm P201～250cm	株	17.000	450.00	0.00	450.00	0.00	7650.00
9	1-56换	栽植乔木(带土球)土球直径40cm以内三类土栽植	10株	0.400	65.80	64.32	1.48	0.00	26.32
10	主材	红枫 D5cm	株	4.000	250.00	0.00	250.00	0.00	1000.00
11	1-56换	栽植乔木(带土球)土球直径40cm以内三类土栽植	10株	1.000	65.80	64.32	1.48	0.00	65.80
12	主材	鸡爪槭 D5cm	株	10.000	200.00	0.00	200.00	0.00	2000.00
13	1-80换	栽植灌木、藤本(带土球)土球直径50cm以内三类土栽植	10株	0.000	86.04	83.83	2.21	0.00	0.00
14	主材	美人茶 H211～230cm P121～150cm	株	1.000	80.00	0.00	80.00	0.00	80.00
15	1-56换	栽植乔木(带土球)土球直径40cm以内三类土栽植	10株	0.300	65.80	64.32	1.48	0.00	19.74
16	主材	晚樱 D5cm	株	3.000	50.00	0.00	50.00	0.00	150.00
17	1-56换	栽植乔木(带土球)土球直径40cm以内三类土栽植	10株	0.300	65.80	64.32	1.48	0.00	19.74
18	主材	红梅 D5cm	株	3.000	66.00	0.00	66.00	0.00	198.00
19	1-79换	栽植灌木、藤本(带土球)土球直径40cm以内三类土栽植	10株	0.600	56.15	54.67	1.48	0.00	33.69
20	主材	红叶石楠球 H80～90cm P101～120cm	株	6.000	90.00	0.00	90.00	0.00	540.00

（续）

序号	编号	名称	单位	数量	单价(元)	单价组成(元)			合价(元)
						人工费	材料费	机械费	
21	1−56 换	栽植乔木(带土球)土球直径 40cm 以内三类土栽植	10 株	0.900	65.80	64.32	1.48	0.00	59.22
22	主材	紫薇 D5cm	株	9.000	80.00	0.00	80.00	0.00	720.00
23	1−79 换	栽植灌木、藤本(带土球)土球直径 40cm 以内三类土栽植	10 株	0.200	56.15	54.67	1.48	0.00	11.23
24	主材	石榴 H211～240cm P91～100	株	2.000	40.00	0.00	40.00	0.00	80.00
25	1−123 换	栽植花卉草本花三类土栽植	100 株	24.000	21.70	20.26	1.44		520.80
26	主材	常春藤 L1.0～1.5m	株	2400.000	0.54	0.00	0.54	0.00	1296.00
27	1−119 换	栽植草皮满铺三类土栽植	100m²	5.000	689.04	674.29	14.75	0.00	3445.20
28	主材	百慕大	m²	500.000	4.50	0.00	4.50	0.00	2250.00
		苗木养护							6646.64
29	1−247*2	落叶乔木胸径 20cm 以内	10 株	0.800	725.15	565.20	63.42	96.53	580.12
30	1−241*2	常绿乔木胸径 20cm 以内	10 株	0.800	658.12	513.84	61.54	82.74	526.50
31	1−277*2	灌木高度 250cm 以上	10 株	1.700	211.81	74.00	61.20	76.61	360.08
32	1−245*2	落叶乔木胸径 5cm 以内	10 株	0.400	280.32	157.20	45.74	77.38	112.13
33	1−245*2	落叶乔木胸径 5cm 以内	10 株	1.000	280.32	157.20	45.74	77.38	280.32
34	1−276*2	灌木高度 250cm 以内	10 株	0.100	141.49	49.36	40.80	51.33	14.15
35	1−245*2	落叶乔木胸径 5cm 以内	10 株	0.300	280.32	157.20	45.74	77.38	84.10
36	1−245*2	落叶乔木胸径 5cm 以内	10 株	0.300	280.32	157.20	45.74	77.38	84.10
37	1−297*2	球形植物蓬径 150cm 以内	10 株	0.600	226.69	108.16	52.64	65.89	136.01
38	1−245*2	落叶乔木胸径 5cm 以内	10 株	0.900	280.32	157.20	45.74	77.38	252.29
39	1−276*2	灌木高度 250cm 以内	10 株	0.200	141.49	49.36	40.80	51.33	28.30
40	1−306*2	地被植物	10m²	8.000	97.63	40.80	29.25	27.58	781.04
41	1−309*2	暖地型草坪满铺	10m²	50.000	68.15	34.64	10.53	22.98	3407.50
		合　　计							64859.05

表 4.20 某校大门绿地工程预算书(技术措施项目)

工程名称:某高校南大门绿地工程　　　　　　　　　　　　　　　第1页 共1页

序号	编号	名称	单位	数量	单价(元)	单价组成(元)			合价(元)
						人工费	材料费	机械费	
1	1-189	树棍桩三脚桩	10株	1.600	125.12	16.32	108.80	0.00	200.19
2	1-199	草绳绕树干胸径 15cm 以内	10m	1.200	33.04	13.60	19.44	0.00	39.65
3	1-200	草绳绕树干胸径 20cm 以内	10m	1.200	44.96	19.04	25.92	0.00	53.95
		合　　计							293.79

4.3.2 清单计价法绿化种植工程计价

1. 绿化种植工程项目综合单价分析

综合单价是指完成一个规定计量单位的分部分项工程量清单项目或措施清单项目等所需的人工费、材料费、施工机械使用费和企业管理费与利润,以及一定范围内的风险费用。

根据例 4-2 所提供的绿化工程工程量清单见表 4.21 和表 4.22,另根据例 4-7 的背景资料,现依此进行综合单价分析。

表 4.21 某校大门绿地分部分项工程量清单

序号	项目编码	项目名称	项目特征	计量单位	工程量
1	050101010001	整理绿化用地	三类土,种植土回填 80cm	m²	600
2	050102001001	栽植乔木	银杏 φ16cm,养护两年	株	8
3	050102001002	栽植乔木	香樟 φ15cm,养护两年	株	8
4	050102004001	栽植灌木	金桂 H271~300cm P201~250cm,养护两年	株	17
5	050102001003	栽植乔木	红枫 D5cm,养护两年	株	4
6	050102001004	栽植乔木	鸡爪槭 D5cm,养护两年	株	10
7	050102004002	栽植灌木	美人茶 H211~230cm P121~150cm,养护两年	株	1
8	050102001005	栽植乔木	晚樱 D5cm,养护两年	株	3
9	050102001006	栽植乔木	红梅 D5cm,养护两年	株	3
10	050102004003	栽植灌木	红叶石楠球 H80~90cm P101~120cm,养护两年	株	6
11	050102001007	栽植乔木	紫薇 D5cm,养护两年	株	9
12	050102004004	栽植灌木	石榴 H211~240cm P91~100cm,养护两年	株	2
13	050102008001	栽植花卉	常春藤 L1.0~1.5m,养护两年	株	2400
14	050102012001	铺种草皮	百慕大,满铺,养护两年	m²	500

表 4.22　某校绿地技术措施项目清单

序号	项目编码	项目名称	项目特征	计量单位	工程量
1	050404002001	草绳绕树干	胸径 15cm，所绕树干高度 1.5m	株	8
2	050404002002	草绳绕干	胸径 15cm，所绕树干高度 1.5m	株	8
3	050404001001	树木支撑架	树棍，三脚桩	株	16

1）整理绿化用地综合单价分析

整理绿化用地包括绿地平整与种植土回填两项工程内容，整理绿化用地的综合单价应包括绿地平整与种植土回填两项费用。

（1）绿地平整：套用定额 1-210，定额工程量为 60（10m²）。

人工费：15.24 元/10m²；

材料费：0 元/10m²；

机械费：0 元/10m²；

管理费：$15.24 \times 13\% = 1.98$（元/10m²）；

利润：$15.24 \times 22\% = 3.35$（元 10/m²）。

小计：$15.24 + 0 + 0 + 1.98 + 3.35 = 20.57$（元/10m²）。

（2）种植土回填：套用定额 4-63 换。定额工程量为 $600 \times 0.8/10 = 48$（10m³）。

人工费：23.59 元/10m³；

材料费：250 元/10m³（主材价格需要补充，种植土材料市场价格为 25 元/m³）；

机械费：0 元/10m³；

管理费：$23.59 \times 13\% = 3.07$（元/10m³）；

利润：$23.59 \times 22\% = 5.19$（元/10m³）。

小计：$23.59 + 250 + 0 + 3.07 + 5.19 = 281.85$（元/10m³）。

（3）整理绿化用地综合单价。清单工程量为 600m²。

人工费：$(15.24 \times 60 + 23.59 \times 48)/600 = 3.41$（元/m²）；

材料费：$250 \times 48/600 = 20$（元/m²）；

机械费：0 元/m²；

管理费：$(1.98 \times 60 + 3.07 \times 48)/600 = 0.44$（元/m²）；

利润：$(3.35 \times 60 + 5.19 \times 48)/600 = 0.75$（元/m²）。

综合单价：$3.41 + 20 + 0 + 0.44 + 0.75 = 24.60$（元/m²）。

整理绿化用地综合单价分析表见表 4.23。

表 4.23　整理绿化用地综合单价分析表

项目编码	项目名称	计量单位	数量	综合单价（元）						合计（元）
				人工费	材料费	机械费	管理费	利润	小计	
050101010001	整理绿化用地	m²	600	3.41	20.00	0.00	0.44	0.75	24.60	14760.00
1-210	绿地平整	10m²	60	15.24	0.00	0.00	1.98	3.35	20.57	1234.20
4-63 换	回填土（松填）	10m³	48	23.59	250.00	0.00	3.07	5.19	281.85	13528.80

注：表中的数据小数点按四舍五入法取两位小数，整理绿化费用合计为 $600 \times 24.60 = 14760.00$（元），与绿地平整和回填土合计 $1234.20 + 13528.80 = 14763.00$（元）存在微小的偏差，是因小数点取位所致。）

2）栽植银杏综合单价分析

栽植银杏工程包括栽植、养护两项工程内容。

（1）栽植银杏带土球：套用定额 1-61 换。定额工程量 0.8（10 株）。

人工费：$745.60 \times 1.34 = 999.10$（元/10 株）；

材料费：14.75 元/10 株；

主材：20000 元/10 株；

机械费：322.03 元/10 株；

管理费：$(999.10 + 322.03) \times 13\% = 171.75$（元/10 株）；

利润：$(999.10 + 322.03) \times 22\% = 290.65$（元/10 株）。

小计：$999.10 + 14.75 + 20000 + 322.03 + 171.15 + 290.65 = 21797.68$（元/10 株）。

（2）养护落叶乔木银杏，养护两年，套用定额 1-247*2。定额工程量 0.8（10 株）。

人工费：$282.61 \times 2 = 565.22$（元/10 株）；

材料费：$31.71 \times 2 = 63.42$（元/10 株）；

机械费：$48.27 \times 2 = 96.54$（元/10 株）；

管理费：$(565.22 + 96.54) \times 13\% = 86.03$（元/10 株）；

利润：$(565.22 + 96.54) \times 22\% = 145.58$（元/10 株）。

小计：$565.22 + 63.42 + 96.54 + 86.03 + 145.58 = 956.79$（元/10 株）。

（3）栽植银杏综合单价。清单工程量为 8 株。

人工费：$(999.10 \times 0.8 + 565.22 \times 0.8)/8 = 156.43$（元/株）；

材料费：$(14.75 \times 0.8 + 20000 \times 0.8 + 63.42 \times 0.8)/8 = 2007.82$（元/株）；

机械费：$(322.03 \times 0.8 + 96.54 \times 0.8)/8 = 41.86$（元/株）；

管理费：$(171.75 \times 0.8 + 86.03 \times 0.8)/8 = 25.78$（元/株）；

利润：$(290.65 \times 0.8 + 145.58 \times 0.8)/8 = 43.62$（元/株）。

综合单价：$156.43 + 2007.82 + 41.86 + 25.78 + 43.62 = 2275.51$（元/株）。

栽植银杏综合单价分析表见表 4.24。

表 4.24 栽植银杏综合单价分析表

项目编码	项目名称	计量单位	数量	综合单价（元）						合计（元）
				人工费	材料费	机械费	管理费	利润	小计	
050102001001	栽植乔木	株	8	156.43	2007.82	41.86	25.78	43.62	2275.51	18207.08
1-61 换	栽植乔木（带土球）土球直径 140 以内 三类土栽植	10 株	0.8	999.10	20014.75	322.03	171.75	290.65	21797.68	17438.14
1-247×2	落叶乔木胸径 20 以内	10 株	0.8	565.22	63.42	96.54	86.03	145.58	956.79	765.43

3）栽植金桂综合单价分析

栽植金桂综合单价分析表见表 4.25。

表 4.25　栽植金桂综合单价分析表

项目编码	项目名称	计量单位	数量	综合单价(元)						合计(元)
				人工费	材料费	机械费	管理费	利润	小计	
050102004001	栽植灌木	株	17	24.17	456.49	16.99	5.35	9.06	512.06	8705.02
1-82 换	栽植灌木(带土球)土球直径70cm 以内三类土栽植	10株	1.7	167.66	4503.69	92.96	33.88	57.34	4855.53	8254.40
1-277×2	灌木高度250cm 以上	10株	1.7	74.02	61.22	76.92	19.62	33.21	264.99	450.48

4)栽植常春藤综合单价分析

栽植常春藤综合单价分析表见表 4.26。

表 4.26　栽植常春藤综合单价分析表

项目编码	项目名称	计量单位	数量	综合单价(元)						合计(元)
				人工费	材料费	机械费	管理费	利润	小计	
050102008001	栽植花卉	株	2400	0.34	0.65	0.09	0.06	0.10	1.24	2976.00
1-123 换	栽植花卉草本花三类土栽植	100株	24	20.27	55.44	0	2.63	4.46	82.80	1987.20
1-306×2	地被植物	10m²	8	40.80	29.24	27.58	8.89	15.04	121.55	972.40

5)栽植百慕大综合单价分析

栽植百慕大综合单价分析表见表 4.27。

表 4.27　栽植百慕大综合单价分析表

项目编码	项目名称	计量单位	数量	综合单价(元)						合计(元)
				人工费	材料费	机械费	管理费	利润	小计	
050102012001	铺种草皮	m²	500	10.20	5.70	2.30	1.63	2.75	22.58	11290.00
1-119 换	栽植草皮满铺三类土栽植	100m²	5	674.29	464.75	0	87.66	148.34	1375.04	6875.20
1-309 * 2	暖地型草坪满铺	10m²	50	34.62	10.52	22.98	7.49	12.67	88.28	4414.00

6）草绳绕银杏综合单价分析

草绳绕银杏综合单价分析表见表4.28。

表4.28 草绳绕银杏综合单价分析表

项目编码	项目名称	计量单位	数量	综合单价（元）						合计（元）
				人工费	材料费	机械费	管理费	利润	小计	
050404002001	草绳绕树干	株	8	2.86	3.89	0	0.37	0.63	7.75	62.0
1-200	草绳绕树干胸径20cm以内	10m	1.2	19.04	25.92	0	2.48	4.19	51.63	61.96

7）树木支撑架合单价分析

树木支撑综合单价分析表见表4.29。

表4.29 树木支撑综合单价分析表

项目编码	项目名称	计量单位	数量	综合单价（元）						合计（元）
				人工费	材料费	机械费	管理费	利润	小计	
050901001001	树木支撑架	株	16	1.63	10.88	0	0.21	0.36	13.08	209.28
1-189	树棍桩三脚桩	10株	1.6	16.32	108.80	0	2.12	3.59	130.83	209.33

2. 绿化种植工程工程量清单计价

某校大门绿地工程投标报价书见表4.30～表4.37。

表4.30 某校大门绿地工程投标报价书封面

投 标 总 价

建设单位：_____

工程名称： 某校大门绿地工程

投标总价（小写）： 74765.30 元

（大写）：柒万肆仟柒佰陆拾伍元叁角

投标人：_____ （单位盖章）

法定代表人：_____ （签字或盖章）

编制人：_____ （签字及盖执业专用章）

编制时间： 年 月 日

表 4.31 某校大门绿地工程投标报价编制说明

编 制 说 明

一、工程概况

本工程是某校大门绿地工程，位于某市环城北路。绿地面积 600m²，工程内容有乔木、灌木、地被、草坪的种植与养护。

二、编制依据

1. 某高校南大门绿地工程施工图纸。

2. 《浙江省园林绿化及仿古建筑工程预算定额》（2010 版）。

3. 《浙江省建设工程施工费用定额》（2010 版）。

4. 《浙江省施工机械台班费用定额参考单价》（2010 版）。

5. 材料价格按浙江省 2012 年第 5 期信息价。

6. 人工价格按定额价。

三、编制说明

1. 本工程规费按浙江省建设工程施工取费定额计取，农民工工伤保险费按 0.114% 计取；税金按市区税金 3.577% 计取。

2. 本工程综合费用按单独绿化工程三类中值考虑；取费基数为人工费＋机械费。

3. 安全文明施工费、建设工程检验试验费、已完工程及设备保护费、二次搬运费均按《浙江省建设工程施工取费定额》（2010 版）相应的中值计入。

4. 苗木养护按两年考虑。

表 4.32 某校大门绿地单位工程报价汇总表

工程名称：某校大门绿地工程

序号	内容	报价合计(元)
一	分部分项工程量清单	69712.27
二	措施项目清单(1＋2)	865.81
1	组织措施项目清单	549.13
2	技术措施项目清单	316.68
三	其他项目清单	0.00
四	规费(3＋4＋5)	1605.22
3	排污费、社保费、公积金	1523.56
4	危险作业意外伤害保险费	0.00
5	民工工伤保险费［(一＋二＋三＋3＋4)×0.114%］	81.66
五	税金［(一＋二＋三＋四)×3.577%］	2582.00
六	总报价(一＋二＋三＋四＋五)	74765.30
总报价(大写)：柒万肆仟柒佰陆拾伍元叁角		

表4.33 某校大门绿地分部分项工程量清单及计价表

工程名称：某校大门绿地工程

序号	项目编码	项目名称	项目特征描述	计量单位	工程量	综合单价（元）	合价（元）	人工费（元）	机械费（元）
								其中	
1	050101010001	整理绿化用地	种植土回填80cm	m²	600	24.60	14760.00	2046	0
2	050102001001	栽植乔木	银杏 φ16cm，养护两年	株	8	2275.51	18204.08	1251.44	334.88
3	050102001002	栽植乔木	香樟 φ15cm，养护两年	株	8	928.03	7424.24	942.8	246.48
4	050102004001	栽植灌木	金桂 H271～300cm P201～250cm，养护两年	株	17	512.02	8704.34	410.89	288.32
5	050102001003	栽植乔木	红枫 D5cm，养护两年	株	4	295.08	1180.32	88.6	30.96
6	050102001004	栽植乔木	鸡爪槭 D5cm，养护两年	株	10	245.08	2450.80	221.5	77.4
7	050102004002	栽植灌木	美人茶 H211～230cm P121～150cm，养护两年	株	1	109.21	109.21	13.32	5.13
8	050102001005	栽植乔木	晚樱 D5cm，养护两年	株	3	95.08	285.24	66.45	23.22
9	050102001006	栽植乔木	红梅 D5cm，养护两年	株	3	111.08	333.24	66.45	23.22
10	050102004003	栽植灌木	红叶石楠球 H80～90cm P101～120cm，养护两年	株	6	126.28	757.68	97.68	39.54
11	050102001007	栽植乔木	紫薇 D5cm，养护两年	株	9	125.08	1125.72	199.35	69.66
12	050102004004	栽植灌木	石榴 H211～240cm P91～100，养护两年	株	2	65.20	130.40	20.8	10.26
13	050102008001	栽植花卉	常春藤 L1.0～1.5m，30株/m²，养护两年	株	2400	1.23	2952.00	816	216
14	050102012001	铺种草皮	百慕大，满铺，养护两年	m²	500	22.59	11295.00	5105	1150
		合　计					69712.27	11346.28	2515.07

表 4.34 某校大门绿地技术措施项目清单及计价表

工程名称：某校大门绿地工程

序号	项目编码	项目名称	项目特征描述	计量单位	工程量	综合单价（元）	合价（元）	人工费（元）	机械费（元）
								\multicolumn{2}{c}{其中}
1	050404002001	草绳绕树干	胸径 16cm，所绕树干高度 1.5m	株	8	7.75	62.00	22.85	0
2	050404002002	草绳绕树干	胸径 15cm，所绕树干高度 1.5m	株	8	5.68	45.44	16.32	0
3	050101001001	树木支撑架	树棍三脚桩	株	16	13.08	209.28	26.08	0
		合计					316.68	65.2	0

表 4.35 某校大门绿地组织措施项目清单及计价表

工程名称：某校大门绿地工程

序号	项目名称	单位	数量	金额（元）
1	安全文明施工费	项	1	438.75
2	建设工程检验试验费	项	1	31.00
3	提前竣工增加费	项	1	0.00
4	已完工程及设备保护费	项	1	11.14
5	二次搬运费	项	1	29.25
6	夜间施工增加费	项	1	5.57
7	冬雨季施工增加费	项	1	33.42
8	行车、行人干扰增加费	项	1	0.00
	合　计			549.13

表 4.36　某校大门绿地分部分项工程量清单综合单价分析表

工程名称：某校大门绿地工程　　　　　　　　　　　　　　　　　　　　　　

序号	编号	名称	计量单位	数量	综合单价（元）							合计（元）
					人工费	材料费	机械费	管理费	利润	风险费用	小计	
1	050101010001	整理绿化用地	m²	600	3.41	20.00	0.00	0.44	0.75	0.00	24.60	14760.00
	1-210	绿地平整	10m²	60	15.24	0.00	0.00	1.98	3.35	0.00	20.57	1234.20
	4-63换	回填土 松填	10m³	48	23.60	250.00	0.00	3.07	5.19	0.00	281.86	13529.28
2	050102001001	栽植乔木	株	8	156.43	2007.82	41.86	25.78	43.62	0.00	2275.51	18204.08
	1-61换	栽植乔木（带土球）土球直径140cm以内三类土栽植	10株	0.8	999.10	14.75	322.02	171.75	290.65	0.00	1798.27	1438.62
	1-247×2	落叶乔木胸径20cm以内	10株	0.8	565.20	63.42	96.53	86.02	145.58	0.00	956.75	765.40
	主材	银杏 φ16cm	株	8	0.00	2000.00	0.00	0.00	0.00	0.00	2000.00	16000.00
3	050102001002	栽植乔木	株	8	117.85	727.33	30.81	19.33	32.71	0.00	928.03	7424.24
	1-60换	栽植乔木（带土球）土球直径120cm以内三类土栽植	10株	0.8	664.64	11.80	225.39	115.70	195.81	0.00	1213.34	970.67
	1-241*2	常绿乔木胸径20cm以内	10株	0.8	513.84	61.54	82.74	77.56	131.25	0.00	866.93	693.54
	主材	香樟 φ15cm	株	8	0.00	720.00	0.00	0.00	0.00	0.00	720.00	5760.00
4	050102004001	栽植灌木	株	17	24.17	456.49	16.96	5.35	9.05	0.00	512.02	8704.34
	1-82换	栽植灌木、藤木（带土球）土球直径70cm以内三类土栽植	10株	1.7	167.66	3.69	92.95	33.88	57.33	0.00	355.51	604.37
	1-277*2	灌木高度250cm以上	10株	1.7	74.00	61.20	76.61	19.58	33.13	0.00	264.52	449.68
	主材	金桂 H271~300cm P201~250cm	株	17	0.00	450.00	0.00	0.00	0.00	0.00	450.00	7650.00

（续）

序号	编号	名称	计量单位	数量	综合单价（元）							合计（元）
					人工费	材料费	机械费	管理费	利润	风险费用	小计	
5	050102001003	栽植乔木	株	4	22.15	254.72	7.74	3.89	6.58	0.00	295.08	1180.32
	1-56换	栽植乔木（带土球）土球直径40cm以内三类土栽植	10株	0.4	64.32	1.48	0.00	8.36	14.15	0.00	88.31	35.32
	1-245*2	落叶乔木胸径5cm以内	10株	0.4	157.20	45.74	77.38	30.50	51.61	0.00	362.43	144.97
	主材	红枫D5cm	株	4	0.00	250.00	0.00	0.00	0.00	0.00	250.00	1000.00
6	050102001004	栽植乔木	株	10	22.15	204.72	7.74	3.89	6.58	0.00	245.08	2450.80
	1-56换	栽植乔木（带土球）土球直径40cm以内三类土栽植	10株	1	64.32	1.48	0.00	8.36	14.15	0.00	88.31	88.31
	1-245*2	落叶乔木胸径5cm以内	10株	1	157.20	45.74	77.38	30.50	51.61	0.00	362.43	362.43
	主材	鸡爪槭D5cm	株	10	0.00	200.00	0.00	0.00	0.00	0.00	200.00	2000.00
7	050102004002	栽植灌木	株	1	13.32	84.30	5.13	2.40	4.06	0.00	109.21	109.21
	1-80换	栽植灌木、藤本（带土球）土球直径50cm以内三类土栽植	10株	0.1	83.83	2.21	0.00	10.90	18.44	0.00	115.38	11.54
	1-276*2	灌木高度250cm以内	10株	0.1	49.36	40.80	51.33	13.09	22.15	0.00	176.73	17.67
	主材	美人茶 H211~230cm P121~150cm	株	1	0.00	80.00	0.00	0.00	0.00	0.00	80.00	80.00
8	050102001005	栽植乔木	株	3	22.15	54.72	7.74	3.89	6.58	0.00	95.08	285.24
	1-56换	栽植乔木（带土球）土球直径40cm以内三类土栽植	10株	0.3	64.32	1.48	0.00	8.36	14.15	0.00	88.31	26.49
	1-245*2	落叶乔木胸径5cm以内	10株	0.3	157.20	45.74	77.38	30.50	51.61	0.00	362.43	108.73

（续）

序号	编号	名称	计量单位	数量	综合单价（元）人工费	材料费	机械费	管理费	利润	风险费用	小计	合计（元）
9	主材	晚樱 D5cm	株	3	0.00	50.00	0.00	0.00	0.00	0.00	50.00	150.00
	0501020001006	栽植乔木	株	3	22.15	70.72	7.74	3.89	6.58	0.00	111.08	333.24
	1-56换	栽植乔木（带土球）土球直径40cm以内三类土栽植	10株	0.3	64.32	1.48	0.00	8.36	14.15	0.00	88.31	26.49
	1-245*2	落叶乔木胸径5cm以内	10株	0.3	157.20	45.74	77.38	30.50	51.61	0.00	362.43	108.73
10	主材	红梅 D5cm	株	3	0.00	66.00	0.00	0.00	0.00	0.00	66.00	198.00
	0501020004003	栽植灌木	株	6	16.28	95.41	6.59	2.97	5.03	0.00	126.28	757.68
	1-79换	栽植灌木、藤木（带土球）土球直径40cm以内三类土栽植	10株	0.6	54.67	1.48	0.00	7.11	12.03	0.00	75.29	45.17
	1-297*2	球形植物蓬径150cm以内	10株	0.6	108.16	52.64	65.89	22.63	38.29	0.00	287.61	172.57
11	主材	红叶石楠球 H80～90cm，P101～120cm	株	6	0.00	90.00	0.00	0.00	0.00	0.00	90.00	540.00
	0501020001007	栽植乔木	株	9	22.15	84.72	7.74	3.89	6.58	0.00	125.08	1125.72
	1-56换	栽植乔木（带土球）土球直径40cm以内三类土栽植	10株	0.9	64.32	1.48	0.00	8.36	14.15	0.00	88.31	79.48
	1-245*2	落叶乔木胸径5cm以内	10株	0.9	157.20	45.74	77.38	30.50	51.61	0.00	362.43	326.19
12	主材	紫薇 D5cm	株	9	0.00	80.00	0.00	0.00	0.00	0.00	80.00	720.00
	0501020004004	栽植灌木	株	2	10.40	44.23	5.13	2.02	3.42	0.00	65.20	130.40
	1-79换	栽植灌木、藤木（带土球）土球直径40cm以内三类土栽植	10株	0.2	54.67	1.48	0.00	7.11	12.03	0.00	75.29	15.06
	1-276*2	灌木高度250cm以内	10株	0.2	49.36	40.80	51.33	13.09	22.15	0.00	176.73	35.35
	主材	石榴 H211～240cm，P91～100	株	2	0.00	40.00	0.00	0.00	0.00	0.00	40.00	80.00

园林工程计量与计价

（续）

序号	编号	名称	计量单位	数量	人工费	材料费	机械费	管理费	利润	风险费用	小计	合计（元）
								综合单价（元）				
13	050102008001	栽植花卉	株	2400	0.34	0.65	0.09	0.06	0.09	0.00	1.23	2952.00
	1-123换	栽植花卉草本花三类土栽植	100株	24	20.26	1.44	0.00	2.63	4.46	0.00	28.79	690.96
	1-306×2	地被植物	10m²	8	40.80	29.25	27.58	8.89	15.04	0.00	121.56	972.48
	主材	常春藤 L1.0~1.5m	株	2400	0.00	0.54					0.54	1296.00
14	050102012001	铺种草皮	m²	500	10.21	5.70	2.30	1.63	2.75	0.00	22.59	11295.00
	1-119换	栽植草皮满铺三类土栽植	100m²	5	674.29	14.75	0.00	87.66	148.34	0.00	925.04	4625.20
	1-309×2	暖地型草坪满铺	10m²	50	34.64	10.53	22.98	7.49	12.68	0.00	88.32	4416.00
	主材	百慕大	m²	500	0.00	4.50	0.00	0.00	0.00	0.00	4.50	2250.00
	合计											69712.27

表 4.37 某校大门绿地措施项目清单分析表

工程名称：某校大门绿地工程

第 1 页 共 1 页

序号	编号	名称	计量单位	数量	人工费	材料费	机械费	管理费	利润	风险费用	小计	合计（元）
								综合单价（元）				
1	050404002001	草绳绕树干	株	8	2.86	3.89	0.00	0.37	0.63	0.00	7.75	62.00
	1-200	草绳绕树干胸径20cm以内	10m	1.2	19.04	25.92	0.00	2.48	4.19	0.00	51.63	61.96
2	050404002002	草绳绕树干	株	8	2.04	2.92	0.00	0.27	0.45	0.00	5.68	45.44
	1-199	草绳绕树干胸径15cm以内	10m	1.2	13.60	19.44	0.00	1.77	3.00	0.00	37.81	45.37
3	050404001001	树木支撑架	株	16	1.63	10.88	0.00	0.21	0.36	0.00	13.08	209.28
	1-189	树棍桩三脚桩	10株	1.6	16.32	108.80	0.00	2.12	3.59	0.00	130.83	209.33
	合计											316.68

习　题

一、填空题

1. 树木支撑形式主要有 _____、_____、_____、_____、_____ 和 _____ 等。

2. 乔木是指树身高大、具有 _____ 的树木，由根部发生独立的主干，树干和树冠有明显区分。

3. 灌木是指没有明显的主干、呈 _____ 的树木。

4. 草坪按对温度的生态适应性分可分为 _____ 与 _____。

5. 灌木片植是指每块种植的绿地面积在 _____ 以上，种植密度每 m² 大于 _____ 株，且 3 排以上排列的一种成片栽植形式。

二、选择题

1. 单排、双排绿篱的工程量按（　　）计算。

A. 株　　　　　　B. m　　　　　　C. m²　　　　　　D. 丛

2. 栽植色带的工程量以（　　）计算。

A. 株　　　　　　B. m　　　　　　C. m²　　　　　　D. 丛

3. 绿地喷灌的工程量按（　　）计算。

A. m　　　　　　B. 根　　　　　　C. m²　　　　　　D. 套

4. 设计未注明土球直径时，乔木的土球直径按胸径的（　　）倍计算。

A. 7　　　　　　B. 6　　　　　　C. 8　　　　　　D. 5

5. 胸径是指离地面（　　）高处的树干直径。

A. 1.3　　　　　B. 0.3　　　　　C. 1.1　　　　　D. 1.2

6. 起挖或栽植树木均以一、二类土为计算标准，如为三类土，人工乘以系数（　　）。

A. 1.34　　　　　B. 1.76　　　　　C. 2.2　　　　　D. 1

三、案例分析

1. 如图 4.36 所示为绿地整理的一部分，包括树、树根、灌木丛、竹根、芦苇根、草皮的清理，据统计，树与树根共有 14 株，胸径为 10cm；灌木丛 3 丛，高 1.5m；竹根 1

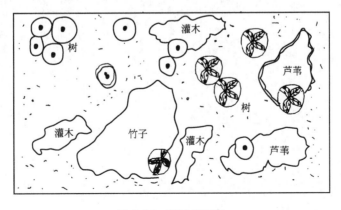

图 4.36　绿地平面图

株，根盘直径 5cm；芦苇 17m²，高 1.6m；草皮 85m²，高 25cm。按清单计价规范编制工程量清单。

2. 图 4.37 所示为一个绿化用地，该地为一个不太规则的绿地，土壤为二类土，弃渣 50m，绿地整理厚度±20cm。按清单计价规范编制工程量清单。

3. 如图 4.38 所示为某屋顶花园，水泥砂浆找平层厚 150mm，干铺油毡一层，陶料过滤层厚 40mm，需填种植土壤 150mm。按清单计价规范编制工程量清单。

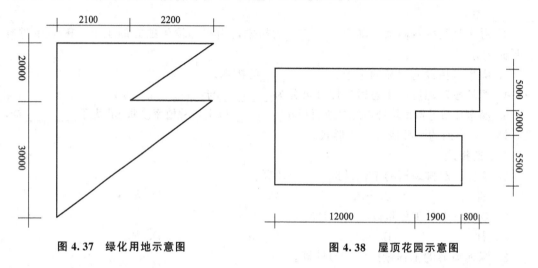

图 4.37　绿化用地示意图　　　　　　　图 4.38　屋顶花园示意图

4. 栽植灌木：海棠种植（高 65cm，冠幅 80cm，带土球，三类土），养护一年。按定额项目对海棠的清单项目进行综合单价计算（管理费、利润各为人工费与机械费之和的 12%，计算过程均保留两位小数）。

第**5**章
园路园桥工程计量与计价

园路园桥工程是园林工程中硬质景观的主要构成部分。园路作为园林的脉络，是联系各景区和景点的纽带，它组织着园林景观的展开和游人观赏程序，游人沿着园路方向行走，使园林景观序列一幕幕地推演，游人通过对景色的观赏，在视觉、听觉、嗅觉等方面获得美的享受。园林中的园桥具有三重作用：一是悬空的道路，有组织游览路线和交通功能，并可变换游人观景的视线角度；二是凌空的建筑，不但点缀水景，其本身常常就是园林一景，在景观艺术上有很高价值，往往超过其交通功能；三是分隔水面，增加水景层次，被赋予构景的功能，在线(路)与面(水)之间起中介作用。

在国家标准《园林绿化工程工程量计算规范》(GB 50858—2013)规定下，园路园桥工程如何正确列项？在《浙江省园林绿化及仿古建筑工程预算定额》(2010版)中园路园桥工程如何正确列项？如何进行园路园桥工程定额子目的套用与换算？如何进行园路园桥工程定额计价与清单计价？这些问题都是我们学习本章要理解和掌握的问题。

教学目标

1. 掌握园路、园桥的类型与材料。
2. 掌握园路园桥工程工程量清单和工程量清单计价表的编制。
3. 掌握园路园桥工程定额工程量的计算规则、定额套用与换算以及预算书的编制。

教学要求

知识要点	能力要求	相关知识
园路园桥	(1) 掌握园路园桥工程的施工工艺 (2) 熟悉常用的园路园桥材料	园路园桥工程施工
园路园桥工程量清单编制	(1) 熟悉园路园桥工程施工图 (2) 掌握园路园桥工程清单项目的设置方法及清单编制	园路园桥工程量清单
园路园桥工程量清单计价表的编制	(1) 掌握园路园桥工程综合单价的组价与计算 (2) 熟悉园路园桥工程清单计价表的内容	综合单价分析
园路园桥工程定额工程量计算	(1) 理解园路园桥工程定额工程量计算规则 (2) 掌握园路园桥工程定额工程量的计算	园路园桥定额
园路园桥工程定额的套取与换算	(1) 掌握园路园桥工程定额套用 (2) 熟悉各种换算系数及其使用方法	换算
园路园桥工程预算书的编制	熟悉园路园桥工程预算书的编制及内容	工程预算书

基本概念

旋脸石：石券最外端的一圈旋石。

金刚墙：券脚下的垂直承重墙，又称平水墙，是一种加固性质的墙。古建筑对凡是看不见的加固墙都称为金刚墙。

石桥面檐板：钉在石桥面檐口处起封闭作用的板。

 引例

混凝土压模地坪

某园林设计院承接了一个城市滨江公园的景观设计项目，公园定位为"城市生态客厅、文化客厅"，工程内容包括绿化、道路与铺装、亭廊、景墙、水电等内容，绿地面积占 80%，硬质铺装面积占 18%，建筑面积占 2%。业主因资金比较紧张，要求每平方米造价控制在 200 元以内，但同时又能实现集城市绿化、文化娱乐、休闲旅游、赏景观江、公共游憩为一体的城市公园。园林设计师们经过几次讨论，形成了两种类型的方案：一类方案是能实现公园的功能，但造价超过了业主的要求；另一类方案则是造价达到了业主要求，但公园功能有所欠缺。为此，园林设计师向造价工程师咨询。造价工程师仔细分析研究后，给园林设计师提出了建议：建议在第一种类型方案的基础上进行修改，只需把硬质铺装面层材料与形式做些调整，将 50 厚花岗岩与 150 厚东湖石换成绿色环保艺术地坪——混凝土压模地坪（图 5.1）。混凝土压模地坪可形成各种图形美观自然、色彩真实持久、质地坚固耐用的砖块、石材、木材乃至大理石等的效果，而且成本只是石材成本的 10%~20% 左右。这样既实现了公园的功能，也满足了业主对造价的要求。

图 5.1　混凝土压模地坪

5.1 园路园桥工程

中国园林是一种自然山水式园林，追求天然之趣。在中国造园艺术中，将植物配置在有限的空间范围内，模拟大自然中的美景，经过人为的加工、提炼和创造，形成赏心悦目、富于变幻的园林美景。同时，也在造园设计中添加园路、园桥、假山及园林小品等造园要素，使整个造园更富于变幻，更形似自然而超于自然，更迎合人们游玩、欣赏的需求，形成"可观、可行、可游、可居"的整体环境。

5.1.1 园路

园路指园林中的道路工程，包括园路布局、路面层结构和地面铺装等的设计，如图 5.2～图 5.4 所示。园林道路是园林的组成部分，起着组织空间、引导游览、交通联系并提供散步休息场所的作用。它像脉络一样，把园林的各个景区联成整体。园路本身又是园林风景的组成部分，蜿蜒起伏的曲线，丰富的寓意，精美的图案，都给人以美的享受。

图 5.2 冰梅路面

图 5.3 卵石拼花路面

图 5.4 石板嵌草路面

1. 园路类型

一般绿地的园路分为以下几种。

(1) 主要道路：联系园内各个景区、主要风景点和活动设施的路。通过它对园内外景色进行组织，以引导游人欣赏景色。主要道路联系全园，必须考虑通行、生产、救护、消防、旅游车辆等因素。

(2) 次要道路(支路)：设在各个景区内的路，它联系各个景点，对主路起辅助作用。考虑到游人的不同需要，在园路布局中，还应为游人开辟由一个景区到另一个景区的捷径。

(3) 小路：又称游步道，是深入到山间、水际、林中、花丛供人们漫步游赏的路，含林荫道、滨江道和各种休闲小径、健康步道。双人行小路宽度为 1.2～1.5m，单人行小路宽度为 0.6～1m。健康步道是近年来流行的足底按摩健身方式。通过行走卵石路能够按摩足底穴位，达到健身目的，且不失为园林一景。

(4) 园务路：为便于园务运输、养护管理等的需要而建造的路。这种路往往有专门的入口，直通公园的仓库、餐馆、管理处、杂物院等处，并与主环路相通，以便把物资直接运往各景点。在有古建筑、风景名胜处，园路的设置还应考虑消防的要求。

(5) 停车场：园林及风景旅游区中的停车场应设在重要景点进出口边缘地带及通向尽端式景点的道路附近，同时也应按照不同类型及性质的车辆分别安排场地停车，其交通路线必须明确。在设计时要综合考虑场内路面结构、绿化、照明、排水及停车场的性质，配置相应的附属设施。

不同级别的园路宽度见表 5.1。

表 5.1 园 路 宽 度

园路级别	绿地面积/hm²			
	<2	2~10	10~50	≥50
主路(m)	2.0~3.5	2.5~4.5	3.5~5.0	5.0~7.0
支路(m)	1.2~2.0	2.0~3.5	2.0~3.5	3.5~5.0
小路(m)	0.9~1.2	0.9~2.0	1.2~2.0	1.2~3.0

2. 园路结构

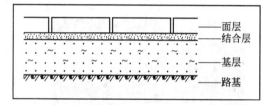

图 5.5　园路结构

园路结构如图 5.5 所示。

（1）面层：路面最上的一层，对沥青面层来说，又可分为保护层、磨耗层、承重层。它直接承受人流、车辆的荷载和风、雨、寒、暑等气候作用的影响。因此要求坚固、平稳、耐磨，有一定的粗糙度，少灰土，便于清扫。

（2）结合层：采用块料铺筑面层时在面层和基层之间的一层，用于结合、找平、排水。

（3）基层：在路基之上。它一方面承受由面层传下来的荷载，一方面把荷载传给路基，因此要有一定的强度，一般用碎(砾)石、灰土或各种矿物废渣等筑成。

（4）路基：路面的基础。它为园路提供一个平整的基面，承受路面传下来的荷载，并保证路面有足够的强度和稳定性。如果路基的稳定性不良，应采取措施，以保证路面的使用寿命。此外，要根据需要，做好道牙、雨水井、明沟、台阶、礓磋、种植池等附属工程的设计工作。

3. 园路路面

园路按路面的材质不同、形式不同、要求不同可分 8 种，如图 5.6～图 5.13 所示。

图 5.6　石板路面

图 5.7　混凝土砖路面

图 5.8 植草砖路面

图 5.9 水洗石路面

图 5.10 青砖路面

图 5.11 卵石路面

图 5.12 彩色沥青路面

图 5.13 嵌草砖路面

（1）石质路面：石板、块石、条石、冰梅石、弹石、片石、石板嵌草、石板软石路面等。

（2）混凝土路面：普通混凝土划块（石板形、冰梅形等）、斩假石、混凝土预制块铺装、混凝土预制块嵌草、混凝土预制软石铺装块、混凝土预制块嵌软石路面等。

（3）卵石路面：拼花卵石、素色卵石、卵石冰梅等路面按颜色分有褐色、米色、白色、黑色等，按材质分有普通卵石、雨花石等。

（4）砖铺路面：京砖（又称金砖、经砖）、黄道砖、八五砖、海线砖铺设等路面。

（5）陶制品路面：广场砖、陶土砖路面等。

（6）花街铺地路面：用小青瓦、砖和碎缸片、碎瓷片、碎石片、卵石等材料单独或组合镶嵌铺设的路面。

（7）混合铺地路面：用多种路面材料，经设计组合而成的路面。

（8）特殊使用功能路面：按相应使用功能要求选择路面材料，如塑胶地坪面、健身道、盲道等。

4. 园路施工

园林工程中园路的施工内容包括放样、挖填土方、地基夯实、标高控制、修整路槽、铺设垫层、场内运输、铺设面层、嵌缝修补、养护、清理场地、路边地形整理等。园路应线形流畅、优美舒展，路面形状、尺度、材料的质感及色质等应与周边环境相协调。

园路应尽量采用自然排水，坡地面为防止水土流失，可置景石挡土，登山道可采用明边沟排水。边沟可采用混凝土、块石、石板、卵石等材料砌筑。

石材园路踏步铺设要求垫层夯实、稳固、周边平直，棱角完整，接缝在 5mm 以下，叠压尺寸应不少于 15mm。应有 1%～2% 的向下坡度，以防积水及冬季结冰。

5.1.2 园桥

园桥是指在园林造园艺术中，将有限的空间表达出深邃的意境，把主观因素纳入艺术创作里面，引水筑池，在水面上建造的可让游人通行的桥梁。

园林中的桥一般常采用拱桥（图 5.14）、亭桥（图 5.15）、廊桥（图 5.16、图 5.17）、平桥（图 5.18）、汀步（图 5.19）等多种类型。

图 5.14 拱桥

图 5.15 亭桥（玉带晴虹桥）

图 5.16 廊桥（仙居桥）

图 5.17 廊桥（三条桥）

图 5.18 平桥(九曲桥)

图 5.19 汀步

园林拱桥一般用钢筋混凝土、条石或砖等材料砌筑成圆形券洞,有半圆形券、双圆形券、弧状形券等。券数以水面宽度而定,有单孔、双孔、三孔等。亭桥是在桥上置亭,除了纳凉避雨、驻足休息、凭栏瞭望外,还使桥的形象更为丰富多彩,如杭州西湖"曲院风荷"的玉带晴虹桥。

廊桥由于桥体一般较长,桥上再架以廊,在组织园景方面既分隔了空间,又增加了水面的层次和进深。

平桥分单跨平桥和折线形平桥两种。单跨平桥简洁、轻快、小巧,由于跨度较小,多用在水面较浅的溪谷。桥的墩座常用天然块石砌筑,可不设栏。折线形平桥是为了克服平桥长而直的单调感,取得更多的变化,使人行其上,情趣横生,增加游赏趣味,一般用于较大的水面之上。杭州西湖"三潭印月"的九曲桥,不仅曲折多变,而且在桥的中间及转折的宽阔处布置了四方亭和三角亭各一座,游人可随桥面的转折与起伏不断变换观赏角度,丰富了景观效果。

在园林造园艺术上,狭窄水面上经常采用"汀步"的形式来解决游人的来往交通。汀步的作用类似于桥,但它比桥更临近水面。

5.2 园路园桥工程计量

5.2.1 园路园桥工程工程量清单的编制

园路园桥工程项目按《建设工程工程量清单计价规范》(GB 50858—2013)附录 B 列项,包括园路园桥工程、驳岸护岸两个小节,共 19 个清单项目。

1. 园路园桥清单项目列项

1) 园路园桥清单项目

(1) 路牙。路牙是指用凿打成长条形的石材、混凝土预制的长条形砌块或砖,铺装在道路边缘,起保护路面的作用构件。机制标准砖铺装路牙有立栽和侧栽两种形式。路牙一般用

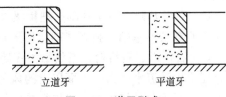

图 5.20 道牙形式

砖或混凝土制成，在园林也可用瓦、大卵石等制成。其中设置在路面边缘与其他构造带分界的条石称为路缘石。

（2）树池围牙、盖板。树池是指当在有铺装的地面上栽种树木时，应在树木的周围保留一块没有铺装的土地，通常把它称为树池或树穴。树池有平树池和高树池两种，如图 5.21 所示。

图 5.21　树池围牙

图 5.22　树池盖板

平树池：树池池壁的外缘的高程与铺装地面的高程相平。池壁可用普通机砖直埋，也可以用混凝土预制。树池周围的地面铺装可向树池方向做排水坡。最好在树池内装上格栅，格栅要有足够的强度，不易折断，地面水可以通过格栅流入树池。可在树池周围的地面做成与其他地面不同颜色的铺装，以防踩踏，既是一种装饰，又可起到提示的作用。

高树池：把种植池的池壁作成高出地面的树珥。树珥的高度一般为 15cm 左右，以保护池内土壤，防止人们误入，踩实土壤，影响树木生长。

树池围牙是树池四周做成的围牙，类似于路沿石，即树池的处理方法。树池围牙主要有绿地预制混凝土围牙和树池预制混凝土围牙两种。

（3）嵌草砖。嵌草路面有两种类型：一种为在块料路面铺装时，在块料与块料之间留有空隙，在其间种草，如冰裂纹嵌草路、空心砖纹嵌草路、人字纹嵌草路等；另一种是制作成可以种草的各种纹样的混凝土路面砖。预制混凝土砌块按照设计可以有多种形状，大小规格也有很多种，也可做成各种彩色的砌块。砌块的形状基本可分为实心和空心两类。

（4）石桥基础。石桥基础是把桥梁自重以及作用于桥梁上的各种荷载传递至地基的构件，主要有条形基础、独立基础、杯形基础及桩基础等。

（5）石桥墩、石桥台。石桥墩指多跨桥梁的中间支承结构，它除承受上部结构的荷重外，还要承受流水压力、水面以上的风力以及可能出现的冰荷载，船只、排筏和漂浮物的撞击力。石桥台是将桥梁与路堤衔接的构筑物，它除了承受上部结构的荷载外，还承受桥头填土的水平压力及直接作用在桥台上的车辆荷载等。

（6）拱旋石。旋石即碹石，古代多称券石。石券最外端的一圈旋石称为"旋脸石"，券洞内的旋石称为"内旋石"。旋脸石可雕刻花纹，也可加工成光面。石券正中的一块旋脸石常称为"龙口石"，也称"龙门石"；龙口石上若雕凿有兽面者称为"兽面石"。拱旋石应选用质地细密的花岗岩、砂岩石等，加工成上宽下窄的楔形石块。石块一侧做有榫头，另一侧有榫眼，拱券时相互扣合，再用1∶2水泥砂浆砌筑连接。

（7）石旋脸制作、安装。石旋脸是指石券最外端的一圈旋石的外面部位。

（8）金刚墙。金刚墙是一种加固性质的墙，一般在装饰面墙的背后保证其稳固性。因此，古建筑中对凡是看不见的加固墙都称为金刚墙。金刚墙砌筑是将砂浆作为胶结材料将石材结合成墙体的整体，以满足正常使用要求及承受各种荷载。

（9）石桥面。石桥面一般用石板、石条铺砌。在桥面铺石层下应做防水层，采用1mm厚沥青和石棉沥青各一层做底（石棉沥青用七级石棉30%、60号石油沥青70%混合而成），在其上铺一层沥青麻布，再敷石棉沥青和纯沥青各一道做防水面层，防止开裂。

（10）石桥面檐板。建筑物屋顶在檐墙的顶部位置称为檐口，钉在檐口处起封闭作用的板称为檐板。石桥面檐板是指钉在石桥面檐口处起封闭作用的板。铺设时，要求横梁间距一般不大于1.8m，石板厚度应在80mm以上。

（11）木制步桥。木制步桥是指建筑在庭园内由木材加工制作的主桥孔洞5m以内，供游人通行兼有观赏价值的桥梁。这种桥易与园林环境融为一体，但其承载量有限，且不宜长期保存。

（12）栈道。栈道原指沿悬崖峭壁修建的一种道路，又称阁道、复道；中国古代高楼间架空的通道也称栈道；栈道现在的含义比较广泛（图5.23）。园林里富有情趣的楼梯状的木质道路即为木栈道。

图5.23 栈道

2）驳岸、护岸清单项目

驳岸工程包括石（卵石）砌驳岸、原木桩驳岸、满（散）铺砂卵石护岸（自然护岸）、框格花木护坡等4个项目，项目编码为050202001～050202004。

框格花木护坡是在开挖坡面上挂网，利用浆砌块石、现浇钢筋混凝土框格梁或安装预混凝土框格进行边坡坡面防护，然后在框格内喷射植被混凝土以达到护坡绿化的目的。框格的常用形式有4种：矩形（图5.24）、菱形（图5.25）、人字形、弧形（图5.26），其格构如图5.27所示。

图5.24 矩形框格

图 5.25　菱形框格

图 5.26　弧形框格

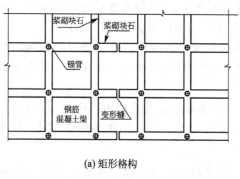

(a) 矩形格构

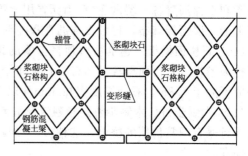

(b) 菱形格构

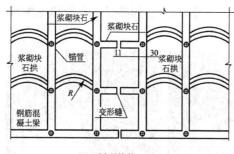

(c) 弧形格构

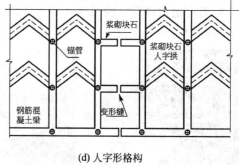

(d) 人字形格构

图 5.27　框格类型

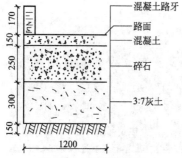

图 5.28　道路断面图

2. 园路园桥工程清单工程量计算

【例 5-1】　如图 5.28 所示为某道路局部断面示意图，其中该段道路长 17m，宽 2.2m，混凝土道牙宽 85mm。求清单工程量。

解:

园路面积: $17 \times 2.2 = 37.40 (m^2)$。

路牙长度: $17 \times 2 = 34.00 (m)$。

其工程量清单见表 5.2。

表 5.2　某道路分部分项工程量清单

序号	项目编码	项目名称	项目特征	计量单位	工程数量
1	050201001001	园路	300mm 厚 1200mm 宽 3：7 灰土垫层 250mm 厚 1200mm 宽碎石垫层 150mm 厚 1200mm 宽 C15 水刷混凝土面层	m²	37.40
2	050201003001	路牙	混凝土路牙 170mm×85mm 水泥砂浆 1：2	m	34.00

【例 5－2】 某公园内设计有三条园路：分别为长 100m 宽 1.5m 石板冰梅、长 150m 宽 1.5m 石板冰梅整石收边，长 80m 宽 1m 水洗石园路，如图 5.29 所示。求清单工程量。

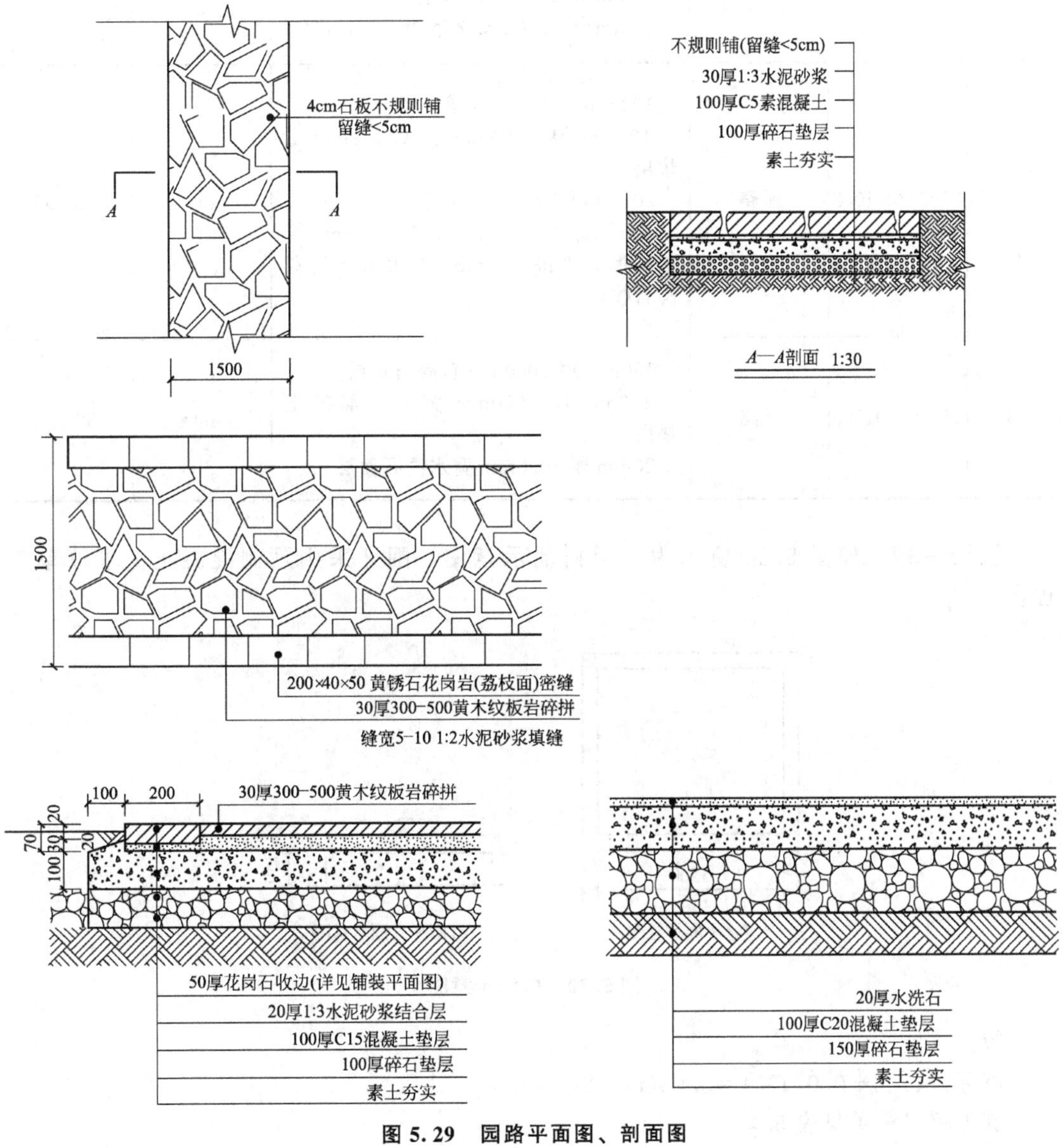

图 5.29 园路平面图、剖面图

解：

石板冰梅园路：$100 \times 1.5 = 150.00(\text{m}^2)$。

石板冰梅整石收边园路：$150 \times 1.5 = 225.00(\text{m}^2)$。

水洗石园路：$80 \times 1 = 80.00(\text{m}^2)$。

其工程量清单见表 5.3。

表 5.3　某公园园路分部分项工程量清单

序号	项目编码	项目名称	项目特征	计量单位	工程数量
1	050201001001	园路	100mm 厚 1500mm 宽碎石垫层 100mm 厚 1500mm 宽 C15 素混凝土垫层 30mm 厚 1:3 水泥砂浆 40mm 厚 1500mm 宽冰梅石板，离缝	m²	150.00
2	050201001002	园路	100mm 厚 1700mm 宽碎石垫层 100mm 厚 1700mm 宽 C15 混凝土垫层 20mm 厚 1:3 水泥砂浆 30mm 厚 1100mm 宽 300～500mm 黄木纹板岩碎拼，50mm 厚 400mm 宽花岗岩收边	m²	225.00
3	050201001003	园路	150mm 厚 1000mm 宽碎石垫层 100mm 厚 1000mm 宽 C20 混凝土垫层 20mm 厚 1000mm 宽水洗石面层	m²	80.00

【例 5 - 3】　如图 5.30 所示为一个树池示意图，围牙采用预制混凝土。求清单工程量。

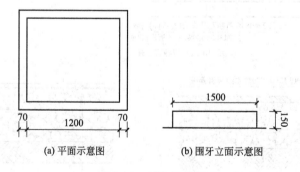

　　(a) 平面示意图　　　　　　(b) 围牙立面示意图

图 5.30　树池示意图

解：

围牙：$(1.2 + 0.07) \times 4 = 5.08(\text{m})$。

其工程量清单见表 5.4。

表 5.4 树池分部分项工程量清单

序号	项目编码	项目名称	项目特征	计量单位	工程数量
1	050201004001	树池围牙	预制混凝土边石 70mm×150mm	m	5.08

【例 5-4】 某公园设计有一座长 50m 木制步行桥，木材均采用柳桉防腐木，结构如图 5.31 所示。求木制步行桥清单工程量。

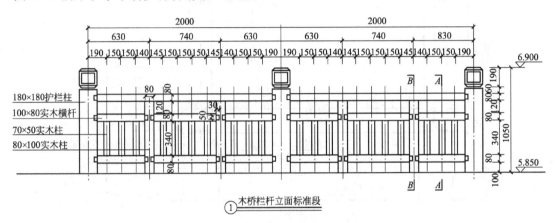

图 5.31 木桥平面图、立面图、剖面图(一)

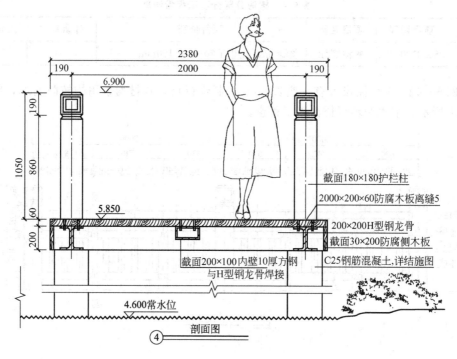

图 5.31　木桥平面图、立面图、剖面图(二)

解:

木制步行桥:$50 \times 2.38 = 119.00(\text{m}^2)$。

其工程量清单见表 5.5。

表 5.5　木桥分部分项工程量清单

序号	项目编码	项目名称	项 目 特 征	计量单位	工程数量
1	050201014001	木制步桥	桥宽 2.38m 桥长 50m 木材:柳桉防腐木 180mm × 180mm 木柱、100mm × 80mm 木柱、50mm × 70mm 木柱、100mm × 80mm 木梁、2000mm × 200mm × 60mm 木板、30mm × 200mm 木档	m²	119.00

【例 5 - 5】 某人工湖驳岸为石砌垂直型驳岸,高 $H1.2\text{m}$、$h0.5\text{m}$,长 220m。石砌驳岸采用 $\phi 200 \sim 500$ 自然面单体块石浆砌,M5 水泥砂浆砌筑,表面不露浆。求石砌驳岸清单工程量。

解:

石砌驳岸体积 $V = [0.5 \times (1.2 + 0.5) + 0.9 \times 0.5] \times 220 = 286.00(\text{m}^3)$

其工程量清单见表 5.6。

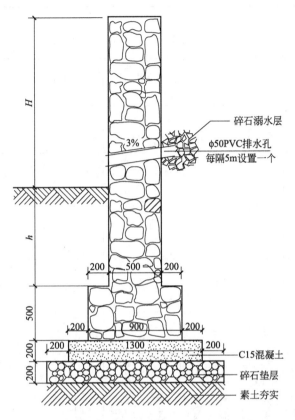

图 5.32　驳岸结构示意图

表 5.6　石砌驳岸分部分项工程量清单

序号	项目编码	项目名称	项 目 特 征	计量单位	工程数量
1	050202001001	石砌驳岸	$\phi 200 \sim 500mm$ 自然面单体块石浆砌 M5 水泥砂浆砌筑 勾凸缝	m³	286.00

3. 园路园桥工程工程量清单

杭州市某公园内设计有 17m×2.2m 水刷混凝土园路、100m×1.5m 石板冰梅园路、150m×1.5m 石板冰梅整石收边园路、80m×1m 水洗石园路、8 个树池围牙、木桥 1 座、石砌驳岸 1 处，结构即如图 5.28～图 5.32 所示。其工程量清单及计价表见表 5.7。

5.2.2　园路园桥工程定额工程量的计算

1. 园路园桥工程定额工程量的计算规则

(1) 园路面层按设计图示尺寸，以"m²"计算。

工程名称：杭州某公园景观工程

表 5.7　杭州某公园景观工程分部分项工程量清单及计价表

第 1 页　共 1 页

序号	项目编码	项目名称	项目特征描述	计量单位	工程量	综合单价（元）	合价（元）	其中		备注
								人工费	机械费	
1	050201001001	水刷混凝土园路	300 厚 1200 宽 3：7 灰土垫层 250 厚 1200 宽碎石垫层 150 厚 1200 宽 C15 水刷混凝土面层	m²	37.4					
2	050201003001	水刷混凝土园路路路牙铺设	混凝土路牙 170×85、水泥砂浆 1：2	m	34					
3	050201001002	石板冰梅园路	100 厚 1500 宽碎石垫层 100 厚 1500 宽 C15 素混凝土垫层 30 厚 1：3 水泥砂浆 40 厚 1500 宽冰梅石板、离缝	m²	150					
4	050201001003	石板冰梅整石收边边园路	100 厚 1700 宽碎石垫层 100 厚 1700 宽 C15 混凝土垫层 20 厚 1：3 水泥砂浆 30 厚 1100 宽 300～500 黄木纹板岩碎拼、50 厚 400 宽花岗岩收边	m²	225					
5	050201001004	水洗石园路	150 厚 1000 宽碎石垫层 100 厚 1000 宽 C20 混凝土垫层 20 厚 1000 宽水洗石面层	m²	80					
6	050201004001	树池甬牙	预制混凝土边石 70×150	m	40.64					
7	050201014001	木制步桥	桥宽 2.38m，桥长 50m，木材：柳桉防腐木 180×180 木柱、100×80 木柱、50×70 木柱、100×80 木梁、2000×200×60 木板、30×200 木档	m²	119					
8	050202001001	石砌驳岸	φ200～500 自然面单体块石浆砌、M5 水泥砂浆砌筑、勾凸缝	m³	286					
			合计							

投标人：（盖章）

法定代表人或委托代理人：（签字或盖章）

160

（2）园路垫层两边若做侧石，按设计图示尺寸以"m³"计算。两边若不做侧石，设计又未注明垫层宽度时，其宽度按设计园路面层图示尺寸，两边各放宽5cm计算。

（3）斜坡按水平投影面积计算。

（4）路牙、树池围牙按"m"计算，树池盖板按"m²"计算。

（5）木栈道按"m²"计算，木栈道龙骨按"m³"计算。

（6）园桥毛石基础、桥台、桥墩、护坡按设计图示尺寸以"m³"计算。石桥面、木桥面按"m²"计算。

（7）钢骨架制作、安装按t计算。

2. 园路园桥工程预算定额工程量的计算

【例5-6】 根据例5-1提供的设计图纸，求定额工程量。

解：

（1）3:7灰土垫层：$V=17\times2.2\times0.3=11.22(m^3)$。

（2）碎石垫层：$V=17\times2.2\times0.25=9.35(m^3)$。

（3）混凝土面层：$S=17\times2.2=37.40(m^2)$。

（4）路牙：$L=17\times2=34.00(m)$。

【例5-7】 根据例5-2提供的设计图纸，求定额工程量。

解：

（1）石板冰梅园路。

路床整理：$S=100\times1.5=150.00(m^2)$。

碎石垫层：$V=100\times1.5\times0.1=15.00(m^3)$。

C15混凝土垫层：$V=100\times1.5\times0.1=15.00(m^3)$。

石板冰梅：$S=100\times1.5=150.00(m^2)$。

（2）石板冰梅整石收边园路。

路床整理：$S=150\times1.5=225.00(m^2)$。

碎石垫层：$V=150\times1.7\times0.1=25.50(m^3)$。

C15混凝土垫层：$V=150\times1.7\times0.1+0.1\times0.03\times1/2\times150\times2=25.95(m^3)$。

50mm厚黄锈石花岗岩：$S=150\times0.2\times2=60.00(m^2)$。

30mm厚黄木纹板岩：$S=150\times1.1=165.00(m^2)$。

（3）水洗石园路。

路床整理：$S=80\times1=80.00(m^2)$。

碎石垫层：$V=80\times1\times0.15=12.00(m^3)$。

C20混凝土垫层：$V=80\times1\times0.1=8.00(m^3)$。

水洗石：$S=80\times1=80.00(m^2)$。

【例5-8】 根据例5-3提供的设计图纸，求定额工程量。

解：

预制混凝土围牙：$(1.2+0.07)\times4=5.08(m)$。

【例5-9】 根据例5-4提供的设计图纸，求定额工程量。

解：

（1）2000mm×200mm×60mm防腐木桥面：$S=50\times2.38=119.00(m^2)$。

(2) 30×200 防腐侧木档：50×2＝100（m）。

(3) 180mm×180mm 木柱：$V=0.18×0.18×1.05×(50÷2+1)×2=1.77(m^3)$。

(4) 80×100 木柱：$V=0.08×0.1×(0.72+0.02)×(50÷2×2)×2=0.59(m^3)$。

(5) 70×50 木柱：$0.07×0.05×(0.34+0.02×2)×(50÷2×6)×2=0.40(m^3)$。

(6) 100mm×80mm 木扶手：$0.1×0.08×(2-0.09×2+0.03×2)×(50÷2)×2=0.75(m^3)$。

(7) 100mm×80mm 木梁：$0.1×0.08×(0.63-0.09-0.04+0.03×2)×(50÷2×6)×2$（中、下两档木梁）$×2=2.69(m^3)$。

【例 5-10】 根据例 5-5 提供的设计图纸，求定额工程量。

解：

(1) 石砌驳岸体积 $V=[0.5×(1.2+0.5)+0.9×0.5]×220=286.00(m^3)$。

(2) 勾缝：$S=1.2×220=264.00(m^2)$。

5.3 园路园桥工程计价

5.3.1 定额计价法园路园桥工程计价

1. 园路园桥工程的定额套取与换算

《浙江省园林绿化及仿古建筑工程预算定额》(2010 版)计价说明规定如下。

(1) 定额包括园路及园桥工程。园路包括垫层、面层，如遇缺项，可套用其他章相应定额子目，其合计工日乘以系数 1.10。园桥包括基础、桥台、桥墩、护坡、石桥面、木桥面等项目，如遇缺项，可套用其他章节相应定额，其合计工日乘以系数 1.25。

(2) 每 $10m^2$ 冰梅数量在 250～300 块时，套用冰梅石板定额；每 $10m^2$ 冰梅数量在 250 块以内时，其人工、切割锯片乘以系数 0.9；每 $10m^2$ 冰梅数量在 300 块以上时，其人工、切割锯片乘以系数 1.15，其他不变。

(3) 花岗岩机割石板地面定额，其水泥砂浆结合层按 3cm 厚编制。

(4) 满铺卵石面的拼花是按单色卵石、粒径 4～6cm 编制的，设计分色或粒径不同时，应另行计算。水泥砂浆厚度按 2.5cm 编制。

(5) 铺卵石面层定额包括选、洗卵石和清扫、养护路面。

(6) 洗米石地面为素水泥浆粘结，若洗米石为环氧树脂粘结应另行计算。

(7) 斜坡(礓磋)已包括了土方、垫层及面层。如垫层、面层的材料品种、规格等设计与定额不同时，可以换算。

(8) 木栈道不包括木栈道龙骨，木栈道龙骨另列项目计算。木栈道柱、梁、桁条及临水面打桩可分别按其他章节相应定额项目执行。

【例 5-11】 某公园园路，面层为 4～6cm 粒径的雨花石满铺拼花面，见表 5.8。请确定定额子目与基价(雨花石单价为 850 元/t，雨花石比重与卵石相同)。

表 5.8　园路定额节选　　　　　　　　　　　　计量单位：10m²

定额编号			2-49	2-50	2-51
项目			满铺卵石面	素色卵石面	洗米石
			拼花	彩边素色	厚 20mm
基价(元)			846	561	797
其中	人工费(元)		655.22	374.41	449.35
	材料费(元)		190.30	186.79	341.06
	机械费(元)		—	—	6.91
名称		单位	单价(元)	消耗量	
人工	二类人工	工日	43.00	15.238	8.707	10.450
材料	水	m³	2.95	0.500	0.500	0.349
	水泥砂浆	m³	210.26	0.360	0.360	—
	107 胶素水泥浆	m³	497.85	—	—	0.010
	白水泥	kg	0.60	—	—	134.000
	洗米石 3~5mm	kg	0.80	—	—	315.000
	园林用卵石本色 4~6cm	t	128.00	0.550	0.580	—
	园林用卵石分色 4~6cm	t	245.00	0.170	0.140	—
	其他材料费	元	1.00	1.080	1.080	2.650
机械	灰浆搅拌机 200L	台班	58.57	—	—	0.118

解：雨花石满铺路面按卵石满铺面执行，套用定额 2-49。满铺卵石面层拼花定额是按单色卵石、粒径 4~6cm(即平均厚度 5cm)编制的，定额卵石铺面的卵石含量为 $0.55+0.17=0.72(t/10m^2)$，即雨花石用量为 $0.72t/10m^2$。

换算后基价为：$846-(0.55\times128+0.17\times245)+0.72\times850=1345.95(元/10m^2)$。

【例 5-12】　如图 5.33 所示为某道路局部断面示意图，其中该段道路长 17m，宽 2.2m，混凝土道牙 85mm×170mm×500mm。请确定定额子目与基价。

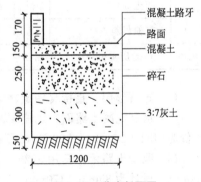

图 5.33　道路断面图

解：

(1) 3∶7 灰土垫层：执行第 4 章相应定额子目，套用定额 4-125。在本章定额缺项时，套用其他章节定额子目，其合计工日乘以系数 1.10。

换算后基价为 $1047+228.57\times0.1=1069.86(元/10m^3)$。

表 5.9　园路定额节选　　　　　　　　　　　　　　计量单位：10m³

定额编号			2－47	2－53	2－54	2－85	4－125
项目			垫层	水刷混凝土面（10m²）	水刷面（10m²）	混凝土路牙铺筑（10m）	垫层
			碎石	厚12cm	每增减1cm	10×30cm	3：7灰土
基价（元）			1076	451	25	191	1047
其中	人工费（元）		284.71	173.47	4.29	64.86	228.57
	材料费（元）		790.80	277.84	20.66	125.83	808.61
	机械费（元）		—	—	—	—	9.59
名称	单位	单价（元）	消耗量				
人工	二类人工	工日	43.00	6.621	4.034	0.100	1.508	5.316

注：该表由于列数复杂，下列材料部分重新列出

名称	单位	单价（元）	2－47	2－53	2－54	2－85	4－125
碎石38~63	t	49.00	15.950	—	—	—	—
水	m³	2.95	—	1.400	0.120	0.150	—
现浇现拌混凝土C15（16）	m³	200.08	—	1.066	0.101	—	—
水泥白石屑浆1：1.5	m³	257.23	—	0.158	—	—	—
木模板	m³	1200.00	—	0.015	—	—	—
水泥砂浆1：2	m³	228.22	—	—	—	0.017	—
预制混凝土边石100mm×300mm×500mm	块	5.78	—	—	—	20.800	—
灰土3：7	m³	80.06	—	—	—	—	10.100
其他材料费	元	1.00	9.248	1.780	0.100	1.282	—
电动历实机	台班	21.79	—	—	—	—	0.440

（2）碎石垫层：直接套用定额2－47，基价为1076元/10m³。

（3）水刷混凝土路面：水刷混凝土路面厚15cm，需套用定额2－53和2－54，换算后基价为（451＋25×3）＝526.00（元/10m²）。

（4）混凝土路牙：套用定额2－85。定额预制混凝土边石规格为100mm×300mm×500mm，设计为85mm×170mm×500mm，需进行换算。预制混凝土边石85mm×170mm×500mm市场价为2.85元/块。

换算后基价为：191－5.78×20.800＋2.85×20.800＝130.06（元/10m）。

【例5－13】　根据例5－2提供的设计图纸和例5－7计算的定额工程量，见表5.10。请确定定额子目和基价。

表 5.10 例 5－13 定额 　　　　　　　　　　　计量单位：10m²

定额编号			2－44	2－48	2－66	2－76	2－62
项目			园路土基	垫层	石板冰梅面（离缝）	花岗岩机制板地面	乱铺花岗岩
			整理路床	混凝土（10m³）	板厚4cm以内	板厚3～5cm	
基价（元）			18	2636	2000	1149	436
其中	人工费（元）		17.55	709.82	634.04	250.00	198.66
	材料费（元）		—	1883.90	1366.12	891.49	237.22
	机械费（元）			41.97	—	7.97	
名称	单位	单价（元）			消耗量		
人工	二类人工 工日	43.00	0.408	16.507	14.745	5.814	4.620
材料	现浇现拌混凝土 C15	m³ 183.25	—	10.200	—	—	—
	水	m³ 2.95	—	5.000	0.600	0.280	0.070
	机割特坚石	m² 84.00	—	—	13.500	—	—
	干硬水泥砂浆 1:3	m³ 199.35	—	—	0.330	—	0.230
	纯水泥浆	m³ 417.35	—	—	0.010	—	—
	白回丝	kg 9.23	—	—	0.100	0.100	—
	水泥 32.5	kg 0.30	—	—	1.550	—	—
	水泥 52.5	kg 0.39	—	—	—	1.550	—
	石料切割锯片	片 31.30	—	—	5.000	0.040	—
	水泥砂浆 1:2.5	m³ 210.26	—	—	—	0.330	—
	花岗岩	m² 80.00	—	—	—	10.200	—
	花岗岩碎片	m² 20.00	—	—	—	—	9.500
	其他材料费	元 1.00	—	—	2.500	2.500	1.160
机械	混凝土搅拌机 500L	台班 123.45	—	0.340	—	—	—
	灰浆搅拌机 200L	台班 58.57	—	—	—	0.136	—

解：

(1) 园路土基、路床整理：直接套用定额 2－44，基价为 18 元/10m²。

(2) 碎石垫层：直接套用定额 2－47，基价为 1076 元/10m³。

(3) C15 混凝土垫层：直接套用定额 2－48，基价为 2636 元/10m³。

(4) C20 混凝土垫层：套用定额 2－48，但混凝土型号设计与定额不同，需要进行基价换算。C20 混凝土价格为 192.94 元/10m³。

换算后基价为：$2636 - 183.25 \times 10.200 + 192.94 \times 10.200 = 2734.84$（元/10m³）。

(5) 4mm 石板冰梅面：套用定额 2－66，定额水泥砂浆含量为 30mm 厚，设计水泥砂浆含量与定额相同；定额采用干硬水泥砂浆 1∶3，设计采用水泥砂浆 1∶3，基价需进行换算。1∶3 水泥砂浆单价为 195.13 元/m³。

换算后基价为：2000－199.35×0.33＋195.13×0.33＝1998.61（元/10m²）。

（6）30mm 黄木纹板岩面：套用定额 2－62。定额采用普通花岗岩碎片，设计采用 30mm 厚黄木纹板岩，黄木纹板岩价格为 70 元/m²；定额水泥砂浆含量为 20mm 厚，设计为 40mm 厚；定额采用干硬水泥砂浆 1∶3，设计采用 1∶3 水泥砂浆，定额基价需进行换算。1∶3 水泥砂浆单价为 195.13 元/m³。

换算后基价为：436－20×9.5＋70×9.5－199.35×0.23＋195.13×0.45＝952.96（元/10m²）。（注：水泥砂浆消耗量为水泥砂浆净用量与损耗量之和，水泥砂浆损耗率为 10%。）

（7）50mm 黄锈石花岗岩面：套用定额 2－76，定额水泥砂浆含量为 30mm 厚，设计为 20mm 厚；定额采用 1∶2.5 水泥砂浆，设计采用 1∶3 水泥砂浆，定额基价需进行换算。1∶3 水泥砂浆单价为 195.13 元/m³。

换算后基价为：1149－210.26×0.33＋195.13×0.22＝1122.54（元/10m²）。

（8）20mm 水洗石：水洗石又称洗米石，是指水泥及骨料混合抹平整，快干时，用水洗掉骨料表面的水泥，露出骨料表面。套用定额 2－51，定额含量为 20mm 厚，设计与定额相同，基价可以直接套用，基价为 797 元/10m²。

【例 5－14】 根据例 5－3 提供的设计图纸和例 5－8 计算的定额工程量，见表 5.11。请确定定额子目和基价。

表 5.11 例 5－14 定额　　　　　　　　　　　计量单位：10m

定额编号				2－82	2－83	2－84
项目				砖树池围牙	混凝土树池围牙	条石树池围牙
				5.3cm	7×15cm	7×25cm
基价（元）				65	96	300
其中	人工费（元）			32.29	49.88	175.50
	材料费（元）			33.20	45.81	124.39
	机械费（元）			—	—	—
	名称	单位	单价（元）	消耗量		
人工	二类人工	工日	43.00	0.751	1.160	4.082
材料	水泥砂浆 1∶2	m³	228.22	0.016	0.013	0.013
	条石 70mm×250mm	m	9.60	—	—	10.300
	预制混凝土边石 70mm×150mm×500mm	块	2.02	—	20.800	—
	标准砖 240mm×115mm×53mm	百块	35.00	0.826	—	—
	水	m³	2.95	0.014	0.075	0.014
	其他材料费	元	1.00	0.602	0.602	22.500

解:

预制混凝土树池围牙:套用定额 2-83,基价为 96 元/10m。

【例 5-15】　根据例 5-4 提供的设计图纸和例 5-9 计算的定额工程量,见表 5.12。请确定定额子目和基价。

表 5.12　例 5-15 定额

定额编号			2-96	3-58	3-59	8-167
项目			木桥面	木花架柱梁 (m³)	木花架椽	封沿板
			厚 8cm (10m²)		断面周长 25cm 以内 (m³)	2.5×25 (10m)
基价(元)			4046	2463	2597	145
其中	人工费(元)		186.07	780.24	789.97	26.60
	材料费(元)		3850.23	1662.86	1769.76	117.35
	机械费(元)		10.19	20.19	37.55	1.21
	名称	单位	单价(元)	消耗量		
人工	二类人工	工日	43.00	4.327	18.145	18.371	—
	三类人工	工日	50.00	—	—	—	0.532
材料	硬木板枋材	m³	3600.00	0.945			
	铜钉 120	kg	67.50	6.600	—	—	
	杉板枋材	m³	1450.00	—	1.138	1.210	0.080
	水柏油	kg	0.51		0.150		
	圆钉	kg	4.36	—	0.650	3.500	0.310
	铁件	kg	5.81	—	0.620		
	其他材料费	元	1.00	2.731	6.250		
机械	木工圆锯机	台班	25.38	0.313	0.618		0.014
	木工平刨机	台班	21.43	0.105	0.210	—	0.040

木桥与木栈道柱、梁、桁条如遇缺项时,可套用其他章节相应定额项目执行,本例中,定额子目涉及了其他章节。

(1)木桥面:套用定额 2-96,定额采用 8cm 硬木板枋材,设计采用 6cm 防腐柳桉木,防腐柳桉木 5000 元/m³,定额基价需进行换算。

换算后基价为:$4046-3600\times0.945+5000\times(10\times0.06\times1.1)=3944$(元/10m²)。

(2)30×200 防腐侧木档:本章定额遇缺项,套用其他章节定额子目 8-167。定额采用 2.5×25cm 杉板枋材,设计采用 3×20cm 防腐柳桉木。设计规格与定额不同时,杉板枋材按比例换算,其他不变。

换算后基价为:$145-1450\times0.080+5000\times0.08/(0.025\times0.25)\times0.03\times0.2=413$(元/10m)。

（3）180×180 木柱、80×100 木柱、木扶手、木梁：本章定额缺项，套用其他章节相应定额子目 3-58。定额采用杉板枋材，设计采用防腐柳桉木，定额基价需进行换算。

换算后基价为：2463－1450×1.138＋5000×1.138－0.51×0.150＝6502.82（元/m³）。

（4）70×50 木撑：本章定额缺项，套用其他章节相应定额子目 3-59。定额采用杉板枋材，设计采用防腐柳桉木，定额基价需进行换算。

换算后基价为：2597－1450×1.210＋5000×1.210＝6892.5（元/m³）。

【例 5-16】 根据例 5-5 提供的设计图纸和例 5-10 计算的定额工程量，见表 5.13。请确定定额子目和基价。

表 5.13　例 5-16 定额

定额编号			5-58	7-94
项目			毛石墙（10m³）	毛石墙勾凸缝（100m²）
基价（元）			2246	573
其中	人工费（元）		808.40	500.50
	材料费（元）		1410.46	69.68
	机械费（元）		26.94	2.93
名称		单位	单价（元）	消耗量
人工	二类人工	工日	43.00	18.800	10.010
材料	湖石	t	180.00	—	—
	水泥砂浆 1：2.5	m³	210.26	—	—
	水泥砂浆 1：1.5	m³	241.92	—	0.280
	铁件	kg	5.81	—	—
	块石 200～500	t	40.50	18.450	—
	水泥砂浆 M7.5	m³	168.17	3.930	—
	水	m³	2.95	0.790	0.320
	其他材料费	元	1.00	—	1.000
机械	汽车式起重机 12t	台班	610.86	—	—
	灰浆搅拌机 200L	台班	58.57	0.460	0.050

解：

毛石砌驳岸勾缝，本章均缺项，需按其他章节相应定额子目执行。

（1）石砌驳岸：套用 5-58，定额采用 M7.5 水泥砂浆砌筑，设计采用 M5.0 水泥砂浆砌筑，定额基价需进行换算。M5.0 水泥砂浆单价为 164.87 元/m³。

换算后基价为：2246－168.17×3.93＋164.87×3.93＝2233.03（元/10m³）。

（2）勾凸缝：套用 7-94，设计未注明采用水泥砂浆的型号，按定额价执行，定额基价为 573 元/100 m²。

2．园路园桥工程预算书编制

杭州市某公园内设计有 17m×2.2m 水刷混凝土园路、100m×1.5m 石板冰梅园路、150m×1.5m 石板冰梅整石收边园路、80m×1m 水洗石园路、8 个树池围牙、木桥 1 座、石砌驳岸 1 处，结构如上图 5.28～图 5.32 所示。各项费率按中值取费。

其工程预算书见表 5.14～表 5.17。

表 5.14 某公园景观工程预算书封面

杭州市某公园景观 　　工程

预 算 书

预算价(小写)：　　　　278333　　　　元

　　(大写)：　　贰拾柒万捌仟叁佰叁拾叁　　元

编制人：　　　　　　(造价员签字盖专用章)

复核人：　　　　　　(造价工程师签字盖专用章)

编制单位：(公章)　　　　　　　　　编制时间：　年　月　日

表 5.15 某公园景观工程预算编制说明

编 制 说 明

一、工程概况

本工程是杭州市某公园景观工程，有 17m×2.2m 水刷混凝土园路、100m×1.5m 石板冰梅园路、150m×1.5m 石板冰梅整石收边园路、80m×1m 水洗石园路、8 个树池围牙、木桥 1 座、石砌驳岸 1 处。

二、编制依据

1. 杭州某公园景观工程施工图纸。

2.《浙江省园林绿化及仿古建筑工程预算定额》(2010 版)。

3.《浙江省建设工程施工费用定额》(2010 版)。

4.《浙江省施工机械台班费用定额参考单价》(2010 版)。

5. 材料价格按浙江省 2012 年第 5 期信息价。

6. 人工价格按定额价。

三、编制说明

1. 本工程规费按浙江省建设工程施工取费定额计取，农民工工伤保险费按 0.114% 计取；税金按市区税金 3.577% 计取。

2. 本工程综合费用按园林景区工程二类中值考虑；取费基数为人工费＋机械费。

3. 安全文明施工费、建设工程检验试验费、已完工程及设备保护费、二次搬运费均按《浙江省建设工程施工取费定额》(2010 版)相应的中值计入。

表 5.16 某公园景观工程单位工程预算费用计算表

工程名称：杭州某公园景观工程 　　　　　　　　　　　　　　　　第 1 页 共 1 页

序号	费用名称		计算公式	金额(元)
一	预算定额分部分项工程费		按计价规则规定计算	240174
	其中	1. 人工费＋机械费	$\sum$(定额人工费＋定额机械费)	58446
二	施工组织措施费			2998
	其中	2. 安全文明施工费	1×3.91%	2285
		3. 建设工程检验试验费	1×0.65%	380
		4. 冬雨季施工增加费	1×0.24%	140
		5. 夜间施工增加费	1×0.04%	23
		6. 已完工程及设备保护费	1×0.08%	47
		7. 二次搬运费	1×0.21%	123
		8. 行人、行车干扰增加费	1×0%	0
		9. 提前竣工增加费	1×0%	0
		10. 其他施工组织措施费	按相关规定计算	0
三	企业管理费		1×19%	11105
四	利润		1×11%	6429
五	规费			8015
	11. 排污费、社保费、公积金		1×13.19%	7709
	12. 民工工伤保险费		(一＋二＋三＋四＋六＋七＋八＋11＋13)×0.114%	306
	13. 危险作业意外伤害保险费		按各市有关规定计算	0
六	总承包服务费			0
	14. 总承包管理和协调费		分包项目工程造价×0%	0
	15. 总承包管理、协调和服务费		分包项目工程造价×0%	0
	16. 甲供材料设备管理服务费		甲供材料设备费×0%	0
七	风险费		(一＋二＋三＋四＋五＋六)×0%	0
八	暂列金额		(一＋二＋三＋四＋五＋六＋七)×0%	0
九	单列费用		单列费用	0
十	税金		(一＋二＋三＋四＋五＋六＋七＋八＋单列)×3.577%	9612
十一	建设工程造价		一＋二＋三＋四＋五＋六＋七＋八＋九＋十	278333

表 5.17 某公园景观工程分部分项工程费计算表

工程名称：杭州某公园景观工程

序号	定额编号	名称及说明	单位	工程数量	工料单价(元)	合价(元)
		水刷混凝土园路				4614.68
1	4 - 125 * a 1.1换	基础垫层　3：7灰土	10m³	1.122	1069.60	1200.09
2	2 - 47	园路基层　碎石垫层	10m³	0.935	1075.50	1005.59
3	2 - 53换	水刷混凝土面厚12cm	10m²	3.740	451.30	1687.86
4	2 - 54 * j3	水刷、纹形面　每增减1cm	10m²	3.740	74.89	280.09
5	2 - 85换	园路面层　混凝土路牙铺筑 10×30cm	10m	3.400	129.72	441.05
		石板冰梅园路				35811.24
6	2 - 44	园路土基　整理路床	10m²	15.000	17.54	263.10
7	2 - 47	园路基层　碎石垫层	10m³	1.500	1075.50	1613.25
8	2 - 48	园路基层　混凝土垫层	10m³	1.500	2635.66	3953.49
9	2 - 66换	石板冰梅面　离缝板厚4cm　水泥砂浆1：3	10m²	15.000	1998.76	29981.40
		石板冰梅整石收边园路				32436.58
10	2 - 44	园路土基　整理路床	10m²	22.500	17.54	394.65
11	2 - 47	园路基层　碎石垫层	10m³	2.550	1075.50	2742.53
12	2 - 48	园路基层　混凝土垫层	10m³	2.595	2635.66	6839.54
13	2 - 62换	30mm黄木纹板岩碎拼，水泥砂浆1：3	10m²	16.500	952.84	15721.86
14	2 - 76换	50mm黄锈石花岗岩，板厚3～5cm以内　水泥砂浆1：3	10m²	6.000	1123.00	6738.00
		水洗石园路				9997.06
15	2 - 44	园路土基　整理路床	10m²	8.000	17.54	140.32
16	2 - 47	园路基层　碎石垫层	10m³	1.200	1075.50	1290.60
17	2 - 48换	园路基层　混凝土垫层现浇现拌混凝土 C20(40)	10m³	0.800	2734.48	2187.58
18	2 - 51	洗米石厚20mm	10m²	8.000	797.32	6378.56
		树池围牙				388.88
19	2 - 83	园路面层　混凝土树池围牙 7×15cm	10m	4.064	95.69	388.88
		木桥				91553.00
20	2 - 96换	2000mm×200mm×60mm 防腐木桥面	10m²	11.900	3944.49	46939.43

（续）

序号	定额编号	名称及说明	单位	工程数量	工料单价（元）	合价（元）
21	8－167 换	30mm×200mm 防腐侧木档	10m	10.000	413.16	4131.60
22	3－58 换	180mm×180mm 木柱	m³	1.769	6503.12	11504.28
23	3－58 换	80mm×100mm 木柱	m³	0.592	6503.12	3849.85
24	3－58 换	80mm×100mm 木扶手、木梁	m³	3.440	6503.12	22370.73
25	3－59 换	70mm×50mm 木撑	m³	0.400	6892.78	2757.11
		石砌驳岸				65372.23
28	5－58 换	毛石墙　水泥砂浆 M5.0	10m³	28.600	2232.84	63859.22
29	7－94	水泥砂浆勾缝　毛石墙凸缝	100m²	2.640	573.11	1513.01
		本页小计				240173.67
		合计				240173.67

5.3.2　清单计价法园路园桥工程计价

1. 园路园桥工程项目综合单价分析

杭州市某公园内设计有 17m×2.2m 水刷混凝土园路、100m×1.5m 石板冰梅园路、150m×1.5m 石板冰梅整石收边园路、80m×1m 水洗石园路、8 个树池围牙、木桥 1 座、石砌驳岸 1 处，结构如图 5.28～图 5.32 所示。管理费与利润按中值取，管理费率为 19%、利润费率为 11%。请分析各项清单项目的综合单价。

1）水刷混凝土路面综合单价分析

（1）3：7 灰土垫层：套用定额 4－125 换。定额工程量为 1.122（10m³）。

人工费：228.57×1.1＝251.43（元/10m³）。

材料费：808.61 元/10m³。

机械费：9.59 元/10m³。

管理费：（251.43＋9.59）×19%＝49.60（元/10m³）。

利润：（251.43＋9.59）×11%＝28.71（元/10m³）。

小计：251.43＋808.61＋9.59＋49.60＋28.71＝1147.49（元/10m³）。

（2）碎石垫层：套用定额 2－47。定额工程量为 0.935（10m³）。

人工费：284.71 元/10m³。

材料费：790.80 元/10m³。

机械费：0 元/10m³。

管理费：（284.71＋0）×19%＝54.10（元/10m³）。

利润：（284.71＋0）×11%＝31.32（元/10m³）。

小计：284.71＋790.80＋0＋54.10＋31.32＝1160.93（元/10m³）。

（3）水刷混凝土路面：套用定额 2－53 换＋2－54 换。定额工程量为 3.74(10m²)。

人工费：173.47＋4.29×3＝186.34(元/10m²)。

材料费：277.84＋20.66×3＝339.82(元/10m²)。

机械费：0 元/10m²。

管理费：(186.34＋0)×19％＝35.40(元/10m²)。

利润：(186.34＋0)×11％＝20.50(元/10m²)。

小计：186.34＋339.82＋0＋35.40＋20.50＝582.06(元/10m²)。

（4）水刷混凝土路面综合单价。清单工程量 37.40m²。

人工费：(251.43×1.122＋284.71×0.935＋186.34×3.74)÷37.40＝33.30(元/m²)。

材料费：(808.61×1.122＋790.80×0.935＋339.82×3.74)÷37.40＝78.01(元/m²)。

机械费：(9.59×1.122＋0＋0)÷37.4＝0.29(元/m²)。

管理费：(49.60×1.122＋54.10×0.935＋35.40×3.74)37.40＝6.38(元/m²)。

利润：(28.71×1.122＋31.32×0.935＋20.50×3.74)÷37.40＝3.69(元/m²)。

综合单价：33.30＋78.01＋0.29＋6.38＋3.69＝121.67(元/m²)。

其综合单价分析见表 5.18。

表 5.18　水刷混凝土综合单价分析表

项目编码	项目名称	计量单位	数量	综合单价（元）						合计（元）
				人工费	材料费	机械费	管理费	利润	小计	
050201001001	水刷混凝土园路	m²	37.4	33.30	78.01	0.29	6.38	3.69	121.67	4550.46
4－125 换	基础垫层3∶7灰土	10m³	1.122	251.43	808.61	9.59	49.60	28.71	1147.49	1287.48
2－47	园路基层碎石垫层	10m³	0.935	284.71	790.80	0.00	54.10	31.32	1160.93	1085.47
2－53 换＋2－54 换	水刷混凝土面 厚12cm	10m²	3.74	186.34	339.82	0.00	35.40	20.50	582.06	2176.90

2）水刷混凝土路面路牙综合单价分析

其综合单价分析见表 5.19。

表 5.19　水刷混凝土路面路牙综合单价分析表

项目编码	项目名称	计量单位	数量	综合单价（元）						合计（元）
				人工费	材料费	机械费	管理费	利润	小计	
050201003001	水刷混凝土园路路牙铺设	m	34	6.49	6.49	0.00	1.23	0.71	14.92	507.28
2－85	园路面层混凝土路牙铺筑 10×30cm	10m	3.4	64.86	64.88	0.00	12.32	7.13	149.19	507.25

3）石板冰梅园路综合单价分析

其综合单价分析见表 5.20。

表 5.20　石板冰梅园路综合单价分析表

项目编码	项目名称	计量单位	数量	综合单价(元)						合计(元)
				人工费	材料费	机械费	管理费	利润	小计	
050201001002	石板冰梅园路	m²	150	75.10	163.20	0.42	14.35	8.31	261.38	39207.00
2-44	园路土基整理路床	10m²	15	17.55	0.00	0.00	3.33	1.93	22.81	342.15
2-47	园路基层碎石垫层	10m³	1.5	284.71	790.80	0.00	54.10	31.32	1160.93	1741.40
2-48	园路基层混凝土垫层	10m³	1.5	709.82	1883.90	41.97	142.84	82.70	2861.23	4291.85
2-66换	石板冰梅面离缝板厚4cm水泥砂浆1:3	10m²	15	634.04	1364.72	0.00	120.47	69.74	2188.97	32834.55

4）石板冰梅整石收边园路综合单价分析

其综合单价分析见表 5.21。

表 5.21　石板冰梅整石收边园路综合单价分析表

项目编码	项目名称	计量单位	数量	综合单价(元)						合计(元)
				人工费	材料费	机械费	管理费	利润	小计	
050201001003	石板冰梅整石收边园路	m²	225	34.40	109.06	0.70	6.67	3.86	154.69	34805.25
2-44	园路土基整理路床	10m²	22.5	17.55	0.00	0.00	3.33	1.93	22.81	513.23
2-47	园路基层碎石垫层	10m³	2.55	284.71	790.80	0.00	54.10	31.32	1160.93	2960.37
2-48	园路基层混凝土垫层	10m³	2.595	709.82	1883.90	41.97	142.84	82.70	2861.20	7424.81
2-62换	30mm 黄木纹板岩碎拼水泥砂浆1:3	10m²	16.5	198.66	754.18	0.00	37.75	21.85	1012.44	16705.26
2-76换	50mm 黄锈石花岗岩,板厚3～5cm以内水泥砂浆1:3	10m²	6	250.00	865.03	7.97	49.01	28.38	1200.39	7202.34

5）水洗石园路综合单价分析

其综合单价分析见表 5.22。

表 5.22 水洗石园路综合单价分析表

项目编码	项目名称	计量单位	数量	综合单价(元)						合计(元)
				人工费	材料费	机械费	管理费	利润	小计	
050201001004	水洗石园路	m²	80	58.06	65.80	1.11	11.24	6.51	142.72	11417.60
2-44	园路土基整理路床	10m²	8	17.55	0.00	0.00	3.33	1.93	22.81	182.48
2-47	园路基层碎石垫层	10m³	1.2	284.71	790.80	0.00	54.10	31.32	1160.93	1393.12
2-48 换	园路基层混凝土垫层现浇现拌混凝土 C20(40)	10m³	0.8	709.80	1982.71	41.97	142.84	82.70	2960.04	2368.03
2-51	洗米石厚 20mm	10m²	8	449.35	341.06	6.91	86.69	50.19	934.20	7473.60

6) 树池围牙综合单价分析

其综合单价分析见表 5.23。

表 5.23 树池围牙综合单价分析表

项目编码	项目名称	计量单位	数量	综合单价(元)						合计(元)
				人工费	材料费	机械费	管理费	利润	小计	
050201004001	树池围牙	m	40.64	4.99	4.58	0.00	0.95	0.55	11.07	449.88
2-83	园路面层混凝土树围牙 7×15cm	10m	4.064	49.88	45.81	0.00	9.48	5.49	110.66	449.72

7) 木制步桥综合单价分析

其综合单价分析见表 5.24。

表 5.24 木制步桥综合单价分析表

项目编码	项目名称	计量单位	数量	综合单价(元)						合计(元)
				人工费	材料费	机械费	管理费	利润	小计	
050201014001	木制步桥	m²	119	61.53	705.59	2.23	12.12	7.01	788.48	93829.12
2-96 换	2000mm × 200mm×60mm 防腐木桥面	10m²	11.9	186.06	3748.23	10.20	37.29	21.59	4003.27	47638.91
8-167 换	30mm × 200mm 防腐侧木档	10m	10	26.60	385.35	1.21	5.28	3.06	421.50	4215.00
3-58 换	180mm × 180mm 木柱	m³	1.769	780.24	5702.69	20.19	152.08	88.05	6743.25	11928.81

续表

项目编码	项目名称	计量单位	数量	综合单价（元）						合计（元）
				人工费	材料费	机械费	管理费	利润	小计	
3-58换	80mm × 100mm木柱	m³	0.592	780.24	5702.69	20.19	152.08	88.05	6743.25	3992.00
3-58换	80mm × 100mm 木扶手、木梁	m³	3.44	780.24	5702.69	20.19	152.08	88.05	6743.25	23196.78
3-59换	70mm × 50mm 木撑	m³	0.4	789.95	6065.26	37.57	157.23	91.03	7141.04	2856.42

8）石砌驳岸综合单价分析

其综合单价分析见表 5.25。

表 5.25　石砌驳岸综合单价分析表

项目编码	项目名称	计量单位	数量	综合单价（元）						合计（元）
				人工费	材料费	机械费	管理费	利润	小计	
050202001001	石砌驳岸	m³	286	85.46	140.39	2.72	16.75	9.70	255.02	72935.72
5-58换	毛石墙 水泥砂浆 M5.0	10m³	28.6	808.40	1397.50	26.94	158.71	91.89	2483.44	71026.38
7-94	水泥砂浆勾缝 毛石墙凸缝	100m²	2.64	500.50	69.68	2.93	95.65	55.38	724.14	1911.73

2. 园路园桥工程工程量清单计价

某公园园路园桥工程投标报价书见表 5.26～表 5.28。

表 5.26　某公园景观工程投标报价书封面

投 标 总 价

建设单位：＿＿＿＿＿＿＿＿＿＿＿＿＿＿＿＿＿＿＿＿＿＿

工程名称：＿＿＿＿＿某公园景观工程＿＿＿＿＿＿＿

投标总价（小写）＿＿＿＿278329 元＿＿＿＿＿

　　　　（大写）＿贰拾柒万捌仟叁佰贰拾玖元＿＿

投标人：＿＿＿＿＿＿＿＿＿＿＿＿＿＿＿（单位盖章）

法定代表人：＿＿＿＿＿＿＿＿＿＿＿＿（签字或盖章）

编制人：＿＿＿＿＿＿＿＿＿＿（签字及盖执业专用章）

编制时间：　　年　　月　　日

表 5.27　某公园景观工程投标报价编制说明

编 制 说 明

一、工程概况

本工程是杭州市某公园景观工程，有 17m×2.2m 水刷混凝土园路、100m×1.5m 石板冰梅园路、150m×1.5m 石板冰梅整石收边园路、80m×1m 水洗石园路、8 个树池围牙、木桥 1 座、点风景石 1 块、堆筑土山丘 1 座、石砌驳岸 1 处。

二、编制依据

1. 杭州某公园景观工程施工图纸。

2.《浙江省园林绿化及仿古建筑工程预算定额》（2010 版）。

3.《浙江省建设工程施工费用定额》（2010 版）。

4.《浙江省施工机械台班费用定额参考单价》（2010 版）。

5. 材料价格按浙江省 2012 年第 5 期信息价。

6. 人工价格按定额价。

三、编制说明

1. 本工程规费按浙江省建设工程施工取费定额计取，农民工工伤保险费按 0.114% 计取；税金按市区税金 3.577% 计取。

2. 本工程综合费用按园林景区工程二类中值考虑；取费基数为人工费＋机械费。

3. 安全文明施工费、建设工程检验试验费、已完工程及设备保护费、二次搬运费均按《浙江省建设工程施工取费定额》（2010 版)相应的中值计入。

表 5.28　某公园景观工程报价汇总表

工程名称：杭州某公园景观工程

序号	内　　容	报价合计(元)
一	分部分项工程量清单	257704
二	措施项目清单(1＋2)	2998
1	组织措施项目清单	2998
2	技术措施项目清单	0.00
三	其他项目清单	0.00
四	规费[3＋4＋5]	8015
3	排污费、社保费、公积金	7709
4	危险作业意外伤害保险费	0.00
5	民工工伤保险费 [(一＋二＋三＋3＋4)×费率]	306
五	税金 [(一＋二＋三＋四)×费率]	9612
六	总报价(一＋二＋三＋四＋五)	278329

总报价(大写)：贰拾柒万捌仟叁佰贰拾玖元

投标人：(盖章)　　　　　　　　　　法定代表人或委托代理人：(签字或盖章)

其分部分项工程量清单及计价见表 5.29，其分部分项工程量清单综合单价分析见表 5.30；其组织措施项目清单及计价见表 5.31。

表 5.29 某公园景观工程分部分项工程量清单及计价表

工程名称：杭州某公园景观工程

第 1 页 共 1 页

序号	项目编码	项目名称	项目特征描述	计量单位	工程量	综合单价（元）	合价（元）	其中		备注
								人工费（元）	机械费（元）	
1	050201001001	水刷混凝土园路	300mm厚1200mm宽3：7灰土垫层 250mm厚1200mm宽碎石垫层 150mm厚1200mm宽C15水刷混凝土面层	m²	37.4	121.67	4550.46	1245.42	10.85	
2	050201003001	水刷混凝土园路路牙铺设	混凝土路牙170mm×85mm 水泥砂浆1：2	m	34	14.91	506.94	220.32	0	
3	050201001002	石板冰梅园路	100mm厚1500mm宽碎石垫层 100mm厚1500mm宽C15素混凝土垫层 30mm厚1：3水泥砂浆 40mm厚1500mm宽冰梅石板，离缝	m²	150	261.40	39210.00	11265	63	
4	050201001003	石板冰梅整石收边园路	100mm厚1700mm宽碎石垫层 100mm厚1700mm宽C15混凝土垫层 20mm厚1：3水泥砂浆 30mm厚1100mm宽冰梅石板岩拼，50mm厚400mm宽黄木纹板岩碎拼，宽300~500mm宽花岗岩收边	m²	225	154.69	34805.25	7740	157.5	
5	050201001004	水洗石园路	150mm厚1000mm宽碎石垫层 100mm厚1000mm宽C20混凝土垫层 20mm厚1000mm宽水洗石面层	m²	80	142.72	11417.60	4644.8	88.8	
6	050201004001	树池围牙	预制混凝土边石70mm×150mm	m	40.64	11.07	449.88	202.79	0	
7	050201014001	木制步桥	桥宽：2.38m，桥长：50m 木材：柳桉防腐木 180mm×180mm木柱，50mm×70mm木柱，100mm×80mm木柱，100mm×80mm木梁，2000mm×200mm×30mm木板，30mm×200mm木档	m²	119	788.47	93827.93	7322.07	265.37	
8	050202001001	石砌驳岸	φ200~500mm自然面单体块石浆砌，M5水泥砂浆砌筑，勾凹凸缝	m³	286	255.02	72935.72	24441.56	777.92	
			合　计				257703.78	57081.96	1363.44	

投标人：（盖章）　　　　　　　　　　　　　　　　　　法定代表人或委托代理人：（签字或盖章）

工程名称：杭州某公园景观工程

表5.30 某公园景观工程分部分项工程量清单综合单价分析表

第1页 共2页

| 序号 | 编号 | 名称 | 计量单位 | 数量 | 综合单价（元） | | | | | | | 合计（元） |
					人工费	材料费	机械费	管理费	利润	风险费用	小计	
1	05020101001001	水刷混凝土园路	m²	37.4	33.30	78.01	0.29	6.38	3.69	0.00	121.67	4550.46
	4-125*a1.1换	基础垫层 3:7灰土	10m³	1.122	251.45	808.56	9.59	49.60	28.71	0.00	1147.91	1287.96
	2-47	园路基层 碎石垫层	10m³	0.935	284.70	790.80	0.00	54.09	31.32	0.00	1160.91	1085.45
	2-53换	水刷混凝土面 厚12cm	10m²	3.74	173.46	277.84	0.00	32.96	19.08	0.00	503.34	1882.49
	2-54*j3	水刷、纹形面 每增减1cm	10m²	3.74	12.90	61.99	0.00	2.45	1.42	0.00	78.76	294.56
2	05020101003001	水刷混凝土园路路牙铺筑	m	34	6.48	6.49	0.00	1.23	0.71	0.00	14.91	506.94
	2-85	园路面层 混凝土路牙铺筑 10×30cm	10m	3.4	64.84	64.88	0.00	12.32	7.13	0.00	149.17	507.18
3	05020101001002	石板冰梅园路	m²	150	75.10	163.22	0.42	14.35	8.31	0.00	261.40	39210.00
	2-44	园路土基 整理路床	10m²	15	17.54	0.00	0.00	3.33	1.93	0.00	22.80	342.00
	2-47	园路基层 碎石垫层	10m³	1.5	284.70	790.80	0.00	54.09	31.32	0.00	1160.91	1741.37
	2-48	园路基层 混凝土垫层	10m³	1.5	709.80	1883.89	41.97	142.84	82.69	0.00	2861.19	4291.79
	2-66换	石板冰梅面 离缝板厚4cm 水泥砂缝板厚1:3	10m²	15	634.04	1364.72	0.00	120.47	69.74	0.00	2188.97	32834.55
4	05020101001003	石板冰梅整石收边园路	m²	225	34.40	109.06	0.70	6.67	3.86	0.00	154.69	34805.25
	2-44	园路土基 整理路床	10m²	22.5	17.54	0.00	0.00	3.33	1.93	0.00	22.80	513.00
	2-47	园路基层 碎石垫层	10m³	2.55	284.70	790.80	0.00	54.09	31.32	0.00	1160.91	2960.32
	2-48	园路基层 混凝土垫层	10m³	2.595	709.80	1883.89	41.97	142.84	82.69	0.00	2861.19	7424.79
	2-62换	30mm黄木纹石板碎拼，水泥砂浆1:3	10m²	16.5	198.66	754.18	0.00	37.75	21.85	0.00	1012.44	16705.26
	2-76换	50mm黄锈石花岗岩，板厚3~5cm以内，水泥砂浆1:3	10m²	6	250.00	865.03	7.97	49.01	28.38	0.00	1200.39	7202.34

投标人：（盖章）

法定代表人或委托代理人：（签字或盖章）

表 5.30（续） 某公园景观工程分部分项工程量清单综合单价分析表

第 2 页 共 2 页

工程名称：杭州某公园景观工程

序号	编号	名称	计量单位	数量	综合单价（元）						小计	合计（元）
					人工费	材料费	机械费	管理费	利润	风险费用		
5	0502010001004	水洗石园路	m²	80	58.06	65.80	1.11	11.24	6.51	0.00	142.72	11417.60
	2-44	园路土基 整理路床	10m²	8	17.54	0.00	0.00	3.33	1.93	0.00	22.80	182.40
	2-47	园路基层 碎石垫层	10m³	1.2	284.70	790.80	0.00	54.09	31.32	0.00	1160.91	1393.09
	2-48换	园路基层 混凝土垫层 现浇现拌混凝土 C20(40)	10m³	0.8	709.80	1982.71	41.97	142.84	82.69	0.00	2960.01	2368.01
	2-51	洗米石厚 20mm	10m²	8	449.35	341.06	6.91	86.69	50.19	0.00	934.20	7473.60
6	0502010004001	树池围牙	m	40.64	4.99	4.58	0.00	0.95	0.55	0.00	11.07	449.88
	2-83	园路面层 混凝土树池围牙 7×15cm	10m	4.064	49.88	45.81	0.00	9.48	5.49	0.00	110.66	449.72
7	0502010014001	木铺步桥	m²	119	61.53	705.59	2.23	12.11	7.01	0.00	788.47	93827.93
	2-96换	2000mm×200mm×60mm 防腐木桥面	10m²	11.9	186.06	3748.23	10.20	37.29	21.59	0.00	4003.37	47640.10
	8-167换	30mm×200mm 防腐侧木档	10m	10	26.60	385.35	1.21	5.28	3.06	0.00	421.50	4215.00
	3-58换	180mm×180mm 木柱	m³	1.769	780.24	5702.69	20.19	152.08	88.05	0.00	6743.25	11928.81
	3-58换	80mm×100mm 木柱	m³	0.592	780.24	5702.69	20.19	152.08	88.05	0.00	6743.25	3992.00
	3-58换	80mm×100mm 木扶手、木梁	m³	3.44	780.24	5702.69	20.19	152.08	88.05	0.00	6743.25	23196.78
	3-59换	70mm×50mm 木撑	m³	0.4	789.95	6065.26	37.57	157.23	91.03	0.00	7141.04	2856.42
8	0502020001001	石砌驳岸	m³	286	85.46	140.39	2.72	16.75	9.70	0.00	255.02	72935.72
	5-58换	毛石墙 水泥砂浆 M5.0	10m³	28.6	808.40	1397.50	26.94	158.71	91.89	0.00	2483.44	71026.38
	7-94	水泥砂浆勾缝 毛石墙凸缝	100m²	2.64	500.50	69.68	2.93	95.65	55.38	0.00	724.14	1911.73
		合 计										271173.16

投标人：（盖章）　　　　　　　　　　　　　　　　法定代表人或委托代理人：（签字或盖章）

表 5.31　某公园景观工程组织措施项目清单及计价表

工程名称：杭州某公园景观工程　　　　　　　　　　　　　　　　　第 1 页 共 1 页

序号	项目名称	单位	数量	金额(元)	备注
1	安全文明施工费	项	1	2285.00	
2	建设工程检验试验费	项	1	380.00	
3	提前竣工增加费	项	1	0.00	
4	已完工程及设备保护费	项	1	47.00	
5	二次搬运费	项	1	123.00	
6	夜间施工增加费	项	1	23.00	
7	冬雨季施工增加费	项	1	140.00	
8	行车、行人干扰增加费	项	1	0.00	
合　　计				2998.00	

投标人：(盖章)　　　　　　　　　　　法定代表人或委托代理人：(签字或盖章)

习　　题

一、填空题

1. 园路按路面材质的不同、形式不同、要求不同可分 8 种：＿＿＿＿、＿＿＿＿、＿＿＿＿、＿＿＿＿、＿＿＿＿、＿＿＿＿、＿＿＿＿、＿＿＿＿。

2. 园路结构一般分为：＿＿＿＿、＿＿＿＿、＿＿＿＿、＿＿＿＿。

3. 园林中的桥一般有＿＿＿＿、＿＿＿＿、＿＿＿＿、＿＿＿＿、＿＿＿＿等多种类型。

二、选择题

1. 树池围牙、盖板的工程量按(　　　)计算。

A. t 　　　　　　B. m 　　　　　　C. m² 　　　　　　D. m³

2. 金刚墙砌筑的工程量以(　　　)计算。

A. 项 　　　　　　B. m 　　　　　　C. m² 　　　　　　D. m³

3. 石旋脸的工程量以(　　　)计算。

A. m 　　　　　　B. m² 　　　　　　C. m³ 　　　　　　D. 块

三、思考题

1. 园路通常包含哪些清单项目？其清单与定额工程量计算规则如何？

2. 园桥通常包含哪些清单项目？其清单与定额工程量计算规则如何？

四、案例分析

1. 如图 5.34 所示为嵌草砖铺装局部示意图，按清单计价规范编制工程量清单。

2. 某景区园林景观工程，石板冰梅园路的工程量清单见表 5.32。

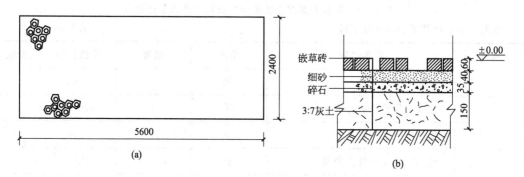

图 5.34　嵌草砖铺装示意图

表 5.32　石板冰梅园路工程量清单

序号	项目编码	项目名称	计量单位	工程数量
1	050201001001	石板冰梅园路： 50mm 厚黄砂干铺 40mm 厚冰梅石板园路面（宽 1.2m，长 10m）；C15 混凝土垫层 100mm 厚；M2.5 混合砂浆灌浆块石垫层 500mm 厚；整理路床(宽 2.2m，长 11m)	m²	12

　　按定额项目进行石板冰梅园路综合单价的计算，管理费、利润分别按人工费与机械费之和的 12%、10% 计算。计算过程均保留两位小数。

第**6**章
园林景观工程计量与计价

园林景观工程内容丰富，形式多样，种类繁多，主要包括园林小品和堆塑装饰。园林小品是园林中供休息、装饰、景观照明、展示和为园林管理及方便游人之用的小型设施，一般设有内部空间，体量小巧，造型别致。园林小品既能美化环境，丰富园趣，为游人提供休息和公共活动的方便，又能使游人从中获得美的感受和良好的教益。堆塑装饰造型丰富，可以制作成各种构件，常见的有塑松树皮、塑竹节、塑木纹、塑树头、塑黄竹、塑松棍等。

园林景观工程量大、样多，在国家标准《园林绿化工程工程量计算规范》(GB 50858—2013)规定下，园林景观工程如何正确列项？在《浙江省园林绿化及仿古建筑工程预算定额》(2010版)中园林景观工程如何正确列项？如何进行园林景观工程定额子目的套用与换算？如何进行园林景观工程定额计价与清单计价？这些都是学习本章要理解和掌握的问题。

教学目标

1. 了解园林景观工程基础知识。
2. 掌握园林景观工程工程量清单和工程量清单计价表的编制。
3. 掌握园林景观工程定额工程量的计算规则、定额套用与换算以及预算书的编制。

教学要求

知识要点	能力要求	相关知识
园林景观	(1) 了解园林景观内容 (2) 熟悉园林景观类型	园林景观工程
园林景观工程量清单编制	(1) 熟悉园林景观工程施工图 (2) 掌握园林景观工程清单项目的设置方法及清单编制	园林景观工程量清单
园林景观工程量清单计价表的编制	(1) 掌握园林景观工程综合单价的组价与计算 (2) 熟悉园林景观工程清单计价表的内容	综合单价分析
园林景观工程定额工程量计算	(1) 理解园林景观工程定额工程量计算规则 (2) 掌握园林景观工程定额工程量的计算	园林景观定额
园林景观工程定额的套取与换算	(1) 掌握园林景观工程定额套用 (2) 熟悉各种换算系数及其使用方法	换算
园林景观工程预算书的编制	熟悉园林景观工程预算书的编制及内容	工程预算书

基本概念

假山：园林中以造景或登高览胜为目的，用土、石等材料人工构筑的模仿自然山景的构筑物。

置石：以石材或仿石材料布置成自然露岩景观的造景手法。

掇山：用自然山石掇叠成假山。

塑山：用艺术手法将人工材料塑造成假山。

园亭：供游人休息、观景或构成景观的开敞或半开敞的小型园林建筑。

园廊：园林中屋檐下的过道以及独立有顶的过道。

园台：利用地形或在地面上垒土、筑石成台形，顶部平整，一般在台上建屋宇房舍或仅有围栏，供游人登高览胜的园林构筑物。

花架：可攀爬植物，并提供游人遮阴、休憩和观景之用的棚架或格子架。

喷泉：经加压后形成的喷涌水流。

引例

园林景观座凳

城市公园、城市广场、城市道路、居住小区中随处可见美观、时尚、舒适的座椅、座凳（图 6.1），所用材料多种多样，有木材、竹材、石材、钢筋混凝土等。美观、时尚、舒适的座椅、座凳应当如何计价呢？

图 6.1　景观座凳

6.1 园林景观工程

6.1.1 假山

"园无石不秀，室无石不雅，山无石不奇，水无石不清"，这句话说明假山叠石及塑假石山在园林造园艺术中有着举足轻重的作用。假山叠石是指采用自然景石堆叠成山石、立峰以及溪流、水池、花坛等处的景石堆置或散置。塑假石山是根据设计师的设计构思，先做一个模型，再用砖石和水泥砂浆砌筑成大致轮廓，或用钢骨架、钢丝网绑扎成大致框架，然后依照天然石纹进行表面深加工，塑造出逼真效果的假石山，根据塑造的材料可分为砖石骨架塑假石山、钢骨架钢丝网塑假石山及其他材料塑假石山。

湖石假山是指以湖石为主，辅以条石或钢筋混凝土预制板，用水泥砂浆、细石混凝土和连接铁件等堆砌而成的假山。该种假山造型丰富多彩、玲珑多姿，是园林造景中常用的一种小型假山。

湖石是指石灰岩经水常年溶蚀所形成的一种多孔纹岩石具有瘦、皱、透、漏等特点，常用的有太湖石、房山石、英石、灵壁石、宣石。江浙一带此石颜色浅灰泛白，色调丰润柔和，质地清脆易损。该石的特点是经水常年溶蚀形成大小不一的洞窝和环沟，具有圆润柔曲、嵌空婉转、玲珑剔透之外形，扣之有声。此石以产于太湖洞庭山的太湖石为最优 [图 6.2(a)]。浙江湖州、长兴、桐庐、建德等地均有出产，但品质次之。

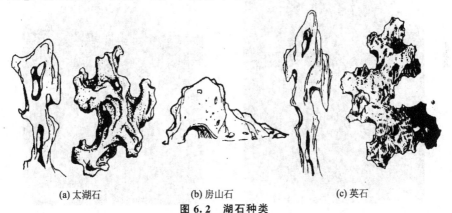

(a) 太湖石　　　　　(b) 房山石　　　　　(c) 英石

图 6.2　湖石种类

黄石假山是指以黄石为主辅以条石或钢筋混凝土预制板，用水泥砂浆、细石混凝土和连接铁件等堆砌而成的假山，该假山造型浑厚朴实、雄浑挺括、古朴大气，是园林造景艺术中堆砌大型假山时常选用的一种假山(图 6.3)。

整块湖石峰是指底大上小具有单独欣赏价值的峰形湖石，可作为独立石景，如苏州留园中的"冠云峰"（图 6.4）。杭州江南名石苑中的

图 6.3　黄石

"绉云峰"（图 6.5），苏州市第十中学的"瑞云峰"（图 6.6)和上海豫园中的"玉玲珑"（图 6.7)就是有名的整块湖石峰。

图 6.4　冠云峰

图 6.5　绉云峰

图 6.6　瑞云峰

图 6.7　玉玲珑

人造湖石峰是指用若干块湖石，辅以条石或钢筋混凝土预制板，用水泥砂浆、细石混凝土和铁件堆砌起来，形成石峰造型的一种假山峰。

人造黄石峰是指用若干块黄石辅以条石或钢筋混凝土预制板，用水泥砂浆、细石混凝土和铁件堆砌起来，形成石峰造型的一种假山。

石笋是指一种呈条状的水成岩，在园林造景中常直立放置于庭院角落，边上配以芭蕉、羽毛枫、竹等观赏植物，此石形似竹笋，故称石笋(图 6.8)。

| (a) 慧剑 | (b) 百果笋 | (c) 乌炭笋 | (d) 木化石 | (e) 钟乳石笋 |

图 6.8 石笋石

6.1.2 景观亭

亭(凉亭)是一种中国传统建筑,多建于路旁,供行人休息、乘凉或观景用。亭一般为开敞性结构,没有围墙,顶部可分为六角、八角、圆形等多种形状(图 6.9~图 6.12)。

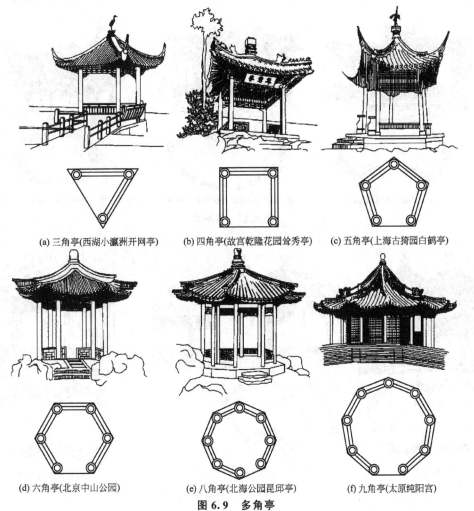

| (a) 三角亭(西湖小瀛洲开网亭) | (b) 四角亭(故宫乾隆花园耸秀亭) | (c) 五角亭(上海古猗园白鹤亭) |
| (d) 六角亭(北京中山公园) | (e) 八角亭(北海公园昆邱亭) | (f) 九角亭(太原纯阳宫) |

图 6.9 多角亭

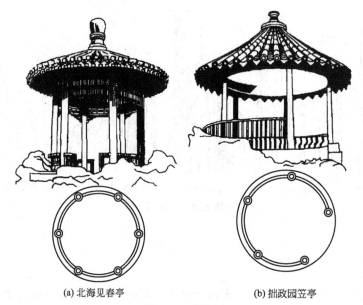

(a) 北海见春亭   (b) 拙政园笠亭

图 6.10   圆形亭

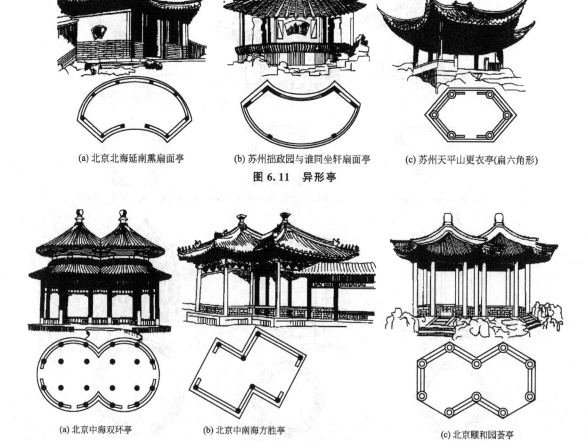

(a) 北京北海延南熏扇面亭   (b) 苏州拙政园与谁同坐轩扇面亭   (c) 苏州天平山更衣亭(扁六角形)

图 6.11   异形亭

(a) 北京中海双环亭   (b) 北京中南海方胜亭   (c) 北京颐和园荟亭

图 6.12   组合亭

　　亭的体形较小，造型却多种多样：从平面形状看有圆形、方形、多边形、扇形等；从体量看有单体的也有组合式的；从亭顶的形式看有攒尖顶和歇山顶；从亭子的立面造型看有单檐的、重檐的(图 6.13)；从亭子位置看有山亭、桥亭、半亭、廊亭等；从建亭的材料看有木构架的瓦亭、石材亭、竹亭、仿木亭、钢筋混凝土亭、不锈钢亭、张拉膜亭等。

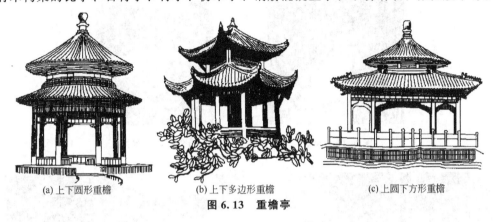

(a) 上下圆形重檐　　　　　　(b) 上下多边形重檐　　　　　　(c) 上圆下方形重檐

图 6.13　重檐亭

6.1.3　廊

　　廊是指屋檐下的过道、房屋内的通道或独立有顶的通道，包括回廊和游廊，具有遮阳、防雨、小憩等功能。廊是建筑的组成部分，也是构成建筑外观特点和划分空间格局的重要手段。

　　廊在园林中应用广泛。园林中的游廊则可以划分景区，形成空间的变化，增加景深和引导游人。它除了能遮阳、避雨、供游人休息以外，更重要的功能是组织观赏景物的游览路线，同时它也是划分园林空间的重要手段。廊本身具有一定的观赏价值，在园林景观中可以独立成景。廊按平面形式可分为直廊、曲廊(图 6.14)、回廊(图 6.15)；按结构形式可分为两面带柱的空廊(图 6.16)、一面为柱一面为墙的半廊(图 6.17)、两面为柱中间有墙的复廊(图 6.18)；按其位置可分为走廊、爬山廊(图 6.19)、水廊、桥廊(图 6.20)等。廊一般为长条形建筑物，从平面和空间上看都是相同的建筑单元"间"的连续和发展。廊柱之间常设有座凳、栏杆。廊顶的形式多作成卷棚、坡顶。亭顶上多采用瓦结构，亭内常以彩绘作装饰。廊还可以与其他建筑相结合产生其他新的功能。

图 6.14　曲廊

图 6.15　回廊

图 6.16　空廊

图 6.17　半廊

图 6.18　复廊

图 6.19　爬山廊

6.1.4　花架

图 6.20　桥廊

花架是指用刚性材料构成一定形状的格架供攀缘植物攀附的园林设施，又称棚架、绿廊。花架可作遮阴休息之用，并可点缀园景。花架的形式有廊式花架、片式花架和独立花架。廊式花架最为常见，片版支承于左右梁柱上，游人可入内休息。片式花架，片版嵌固于单向梁柱上，两边或一面悬挑，形体轻盈活泼。独立式花架，以各种材料作空格，构成墙垣、花瓶、伞亭等形状，用藤本植物缠绕成型，供观赏用。

花架常用的建筑材料有竹木材、钢筋混凝土、石材、金属材料。竹木材朴实、自然、价廉、易于加工，但耐久性差（图 6.21）。竹材限于强度及断面尺寸，梁柱间距不宜过大（图 6.22）。钢筋混凝土可根据设计要求浇灌成各种形状，也可作成预制构件，现场安装，灵活多样，经久耐用，使用最为广泛（图 6.23）。石材厚实耐用，但运输不便，常用块料作花架柱。金属材料轻巧易制，构件断面及自重均小，采用时要注意使用地区和选择攀缘植物种类，以免炙伤嫩枝叶，并应经常油漆养护，以防脱漆腐蚀(图 6.24)。

图 6.21　木结构花架

图 6.22　竹结构花架　　　　　　图 6.23　钢筋混凝土结构花架

6.1.5　喷泉

园林中以水为主题形成的景观称为水景。水的声、形、色、光都可以成为人们观赏的对象。园林中的水有动静之分，园中的水池是静水，而溪涧、瀑布是动水。静水给人以安详、宁静的感受；而动水则让人联想到灵动，使人感受到生命力。园林水景一般常见的有池沼、戏水、水洞、管流(图 6.25)、瀑布(图 6.26)、喷泉(图 6.27)、壁泉、叠水等。

图 6.24　钢结构花架

图 6.25　管流　　　　　　图 6.26　瀑布　　　　　　图 6.27　喷泉

6.1.6　景观座凳

园椅、园凳是各种园林绿地及城市广场中心必备的设施。它们常被设置在人们需要就座歇息、环境优美、有景可赏之处。园凳、园椅既可单独设置，也可成组布置；既可自由分散布置，也可有规则地连续布置。园椅、园凳也可与花坛等其他小品组合形成一个整体。园椅、园凳的造型要轻巧美观，形式活泼多样，构造要简单，制作要方便，结合园林环境做出具有特色的设计。园椅、园凳的高度一般取为 35～40cm。常用的做法有钢管为支架，木板为面的；铸铁为支架，木条为面的(图 6.28)；钢筋混凝土现浇的(图 6.29)；水磨石预制的；竹材或木材制作的(图 6.30)；也有就地取材，利用自然山石稍经加工而成的；当然还可采用其他材料如大理石、塑料、玻璃纤维等。其总体原则不在于材制贵贱，主要是要符合环境整体的要求，达到和谐美。

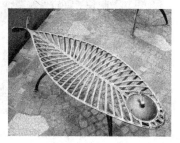

图 6.28　金属椅

图 6.29　混凝土椅

图 6.30　木椅

座凳一般由扶手、靠背、座凳面等组成。座凳楣子一般为了起到装点之用还做成花纹状，常见的有步步紧、灯笼锦、龟背锦、冰裂纹等。座凳一般放置在曲线环境中，供人们休息、聊天、用餐、看书等。座凳的形状一般为方形、长条形或圆形等。

6.1.7 花坛

在园林景观中花坛是很常见的，不论是平面形式还是立体形式，都是千姿百态的。它是随着景观造景的需要而设置的，其所用材料简易的用砖砌，稍复杂的采用钢筋混凝土浇筑。为配合景观和种植，花坛的饰面还可采用一些不同颜色和不同材质的做法。

花坛是把花期相同的多种花卉或不同颜色的同种花卉种植在一定轮廓的范围内，并组成图案的配置方法。花坛可分为花池和花台。

花池一般是指景观中的种植池，低为池高为台，外形形状也是多种多样的（图6.31）。一般常做景点的造景点缀或是与其他景观山石相结合组成一景。

图 6.31　花坛

花台是将地面抬高几十厘米，以砖石矮墙围合，其中再植花木的景观设施。它能改变人的欣赏角度，发挥枝条下垂植物的姿态美，同时可以和坐凳相结合供人们休息。

6.2 园林景观工程计量

6.2.1 园林景观工程工程量清单的编制

园林景观工程项目按清单计价规范附录C列项，包括堆塑假山，原木、竹构件，亭廊屋面，花架，园林桌椅，喷泉安装，杂项7个小节共61个清单项目。

1. 园林景观工程清单工程量计算

【例 6-1】 某公园内设计有一木花架，木材设计采用防腐菠萝格，结构如图 6.32 所示，求花架清单工程量。

解：

300mm×300mm 防腐菠萝格木柱：$V = (2.8 + 0.3) \times 0.3 \times 0.3 \times 14 = 3.906 (\text{m}^3)$。

160mm×300mm 防腐菠萝格木梁：$V = (13.431 + 19.381) \times 0.16 \times 0.3 = 1.575 (\text{m}^3)$。

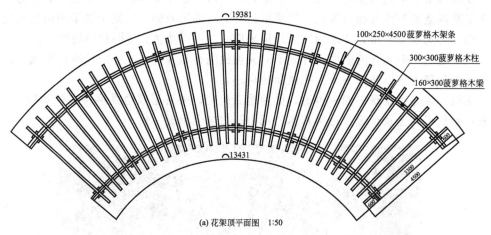

(a) 花架顶平面图 1:50

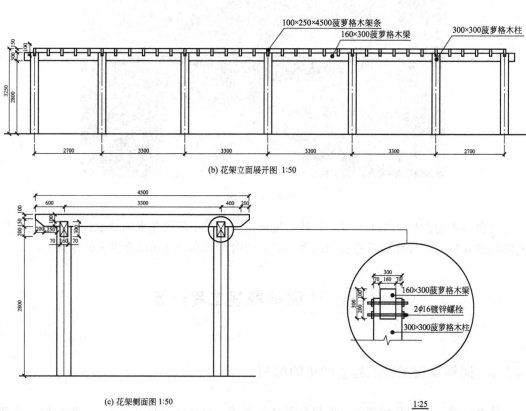

(b) 花架立面展开图 1:50

(c) 花架侧面图 1:50

1:25

图 6.32 花架平、立面

$100mm \times 250mm \times 4500mm$ 防腐菠萝格木椽：$V = 0.1 \times 0.25 \times 4.5 \times 35 = 1.275 (m^3)$。

其工程量清单见表 6.1。

表 6.1　花架分部分项工程量清单

序号	项目编码	项目名称	项目特征	计量单位	工程数量
1	050304003001	木花架柱、梁	$300mm \times 30mm$ 防腐菠萝格木柱，螺栓连接	m³	3.906
2	050304003002	木花架柱、梁	$160mm \times 300mm$ 防腐菠萝格木梁，螺栓连接	m³	1.575
3	050304003003	木花架柱、梁	$100mm \times 250mm \times 4500mm$ 防腐菠萝格木椽，螺栓连接	m³	1.275

【例 6-2】　某公园内设计有 14 块导示牌，结构如图 6.33 所示，求导示牌清单工程量。

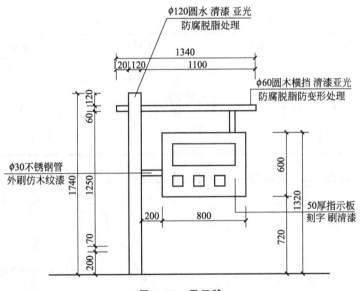

图 6.33　导示牌

解：

标志牌：14 个。

其工程量清单见表 6.2。

表 6.2　导示牌分部分项工程量清单

序号	项目编码	项目名称	项目特征	计量单位	工程数量
1	050307009001	标志牌	$\phi 120mm$ 防腐圆木立柱、清漆亚光，$\phi 60mm$ 防腐圆木横挡、清漆亚光，$\phi 30mm$ 不锈钢管、外刷仿木纹漆，$50mm$ 厚指示板刻字	个	14

【例 6-3】 某公园内设计有 5 组石桌石凳，石桌直径 700mm，结构如图 6.34 所示，求石桌石凳清单工程量。

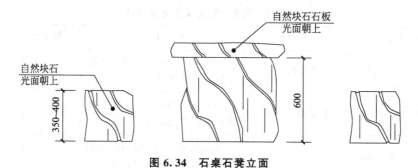

图 6.34　石桌石凳立面

解：

石桌石凳：5 个。

其工程量清单见表 6.3。

表 6.3　石桌石凳分部分项工程量清单

序号	项目编码	项目名称	项目特征	计量单位	工程数量
1	050305007001	石桌石凳	石桌：自然块石 $\phi700mm$，支墩高度 600mm 石凳：自然块石 $\phi350$，支墩高度 350～400mm	个	5

【例 6-4】 如图 6.35 所示为一个单体太湖石景石平面及断面示意图，求清单工程量。

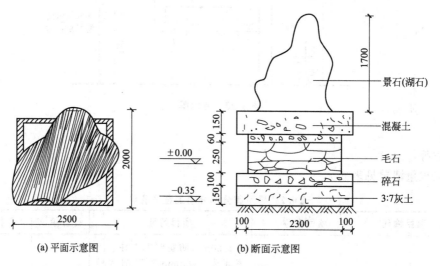

(a) 平面示意图　　　　(b) 断面示意图

图 6.35　景石示意图

解：点风景石 1 块。

其工程量清单见表 6.4。

表6.4 点风景石分部分项工程量清单

序号	项目编码	项目名称	项目特征	计量单位	工程数量
1	050301005001	点风景石	太湖石 2500mm×2000mm× 1700mm，基础详见图	块	1

【例6-5】 小游园内有一土山丘，如图6.36所示，山丘水平投影外接矩形长8m，宽5m，高6m。求清单工程量。

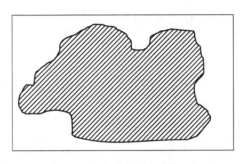

图6.36 土山丘水平投影图

解：

土山丘体积 $V = 8×5×6×1/3 = 80.00(m^3)$。

其工程量清单见表6.5。

表6.5 堆筑土山丘分部分项工程量清单

序号	项目编码	项目名称	项目特征	计量单位	工程数量
1	050301001001	堆筑土山丘	高6m，底外接矩形8m×5m	m^3	80.00

2. 园林景观工程工程量清单

某公园内设计有1座花架、标志牌14块、石桌石凳5组、点风景石1块、堆筑土山丘80.00m³，结构如上图6.32～图6.36所示。其工程量清单及计价见表6.6。

6.2.2 园林景观工程定额工程量的计算

1. 园林景观工程定额工程量的计算规则

(1) 塑松(杉)树皮、塑竹节竹片、塑壁画面、塑木纹按设计图示尺寸以展开面积计算。

(2) 塑松棍、柱面塑松皮，塑黄竹按设计图示尺寸以"延长米"计算。

(3) 墙柱面镶贴玻璃钢竹节片按设计图示尺寸以展开面积计算。

(4) 塑树桩按"个"计算。

(5) 水磨石景窗、水磨石平板凳、水磨木纹板、非水磨原色木纹板、飞来椅、预制混凝土花色栏杆、金属花色栏杆、PVC花坛护栏按设计图示尺寸以"延长米"计算。

工程名称：园林景观工程

表6.6　园林景观工程分部分项工程量清单及计价表

第 1 页　共 1 页

序号	项目编码	项目名称	项目特征描述	计量单位	工程量	综合单价（元）	合价（元）	其中		备注
								人工费	机械费	
1	050304003001	木花架柱、梁	300mm×30mm 防腐菠萝格木柱，螺栓连接	m³	3.906					
2	050304003002	木花架柱、梁	160mm×300mm 防腐菠萝格木梁，螺栓连接	m³	1.575					
3	050304003003	木花架柱、梁	100mm×250mm×4500mm 防腐菠萝格木椽，螺栓连接	m³	1.275					
4	050307009001	标志牌	φ120mm 防腐圆木立柱，清漆亚光、φ60mm 防腐圆木横挡、清漆亚光、φ30mm 不锈钢管、外刷仿木纹漆，50mm 厚指示板刻字	个	14					
5	050305007001	石桌石凳	石桌：自然块石 φ700mm，支墩高度 600mm 石凳：自然块石 φ350mm，支墩高度 350~400mm	个	5					
6	050301005001	点风景石	太湖石 2500mm×2000mm×1700mm，基础详见图	块	1					
7	050301001001	堆筑土山丘	高 6m，底外接矩形 8m×5m	m³	80.00					

投标人：（盖章）　　　　　　　　　法定代表人或委托代理人：（签字或盖章）

（6）木制栏杆按"m^3"计算。

（7）柔性水池按"m^2"计算。

（8）草屋面、树皮屋面按设计图示尺寸以"m^2"计算。

（9）木花架椽按设计图示尺寸以"m^3"计算。

（10）金属构件按"t"计算。

（11）木制花坛按设计图示尺寸以展开面积计算。

（12）石桌、石凳、石灯笼、塑仿石音箱按"个"计算。

（13）管道支架按管架形式以"t"计算。

（14）喷头安装按不同种类、型号以"个"计算。

（15）水泵网安装按不同规格以"个"计算。

（16）假山工程量按实际堆砌的假山石料以"t"计算，假山中铁件用量设计与定额不同时，按设计调整。

$$堆砌假山工程量(t)＝进料验收的数量－进料剩余数量$$

当没有进料验收的数量时，叠成后的假山可按下述方法计算。

① 假山体积计算：

$$V_{体}＝A_{矩}×H_{大}$$

式中：$A_{矩}$——假山不规则平面轮廓的水平投影最大外接矩形面积；

　　　$H_{大}$——假山石着地点至最高顶点的垂直距离；

　　　$V_{体}$——叠成后的假山计算体积。

② 假山质量计算：

$$W_{重}＝2.6×V_{体}×K_{n}$$

式中：$W_{重}$——假山石质量(t)；

　　　2.6——石料密度(t/m^3)，石料密度不同时按实调整；

　　　K_{n}——系数。当$H_{大}≤1m$时，K_{n}取0.77；当$1m<H_{大}≤2m$时，K_{n}取0.72；当$2m<H_{大}≤3m$时，K_{n}取0.65；当$3m<H_{大}≤4m$时，K_{n}取0.60。

③ 各种单体孤峰及散点石按其单体石料体积（取单体长、宽、高各自的平均值乘积）乘以石料密度计算。

（17）塑假石山的工程量按其外围表面积以"m^2"计算。

（18）堆砌土山丘按设计图示山丘水平投影外接矩形面积乘以高度的1/3，以体积计算。

（19）钢骨架制作、安装按"t"计算。

2. 园林景观工程预算定额工程量的计算

【例6-6】 根据例6-1提供的设计图纸，求定额工程量。

解：

300mm×300mm 防腐菠萝格木柱：$V＝(2.8＋0.3)×0.3×0.3×14＝3.906(m^3)$。

160mm×300mm 防腐菠萝格木梁：$V＝(13.431＋19.381)×0.16×0.3＝1.575(m^3)$。

100mm×250mm×4500mm 防腐菠萝格木椽：$V＝0.1×0.25×4.5×35＝1.275(m^3)$。

【例6-7】 根据例6-2提供的设计图纸，求定额工程量。

解：

标志牌：14块。

【例 6 - 8】 根据例 6 - 3 提供的设计图纸，求定额工程量。

解:

石桌石凳：5 组。

【例 6 - 9】 根据例 6 - 4 提供的设计图纸，求定额工程量。（湖石密度为 $2.6t/m^3$）

解:

湖石体积：$V = 2.5 \times 2 \times 1.7 = 8.50 (m^3)$。

湖石质量：$W = 2.6 \times 8.50 \times 0.72 = 15.91 (t)$。

【例 6 - 10】 根据例 6 - 5 提供的设计图纸，求定额工程量。

解:

土山丘体积 $V = 8 \times 5 \times 6 \times 1/3 = 80.00 (m^3)$。

6.3 园林景观工程计价

6.3.1 定额计价法园林景观工程计价

1. 园林景观工程的定额套取与换算

《浙江省园林绿化及仿古建筑工程预算定额》（2010 版）计价说明规定如下。

（1）园林景观（园林小品）是指园林建设中的工艺点缀品，其艺术性较强、要求高，包括堆塑装饰和小型预制钢筋混凝土水磨石及竹、木、金属构件和一些石作小品等小型设施。

（2）园林景观定额所用木材按一、二类木种编制，设计若用三、四类木种，其制作安装定额人工乘以系数 1.25。定额中木材以自然干燥为准，如需烘干，其烘干费用另行计算。本定额木材以刨光为准，刨光木材损耗已包括在定额内，如糙介不刨光者，木工乘以系数 0.5，方材用量改为 $1.05m^3$，其他不变。

（3）塑松（杉）树皮，塑竹节竹片、塑壁画面、塑木纹、塑树头等子目，仅考虑面层或表层的装饰抹灰和抹灰底层，基层材料未包括在内；塑松棍是按一般造型考虑，若艺术造型（如树枝、青松皮、寄生等）应另行计算；塑黄竹、松棍每条长度不足 1.5m 者，合计工日增加 50%，如骨料不同，可作换算。

（4）水磨石景窗如有装饰线或设计要求弧形或圆形者，人工增加 30%，其他不变。

（5）预制构件（除原色木纹板外）按白水泥考虑，如需要增加颜色，颜料用量按石子浆的水泥用量 8% 计算。

（6）水磨石飞来椅凳脚按素面考虑，如需装饰另行计算。

（7）金属构件为黑色金属，如为其他有色金属应扣除防锈漆材料，人工不变。黑色金属如需镀锌，镀锌费另计。

（8）喷泉定额是指在庭院、广场、景点的喷泉安装，不包括水型的调试及程序控制调试的费用。管架项目适用于单件质量在 100kg 以内的制作与安装，并包括所需的螺栓、螺母的价格。木垫式管架，不包括木垫质量，但木垫的安装工料已包括在定额内。弹簧式管架，不包括弹簧本身价格，其费用应另行计算。喷头安装是按一般常用品种规格进行编制的,如与定额品种规格不同时,可另行计算。喷泉给排水的管道安装、阀门安装、水泵安装等给排水工程,可按设计要求,套用《安装工程预算定额》。

(9) 堆砌假山包括湖石假山、黄石假山、塑假石山等,假山基础除注明者外,套用基础工程相应定额。

(10) 砖骨架塑假山,如设计要求做部分钢筋混凝土骨架时,应进行换算。钢骨架塑假山未包括基础、脚手架、主骨架表面防腐的工料费。

(11) 湖石、黄石假山及布置景石是按人工操作、机械吊装考虑的。

(12) 假山的基础和自然式驳岸下部的挡土墙,按基础工程相应定额项目执行。

【例 6-11】 某公园内设有 $\phi700\text{mm}$ 石桌,配石凳 2 个。请确定定额子目与基价。其定额节选见表 6.7。

表 6.7 石桌石凳定额节选

定额编号				3-72
项目				石桌、石凳安装(10 组)
				规格 700 以内
基价(元)				16481
其中	人工费(元)			648.98
	材料费(元)			15816.59
	机械费(元)			14.96
	名称	单位	单价(元)	消耗量
人工	二类人工	工日	43.00	15.092
	三类人工	工日	50.00	—
材料	石桌 700 以内	个	880.00	10.200
	石凳	个	165.00	40.800
	碎石 40 以内	t	49.00	0.510
	现浇现拌混凝土 C15	m³	200.08	0.340
	水泥砂浆 1:2	m³	228.22	0.067
	水	m³	2.95	0.097
	乌钢头	kg	7.02	—
	砂轮片	片	16.60	—
	焦炭	kg	0.82	—
	钢钎	kg	3.85	—
	其他材料费	元	1.00	—
机械	灰浆搅拌机 200L	台班	58.57	0.011
	混凝土搅拌机 500L	台班	123.45	0.116

解：

ϕ700mm 石桌，配石凳 2 个：套用定额 3-72，定额一组石桌石凳含有石桌一个、石凳四个，设计的一组石桌石凳含有石桌一个、石凳两个。定额基价需进行换算。换算后基价为 16481－165×20.400＝13115（元/10 组）。

【例 6-12】 防腐菠萝格木花架柱、花架梁、花架椽，防腐菠萝木价格为 8000 元/m³。请确定定额子目与基价。其定额节选见表 6.8。

表 6.8 防腐菠萝格定额节选

定额编号			3-58	3-59	3-40
项目			花架柱梁（m³）	木花架椽（m³）	
				断面周长（cm）	
				25 以内	35 以内
基价（元）			2463	2597	2295
其中	人工费（元）		780.24	789.97	558.85
	材料费（元）		1662.86	1769.76	1698.71
	机械费（元）		20.19	37.55	37.05
名称		单位	单价（元）	消耗量	
人工	二类人工	工日	43.00	18.145	18.371	12.996
材料	杉板枋材	m³	1450.00	1.138	1.210	1.161
	水柏油	kg	0.51	0.150	—	—
	圆钉	kg	4.36	0.650	3.500	3.500
	铁件	kg	5.81	0.620	—	—
	其他材料费	元	1.00	6.250		
机械	木工圆锯机	台班	25.38	0.618	0.160	0.134
	木工压刨床	台班	33.40	—	0.637	0.630
	木工打眼机	台班	8.62	—	0.398	0.402
	木工开榫机	台班	39.94	—	0.220	0.229
	木工平刨机	台班	21.43	0.210	—	—

解：

防腐菠萝格花架柱、花架梁：套用定额 3-58。花架木材，定额采用杉木，设计采用防腐菠萝格木，定额基价需进行换算。菠萝格为三、四类木种，人工系数需乘以 1.25。换算后基价为：2463＋780.24×0.25－1450×1.138＋8000×1.138＝10111.96（元/m³）。

防腐木花架椽：分为两种规格 25 以内和 35 以内，定额子目分别为 3-59 和 3-60。花架椽断面规格超过 35 以内的，可以参考 35 以内执行。花椽木材，定额采用杉木，设计采用防腐菠萝格木,定额基价需进行换算。菠萝格为三四类木种,人工系数需乘以 1.25。

3-59 换算后基价为:$2597+789.97\times0.25-1450\times1.210+8000\times1.210=10719.99$(元/$m^3$)。

3-60 换算后基价为:$2295+558.85\times0.25-1450\times1.161+8000\times1.161=10039.26$(元/$m^3$)。

【例 6-13】 根据例 6-4 提供的设计图纸和例 6-9 计算的定额工程量,请确定定额子目和基价。其定额节选见表 6.9。

表 6.9 例 6-13 定额

定额编号			2-36	2-43
项目			布置景石	堆筑土山丘(10m^3)
			单件质量 5t 以上(t)	
基价(元)			368	595
其中	人工费(元)		61.77	595.15
	材料费(元)		240.15	—
	机械费(元)		65.79	—
名称		单位	单价(元)	消耗量
人工	二类人工	工日	43.00	1.436	13.841
材料	湖石	t	180.00	1.000	—
	水泥砂浆 1:2.5	m^3	210.26	0.050	—
	铁件	kg	5.81	8.000	—
	其他材料费	元	1.00	3.160	—
机械	汽车式起重机 12t	台班	610.86	0.108	—

解:

点风景石即为布置景石,单块景石质量在 5t 以上,基础工程本章不计,本章仅计景石,套用定额 2-36。本例中景石质量为 15.91t,定额中采用的机械是汽车式起重机 12t,设计与定额不同,汽车式起重机 20t 台班单价为 976.37 元,需进行基价换算。(湖石价格采用定额价)。

换算后基价为:$368-610.86\times0.108+976.37\times0.108=407.48$(元/t)。

【例 6-14】 根据例 6-5 提供的设计图纸和例 6-10 计算的定额工程量,请确定定额子目和基价。

解:

堆筑土山丘:定额为人工方式堆筑,如果采用机械堆筑,则执行其他章节相应定额。本例中采以人工方式堆筑,直接套用定额 2-43,基价为 595 元/10m^3。

2. 园林景观工程预算书编制

某公园内设计有 1 座花架、标志牌 14 块、石桌石凳 5 组、点风景石 1 块、堆筑土山丘 80.00m³，结构如图 6.32～图 6.36 所示。各项费率按中值取费。

其工程预算书见表 6.10～表 6.13。

表 6.10 园林景观工程预算书封面

_____园林景观_____工程   预 算 书 预算价(小写)：_____103710_____元 　　　(大写)：_____壹拾万叁仟柒佰壹拾_____元 编制人：_____(造价员签字盖专用章) 复核人：_____(造价工程师签字盖专用章) 编制单位：(公章)　　　　　　　　编制时间：　年　月　日

表 6.11 园林景观工程预算编制说明

编 制 说 明 一、工程概况 公园内设计有 1 座花架、标志牌 14 块、石桌石凳 5 组、点风景石 1 块、堆筑土山丘 80.00m³。 二、编制依据 1. 杭州某公园景观工程施工图纸。 2. 《浙江省园林绿化及仿古建筑工程预算定额》(2010 版)。 3. 《浙江省建设工程施工费用定额》(2010 版)。 4. 《浙江省施工机械台班费用定额参考单价》(2010 版)。 5. 材料价格按浙江省 2012 年第 5 期信息价。 6. 人工价格按定额价。 三、编制说明 1. 本工程规费按浙江省建设工程施工取费定额计取，农民工工伤保险费按 0.114％计取；税金按市区税金 3.577％计取。 2. 本工程综合费用按园林景区工程三类中值考虑；取费基数为人工费＋机械费。 3. 安全文明施工费、建设工程检验试验费、已完工程及设备保护费、二次搬运费均按《浙江省建设工程施工取费定额》(2010 版)相应的中值计入。

表 6.12 园林景观工程单位工程预算费用计算表

工程名称：园林景观工程 　　　　　　　　　　　　　　　　第1页 共1页

序号	费用名称		计算公式	金额(元)
一	预算定额分部分项工程费		按计价规则规定计算	94424
	其中	1. 人工费＋机械费	$\sum$（定额人工费＋定额机械费）	12470
二	施工组织措施费			640
	其中	2. 安全文明施工费	1×3.91%	488
		3. 建设工程检验试验费	1×0.65%	81
		4. 冬雨季施工增加费	1×0.24%	30
		5. 夜间施工增加费	1×0.04%	5
		6. 已完工程及设备保护费	1×0.08%	10
		7. 二次搬运费	1×0.21%	26
		8. 行人、行车干扰增加费	1×0%	0
		9. 提前竣工增加费	1×0%	0
		10. 其他施工组织措施费	按相关规定计算	0
三	企业管理费		1×15.5%	1933
四	利润		1×11%	1372
五	规费			1759
	11. 排污费、社保费、公积金		1×13.19%	1645
	12. 民工工伤保险费		（一＋二＋三＋四＋六＋七＋八＋11＋13）×0.114%	114
	13. 危险作业意外伤害保险费		按各市有关规定计算	0
六	总承包服务费			0
	14. 总承包管理和协调费		分包项目工程造价×0%	0
	15. 总承包管理、协调和服务费		分包项目工程造价×0%	0
	16. 甲供材料设备管理服务费		甲供材料设备费×0%	0
七	风险费		（一＋二＋三＋四＋五＋六）×0%	0
八	暂列金额		（一＋二＋三＋四＋五＋六＋七）×0%	0
九	单列费用		单列费用	0
十	税金		（一＋二＋三＋四＋五＋六＋七＋八＋单列）×3.577%	3582
十一	建设工程造价		一＋二＋三＋四＋五＋六＋七＋八＋九＋十	103710

表 6.13 园林景观工程分部分项工程费计算表

工程名称：园林景观工程 第 1 页 共 1 页

序号	定额编号	名称及说明	单位	工程数量	工料单价（元）	合价（元）
		花架				68224.75
1	3-58*a1.25换	花架柱梁	m³	3.906	10112.24	39498.41
2	3-58*a1.25换	花架柱梁	m³	1.575	10112.24	15926.78
3	3-60*a1.25换	木花架椽 断面周长35cm以内	m³	1.275	10038.87	12799.56
		标志牌				8400.00
4	自补	标志牌	块	14.000	600.00	8400.00
		石桌石凳				6557.26
5	3-72换	石桌、石凳安装规格700mm以内	10组	0.500	13114.52	6557.26
		点风景石				6480.91
6	2-36换	布置景石 单件质量5t以上	t	15.910	407.35	6480.94
		堆筑土山丘				4761.28
7	2-43	堆筑土山丘	10m³	8.000	595.16	4761.28
		本页小计				92746.52
		合计				94424.23

6.3.2 清单计价法园林景观工程计价

1. 园林景观工程项目综合单价分析

某公园内设计有 1 座花架、标志牌 14 块、石桌石凳 5 组、点风景石 1 块、堆筑土山丘 80.00m³，结构如图 6.32～图 6.36 所示。管理费与利润按中值取，管理费率为 15.5%、利润费率为 11%。请分析各项清单项目的综合单价。

1）300mm×30mm 防腐菠萝格花架木柱综合单价分析

（1）300mm×30mm 防腐菠萝格木柱，套用定额 3-58 换。定额工程量为 3.906m³。

人工费：$780.24 \times 1.25 = 975.30$（元/m³）。

材料费：$1662.86 - 1450 \times 1.138 + 8000 \times 1.138 = 9116.76$（元/m³）。

机械费：20.19 元/m³。

管理费：$(975.30 + 20.19) \times 15.5\% = 154.30$（元/m³）。

利润：$(975.30 + 20.19) \times 11\% = 109.50$（元/m³）。

小计：$975.30 + 9116.76 + 20.19 + 154.30 + 109.50 = 10376.05$（元/m³）。

（2）300mm×30mm 防腐菠萝格木柱综合单价见表 6.14。清单工程量为 3.906m³。

人工费：975.30×3.906÷3.906＝975.30（元/m³）。

材料费：9116.76×3.906÷3.906＝9116.76（元/m³）。

机械费：20.19×3.906÷3.906＝20.19（元/m³）。

管理费：154.30×3.906÷3.906＝154.30（元/m³）。

利润：109.50×3.906÷3.906＝109.50（元/m³）。

综合单价：975.30＋9116.76＋20.19＋154.30＋109.50＝10376.05（元/m³）。

综合单价分析见表 6.14。

表 6.14　300mm×30mm 防腐菠萝格木柱综合单价分析表

项目编码	项目名称	计量单位	数量	综合单价（元）						合计（元）
				人工费	材料费	机械费	管理费	利润	小计	
050304003001	木花架柱、梁	m³	3.906	975.30	9116.76	20.19	154.30	109.50	10376.05	40528.85
3－58＊a1.25 换	花架柱梁	m³	3.906	975.30	9116.76	20.19	154.30	109.50	10376.05	40528.85

2）160×300 防腐菠萝格花架木梁综合单价分析

综合单价分析见表 6.15。

表 6.15　60mm×300mm 防腐菠萝格花架木梁综合单价分析表

项目编码	项目名称	计量单位	数量	综合单价（元）						合计（元）
				人工费	材料费	机械费	管理费	利润	小计	
050304003002	木花架柱、梁	m³	1.575	975.30	9116.76	20.19	154.30	109.50	10376.05	16342.28
3－58＊a1.25 换	花架柱梁	m³	1.575	975.30	9116.76	20.19	154.30	109.50	10376.05	16342.28

3）100mm×250mm×4500mm 防腐菠萝格花架木椽综合单价分析

综合单价：698.56＋9303.26＋37.05＋114.02＋80.92＝10233.81（元/m³）。

综合单价分析见表 6.16。

表 6.16　100mm×250mm×4500mm 防腐菠萝格花架木椽综合单价分析表

项目编码	项目名称	计量单位	数量	综合单价（元）						合计（元）
				人工费	材料费	机械费	管理费	利润	小计	
050304003003	木花架柱、梁	m³	1.275	698.54	9303.26	37.07	114.02	80.92	10233.81	13048.11
3－60＊a1.25 换	木花架椽断面周长 35cm 以内	m³	1.275	698.54	9303.26	37.07	114.02	80.92	10233.81	13048.11

4）标志牌综合单价分析

标志牌一般按成品考虑，定额未设标示牌安装的基价，需要进行市场询价，然后再以自补的方式进行组价。

根据标志牌图示结构，进行市场询价，市场价为 600 元/块，包括制作、运输与安装。

标志牌综合单位为：600 元/块。

5）石桌石凳综合单价分析

综合单价分析见表 6.17。

表 6.17　石桌石凳综合单价分析表

项目编码	项目名称	计量单位	数量	综合单价(元)						合计(元)
				人工费	材料费	机械费	管理费	利润	小计	
050305007001	石桌石凳	个	5	64.90	1245.06	1.50	10.29	7.30	1329.05	6645.25
3-72换	石桌、石凳安装规格700mm以内	10组	0.5	648.98	12450.60	14.96	102.91	73.03	13290.48	6645.24

6）点风景石综合单价分析

综合单价分析见表 6.18。

表 6.18　点风景石综合单价分析表

项目编码	项目名称	计量单位	数量	综合单价(元)						合计(元)
				人工费	材料费	机械费	管理费	利润	小计	
050301005001	点风景石	块	1	982.44	3820.79	1677.71	412.39	292.58	7185.91	7185.91
2-36换	布置景石单件质量5t以上	t	15.91	61.75	240.15	105.45	25.92	18.39	451.66	7185.91

7）堆筑土山丘综合单价分析

综合单价分析见表 6.19。

表 6.19　堆筑土山丘综合单价分析表

项目编码	项目名称	计量单位	数量	综合单价(元)						合计(元)
				人工费	材料费	机械费	管理费	利润	小计	
050202001001	堆筑土山丘	m³	80	59.52	0.00	0.00	9.23	6.55	75.30	6024.00
2-43	堆筑土山丘	10m³	8	595.16	0.00	0.00	92.25	65.47	752.88	6023.04

2. 园林景观工程工程量清单计价

该园林景观工程投标报价书见表 6.20～表 6.22。

表 6.20 园林景观工程投标报价书封面

投 标 总 价

建设单位：_____

工程名称：_____园林景观工程_____

投标总价(小写)：_____104155 元_____

（大写）_____壹拾万肆仟壹佰伍拾伍元_____

投标人：_____（单位盖章）

法定代表人：_____（签字或盖章）

编制人：_____（签字及盖执业专用章）

编制时间： 年 月 日

表 6.21 园林景观工程投标报价编制说明

编 制 说 明

一、工程概况

公园内设计有 1 座花架、标志牌 14 块、石桌石凳 5 组、点风景石 1 块、堆筑土山丘 80.00m³。

二、编制依据

1. 杭州某公园景观工程施工图纸。

2.《浙江省园林绿化及仿古建筑工程预算定额》（2010 版）。

3.《浙江省建设工程施工费用定额》（2010 版）。

4.《浙江省施工机械台班费用定额参考单价》（2010 版）。

5. 材料价格按浙江省 2012 年第 5 期信息价。

6. 人工价格按定额价。

三、编制说明

1. 本工程规费按浙江省建设工程施工取费定额计取，农民工工伤保险费按 0.114％计取；税金按市区税金 3.577％计取。

2. 本工程综合费用按园林景区工程三类中值考虑；取费基数为人工费＋机械费。

3. 安全文明施工费、建设工程检验试验费、已完工程及设备保护费、二次搬运费均按《浙江省建设工程施工取费定额》（2010 版)相应的中值计入。

表 6.22 园林景观工程单位工程报价汇总表

工程名称：园林景观工程

序号	内 容	报价合计（元）
一	分部分项工程量清单	98174
二	措施项目清单(1＋2)	640
1	组织措施项目清单	640
2	技术措施项目清单	0
三	其他项目清单	0
四	规费［3＋4＋5］	1759
3	排污费、社保费、公积金	1645
4	危险作业意外伤害保险费	0
5	民工工伤保险费［(一＋二＋三＋3＋4)×费率］	114
五	税金［(一＋二＋三＋四)×费率］	3582
六	总报价(一＋二＋三＋四＋五)	104155

总报价(大写)：壹拾万肆仟壹佰伍拾伍元

投标人：(盖章) 法定代表人或委托代理人：(签字或盖章)

该园林景观工程工程量清单及计价见表 6.23。

该园林景观工程工程量清单综合单价分析见表 6.24。

该园林景观工程组织措施项目清单及计价见表 6.25。

表 6.23　园林景观工程分部分项工程量清单及计价表

工程名称：园林景观工程

第 1 页　共 1 页

序号	项目编码	项目名称	项目特征描述	计量单位	工程量	综合单价（元）	合价（元）	其中		备注
								人工费（元）	机械费（元）	
1	050304003001	木花架柱、梁	300mm×30mm 防腐菠萝格木柱，螺栓连接	m³	3.906	10376.04	40528.81	3809.48	78.86	
2	050304003002	木花架柱、梁	160mm×300mm 防腐菠萝格木梁，螺栓连接	m³	1.575	10376.04	16312.26	1536.08	31.8	
3	050304003003	木花架柱、梁	100mm×250mm×4500mm 防腐菠萝格木椽，螺栓连接	m³	1.275	10233.81	13048.11	890.64	47.26	
4	050307009001	标志牌	φ120mm 防腐圆木立柱，清漆亚光，φ60mm 防腐圆木横挡，清漆亚光，φ30mm 不锈钢管，外刷仿木纹漆，50mm 厚指示板刻字	个	14	600.00	8400.00	0	0	
5	050305007001	石桌石凳	石桌：自然块石 φ700mm，支墩高度 600mm	个	5	1329.05	6645.25	324.5	7.5	
6	050301005001	点风景石	太湖石 2500mm×2000mm×1700mm	块	1	7185.91	7185.91	982.44	1677.71	
7	050301001001	堆筑土山丘	高 6m，底外接矩形 8m×5m	m³	80	75.30	6024.00	4761.6	0	
		合　计					98174.34	12304.74	1843.13	

投标人：（盖章）

法定代表人或委托代理人：（签字或盖章）

注：以上表格为计价软件计算导出的数据，与手算存在一些微小的差异。

表 6.24　园林景观工程分部分项工程量清单综合单价分析表

工程名称：园林景观工程

第 1 页　共 1 页

序号	编号	名称	计量单位	数量	综合单价（元）						小计	合计（元）
					人工费	材料费	机械费	管理费	利润	风险费用		
1	050304003001	木花架柱、梁	m³	3.906	975.29	9116.76	20.19	154.30	109.50	0.00	10376.04	40528.81
	3−58＊a1.25 换	花架柱、梁	m³	3.906	975.29	9116.76	20.19	154.30	109.50	0.00	10376.04	40528.81
2	050304003002	木花架柱、梁	m³	1.575	975.29	9116.76	20.19	154.30	109.50	0.00	10376.04	16342.26
	3−58＊a1.25 换	花架柱、梁	m³	1.575	975.29	9116.76	20.19	154.30	109.50	0.00	10376.04	16342.26
3	050304003003	木花架柱、梁	m³	1.275	698.54	9303.26	37.07	114.02	80.92	0.00	10233.81	13048.11
	3−60＊a1.25 换	木花架隙断面周长 35cm 以内	m³	1.275	698.54	9303.26	37.07	114.02	80.92	0.00	10233.81	13048.11
4	050307009001	标志牌	个	14	0.00	600.00	0.00	0.00	0.00	0.00	600.00	8400.00
	自补	标志牌	块	14	0.00	600.00	0.00	0.00	0.00	0.00	600.00	8400.00
5	050305007001	石桌石凳	个	5	64.90	1245.06	1.50	10.29	7.30	0.00	1329.05	6645.25
	3−72 换	石桌、石凳安装规格 700mm 以内	10 组	0.5	648.96	12450.60	14.96	102.91	73.03	0.00	13290.46	6645.23
6	050301005001	点风景石	块	15.91	982.44	3820.79	1677.71	412.39	292.58	0.00	7185.91	7185.91
	2−36 换	布置景石单件质量 5t 以上	t	15.91	61.75	240.15	105.45	25.92	18.39	0.00	451.66	7185.91
7	050301001001	堆筑土山丘	m³	80	59.52	0.00	0.00	9.23	6.55	0.00	75.30	6024.00
	2−43	堆筑土山丘	10m³	8	595.16	0.00	0.00	92.25	65.47	0.00	752.88	6023.04
		合　计										98174.34

投标人：（盖章）

法定代表人或委托代理人：（签字或盖章）

表 6.25　园林景观工程组织措施项目清单及计价表

工程名称：园林景观工程　　　　　　　　　　　　　　　　　第 1 页 共 1 页

序号	项目名称	单位	数量	金额(元)	备注
1	安全文明施工费	项	1	488	
2	建设工程检验试验费	项	1	81	
3	提前竣工增加费	项	1	0	
4	已完工程及设备保护费	项	1	10	
5	二次搬运费	项	1	26	
6	夜间施工增加费	项	1	5	
7	冬雨季施工增加费	项	1	30	
8	行车、行人干扰增加费	项	1	0	
合计				640	

投标人：（盖章）　　　　　　　　　　　法定代表人或委托代理人：（签字或盖章）

习　题

一、填空题

1. 廊的形式按平面形式可分为：_____、_____、_____；按结构形式可分为：_____、_____、_____。

2. 木制飞来椅按设计图示尺寸以座凳面_____计算。

3. 金属花架柱、梁按设计图示尺寸以_____计算。

4. 塑假石山根据塑造的材料可分为：_____、_____、_____。

二、选择题

1. 草屋面的工程量按（　　）计算。

A. m^3　　　　　　　B. m　　　　　　　C. m^2　　　　　　D. 项

2. 木花架柱、梁的工程量以（　　）计算。

A. m^3　　　　　　　B. m　　　　　　　C. m^2　　　　　　D. t

3. 水磨石飞来椅的工程量按（　　）计算。

A. m　　　　　　　B. 条　　　　　　　C. m^2　　　　　　D. m^3

4. 园林景观定额所用木材按一、二类木种编制，设计若用三、四类木种，其制作安装定额人工乘以系数（　　）。

A. 1.3　　　　　B. 0.3　　　　　C. 1.25　　　　　D. 1.2

5. 石笋的工程量按（　　）计算。

A. t　　　　　　　B. 支　　　　　　　C. m^2　　　　　　D. m^3

三、思考题

1. 如何描述预制混凝土花架柱、梁的项目特征？如何进行清单计价？

2. 湖石堆砌假山项目清单设置时，如何描述项目特征？如何进行清单计价？

四、案例分析

1. 如图 6.37 所示为一个现浇混凝土花架示意图，试按照清单计价规范编制工程量清单。

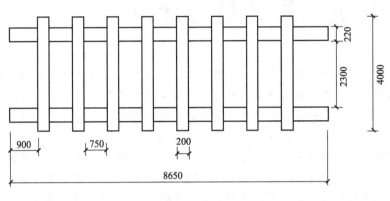

(a) 平面示意图

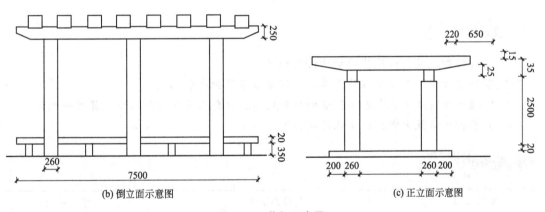

(b) 倒立面示意图 (c) 正立面示意图

图 6.37　花架示意图

2. 如图 6.38 所示为园林小品中的石桌石凳，按清单计价规范编制工程量清单。

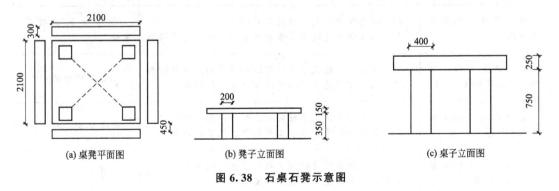

(a) 桌凳平面图 (b) 凳子立面图 (c) 桌子立面图

图 6.38　石桌石凳示意图

第7章
仿古建筑工程计量与计价

仿古建筑是园林工程中常见的建筑类型。在大型园林建设项目中仿古建筑常作为项目的重要组件之一，因而仿古建筑工程的计量与计价越来越成为园林工程计量与计价不可或缺的重要分部工程。对仿古建筑工程计量与计价的学习对于完善园林工程计量与计价学习内容是非常重要的。仿古建筑有什么区别于普通建筑的特点？仿古建筑工程计量与计价有什么区别于园林其他分部工程计量与计价的特点？在国家标准《仿古建筑工程工程量计算规范》（GB 50855—2013)中如何约定仿古建筑工程分部分项工程量清单的编制？在《浙江省园林绿化及仿古建筑工程预算定额》（2010 版)中如何进行仿古建筑工程的计量与计价？如何进行仿古建筑的清单计价与定额计价？这些都是学习本章要理解和掌握的问题。

教学目标

1. 了解仿古建筑工程及其计量计价的特点。
2. 掌握仿古建筑工程工程量清单和工程量清单计价表的编制。
3. 掌握仿古建筑工程定额工程量的计算规则、定额基价的换算以及预算书的编制。
4. 熟悉仿古建筑中常见的特殊建筑构件。

教学要求

知识要点	能力要求	相关知识
仿古建筑	(1) 了解仿古建筑的特点 (2) 熟悉仿古建筑常见的建筑构件	普通建筑的建筑结构
仿古建筑工程量清单编制	(1) 熟悉仿古建筑工程施工图 (2) 掌握仿古建筑清单项目的套取方法及清单编制	仿古建筑工程量清单
仿古建筑工程量清单计价表的编制	(1) 掌握仿古建筑分项工程综合单价的组成与计算 (2) 熟悉仿古建筑工程量清单计价表的内容	综合单价分析
仿古建筑工程定额工程量计算	(1) 理解仿古建筑工程定额工程量计算规则 (3) 掌握仿古建筑分项工程定额工程量的计算	仿古建筑定额
仿古建筑工程定额的套取与换算	(1) 掌握仿古建筑分项工程定额基价的换算 (2) 熟悉各种换算系数及其使用方法	换算
仿古建筑工程预算书的编制	熟悉仿古建筑工程预算书的编制及内容	工程预算书

基本概念

仿古建筑：仿照古建筑式样而运用现代结构、材料及技术建造的建筑物、构筑物和纪念性建筑。

老嫩戗：房屋转角处设角梁，置于步桁与廊桁上的称为老戗。竖立于老戗上的角梁称为嫩戗。

椽望板：在古典建筑中飞沿部位，并连有飞椽和出沿椽重叠的板称为椽望板。

吴王靠：坐槛外缘设短栏，以双摘钩系于柱，栏成半圆形，高约一尺，花纹流空，称吴王靠。

戗角：四合舍房屋或歇山转角处的屋面结构。

戗脊：在老嫩戗木上的屋脊称为戗脊。

台明：台明即台巷或阶台，以石、砖砌成的平台，上立建筑物。

阳文、阴文：字碑中的凸字称阳文，凹字称阴文。

无柱门罩：无柱门罩指的是悬挑雨篷。

抛方：外墙上部，以水泥或清水砖做成形似木枋的枋子称为抛方。

 引例

丽江木府

丽江古城是中国历史文化名城，而丽江木府(图 7.1)可称为丽江古城文化之"大观园"。纳西族最高统领木氏自元代世袭丽江土司以来，历经元、明、清三代 22 世 470 年，在西南诸土司中以"知诗书好礼守义"而著称于世。明末时达到鼎盛，其府建筑气象万千，古代著名旅行家徐霞客曾叹木府曰："宫室之丽，拟于王室"。

1996 年丽江大地震后，丽江市政府利用世行贷款，仅投资四百多万元就在原址上重新建起气势恢宏的木府建筑群。木府仿古建筑群位于丽江古城西南隅，占地 46 亩，中轴线全长 369 米，整个建筑群坐西朝东，"迎旭日而得木气"，左有青龙(玉龙雪山)，右有白虎(虎山)，背靠玄武(狮子山)，东南方向有龟山、蛇山对峙而把守关隘，木府怀抱于古城，既有枕狮山而升阳刚之气，又有环玉水而具太极之脉。

建筑群有近十座大官殿，由忠义石牌坊、议事厅、万卷楼(图 7.2)、护法殿、光碧楼、玉音楼、三清殿等建筑组成，为丽江古城增添了历史的厚重和独特的风韵。

图 7.1　丽江木府

图 7.2　木府万卷楼

7.1 仿古建筑工程计量与计价概述

7.1.1 仿古建筑工程

仿古建筑是指仿照古建筑式样而运用现代结构、材料及技术建造的建筑物构筑物和纪念性建筑。仿古建筑的设计与施工包括仿古木作工程、砖细工程、石作工程和仿古屋面工程。

1. 仿古木作工程

仿古木作工程结构含立贴式柱、立柱、梁枋、斗盘枋、夹底、桁条、轩梁、连机、搁棚、帮脊木、椽子、戗角、斗拱、古式木门窗、槛框等。

1）斗拱

斗拱的前身是"栌欒（欒）"，即斗状的柱头。最早的斗拱形象见于汉代崖墓、石室、石阙、明器、壁画等；现存实物有四川省绵阳县平杨镇汉代石阙一斗三升斗拱和四川雅安县后汉高颐墓阙一斗二升斗拱。

斗拱是我国建筑特有的一种结构，在立柱顶、额枋和檐檩间或构架间，从柱顶探出的弓形肘木叫拱，拱与拱之间垫的方形木块叫斗，合称斗拱（图7.3、图7.4）。斗拱功用主要有四个方面：一是它位于柱与梁之间，由屋面和上层构架传下来的荷载，要通过斗拱传给柱子，再由柱传到基础，起着承上启下，传递荷载的作用；二是它向外出挑，可把最外层的桁檩挑出一定距离，使建筑物出檐更加深远，造型更加优美、壮观；三是它构造精巧，造型美观，如盆景，似花篮，又是很好的装饰性构件；四是榫卯结合，这是抗震的关键。这种结构和现代梁柱框架结构极为类似。构架的节点不是刚接，这就保证了建筑物的刚度协调。遇有强烈地震时，采用榫卯结合的空间结构虽会"松动"却不致"散架"，消耗地震传来的能量，使整个房屋的地震荷载大为降低，起了抗震的作用。宋《营造法式》中称斗拱为铺作，清工部《工程做法》中称斗拱为斗科。在中国传统建筑中，一般是非常重要或带纪念性的建筑物才有斗拱的安置。清以后，斗拱的结构作用蜕化，成了在柱网和屋顶构架间主要起装饰作用的构件。

图7.3　仿古建筑的转角斗拱　　　　　**图7.4　牌坊中的斗拱**

斗拱的种类很多，形式复杂。按使用部位分，斗拱可以分为内檐斗拱、外檐斗拱、平座斗拱。按朝代不同，其名称有柱头斗拱、柱头铺作、柱头科，柱间斗拱、补间铺作、平身科以及转角斗拱、角铺作、角科。其中，转角斗拱的结构最为复杂，所起作用也是最大。外檐斗拱即处于建筑物外檐部位，分为柱头科、平身科、角科斗拱、溜金斗拱、平座斗拱；内檐斗拱处于建筑物内檐部位，分为品字科斗拱、隔架斗拱等。

2）槛框

槛框是仿古建筑门窗外框的总称。它的形式和作用与现代建筑木制门窗的口框相类似。中国古建筑的门窗都是安装在槛框里面的。在古建筑装修槛框中，处于水平位置的构件为槛，处于垂直位置的构件为框。槛依位置不同，又分为上槛、中槛、下槛。下槛是紧贴地面的横槛，是安装大门、隔扇的重要构件，上槛是紧贴檐枋下皮安装的横槛，中槛是位于上、下槛之间偏上的跨空横槛。中槛下安装门扇或隔扇，中槛上大片空隙处安装走马板或横披窗。槛框中紧贴柱子安装的部位也称为抱框。大门居中安装时，还要根据门的宽度再安装两根门框。门框与抱框之间，安装两根短横槛，称为"腰枋"，它的作用在于稳定门框。

2. 砖细工程

砖细是指将砖进行锯、截、刨、磨等加工的工作名称。砖细抛方为抛方及其墙体其他部位用砖的加工项目(图 7.5)，分为平面加工和平面带枭混线脚抛方两种。望砖是铺在椽子上的薄砖，用以承受瓦片，阻挡瓦楞中漏下的雨水和防止透风落尘，并使室内的顶面外观平整。望砖的规格通常为 210mm×150mm×17mm。

图 7.5 平面带线砖脚

1) 做细望砖

古建筑工程中做细望砖是指在望砖铺砌前，对望砖进行加工处理，包括糙直缝、茶壶挡圆口望、船篷轩弯望和鹤颈弯望等。糙直缝是对望砖的一种最简单的加工，只要求对望砖的拼缝面进行粗加工，使其望砖之间铺砌时能够合缝即可，它只适用于不太重要的简单屋顶所铺砌的望砖。茶壶挡圆口望是使用在茶壶挡轩上茶壶挡椽间的望砖，在茶壶挡椽高出部分靠边缘的望砖，其最外缘加工成圆弧边，即称为圆口望。弯望是指带弓形的望砖，铺砌在船篷顶弯弧形椽上的望砖称为船篷轩弯望，将椽子做成仙鹤颈弯弧形称为鹤颈弯椽，由鹤颈弯椽组成的篷顶称为鹤颈轩，铺砌在鹤颈轩弯椽上的望砖称为鹤颈弯望。

2) 砖细贴墙面

在古建筑墙体中，大多将墙体分里外两层，里层墙体一般没有严格要求，主要作陪衬结构厚度作用，称为背里或衬里。而外层墙体则要求严格。砖细贴墙面是墙体外层正面大面积部位的砖墙。砖细贴墙面通常分为勒脚细、八角景、六角景、斜角景四类。勒脚细是按墙体位置而取的名称，较上身厚出一寸，它是墙体中最重要的部位，一般都采用做细清水砖，所以称为勒脚细。八角景、六角景按砖外形为八角形和六角形而命名，"景"是指艺术形式的砌筑。采用八角或六角形贴面的墙，多是在用线砖围成的景框内进行砌筑。斜角景是用四边形的方砖进行斜贴的一种形式。

《营造法式》中述到："厅堂内部精美之作，其勒脚、墙面，俱以做细清水砖嵌砌，墙面四周以凸凹起线，称为"镶边"，由此可知，镶边是指在墙面上用砖细镶嵌成边框的一种装饰。

3）地穴、月洞

《营造法式》上对在墙垣上做有门洞而不装门扇的称为"地穴"。相对地穴而言，在墙垣上做有窗洞而不装窗扇的称为"月洞"，地穴和月洞的侧面应镶砌清水磨砖，两边要凸出墙面寸许，边缘起线宜简单（图7.6）。

图 7.6　重庆湖广会馆的砖细贴墙面和地穴

4）门窗套和砖细坐槛栏杆

在门窗洞口周边镶嵌凸出墙面砖细者称为"门窗套"，而在洞内侧壁与顶面满嵌砖细者称为"内樘"。

用砖栏杆代替矮墙，并在其上设有坐板的称为"砖细坐槛栏杆"，砖细坐槛栏杆实际上是一种设有坐板的空花矮墙，其形式仿照石栏杆做法。《营造法式》中将一般矮墙都统称为"半墙"，有些亭、廊周边的栏杆，改用砖砌矮墙，在矮墙顶面铺一平整的坐板，此坐板称为"坐槛"，用砖细做成的坐槛即为坐槛面。半墙坐槛面分为有雀簧和无雀簧两种，其中雀簧是指小连接木，因为有些砖细坐槛面要与木构件（如木柱、木栏等）连接，这时应在砖的背面剔凿槽口以安连接木。砖栏杆由四部分组成，即坐槛面、栏杆柱、栏杆芯和栏板底脚。定额的项目名称也按这四部分设置，即四角起木角线坐槛面砖、栏杆槛身侧柱、栏杆槛身芯子砖、双面起木角线拖泥。四角起木角线坐槛面砖是指在砖的四个角起线的坐槛砖，栏杆槛身芯子砖是指坐槛面砖之下，栏杆柱之间，"双面起木角线拖泥"之上的栏杆部分。双面起木角线拖泥即栏杆最底部的砖，《营造法式》称露台下的金刚座的底脚石为"拖泥"，拖泥砖只有两个外露角，这两个角都起木角线。

5）砖细包檐及牌科

砖细包檐指做细清水砖包檐墙的檐口。包檐墙的檐口一般采用三匹砖逐匹挑出，称为"三飞砖"，即定额中的砖细包檐三道；砖细屋脊头是用于筑有正脊的两个端头装饰物；砖细垛头是门墙两边的砖柱，或山墙伸出廊柱外的部分；砖细博风板头是博风板的两个端头；砖细牌科是用砖料仿制而成的门窗洞，如图7.7所示。

图 7.7　砖细牌科

砖挂落、三飞砖、墙门等都是砖门楼或砖墙门上的重点装饰部位，按门楼上和墙门上装饰部位的不同构造分列子目。例如，八字垛头是指大门两旁连接有八字拐角的砖柱，拖泥锁口是指台基边缘的锁口砖，下枋是指门洞顶上的过梁。在砖细墙门中，门顶过梁先用横木担置，再在其上包清水砖作枋形。带圆弧形凸出的断面称为浑面，覆盖者为仰浑，仰置者为托浑，将两者上下对称砌置，称为上下拖混线脚。宿塞为带状矩形的条砖，置于上下拖混脚线之间，起着过渡变形的效果。木角小圆线台盘浑是大镶边最外框的一道线脚，大镶边仅指外框线的砖细，兜肚是指大镶边两端的方块砖，字碑即大镶边中间部分用以雕刻字文的砖细，字位四周再围以镶边。

3. 石作工程

石作工程一般指构成仿古建筑的石构件的加工制作和安装，包括石构件拆除、石构件整修、石构件制作和石构件安装。

1）石料加工

石料加工最早称为"錾凿打荒"。打荒是指对石料进行"打剥"加工，也就是用铁锤及铁凿将石料表面凸起部分凿掉。錾凿是用铁锤及铁凿对石料表面进行密布凿痕的加工，并令其表面凹凸逐渐变浅。后来对石料的加工程序进一步细化，增加了"做糙"、"剁斧"和"扁光"三个环节。做糙就是用铁锤及铁凿对石料表面粗略地通打一遍，要求凿痕深浅齐匀。如果做第二遍打凿，则称为二步做糙。"做糙"是粗加工。"剁斧"是用钢凿和钢斧将石料表面剁打趋于平整，用钢斧剁打后，其表面无凹凸，达到表面平整，是细加工。一般来说，石料加工等级，按园林定额规定可分为四个等级：打荒、做糙、剁斧和扁光。细分可分为打荒、一步做糙、二步做糙、一遍剁斧、二遍剁斧、三遍剁斧和扁光7个等级，见表7.1。

表7.1 石料加工等级和加工要求

加工等级	加工要求
打荒	用铁锤及铁凿将石料表面凸起部分凿掉
一步做糙	用铁锤及铁凿对石料表面粗略地通打一遍，要求凿痕深浅齐匀
二步做糙	用铁锤及铁凿对石料表面在一次做糙基础上进行密布凿痕的细加工，令其表面凹凸逐渐变浅
一遍剁斧	在石料表面用铁斧剁打后，令其表面无凹凸，达到表面平整，斧口痕迹间隙应小于3mm
二遍剁斧	在一遍剁斧基础上加工得更为精密一些，斧口痕迹间隙应小于1mm
三遍剁斧	在二遍剁斧基础上要求平面具有更严格的平整度，斧口痕迹间隙应小于0.5mm
扁光	凡完成三遍剁斧的石料，用砂石加水磨去表面的剁纹，使其表面达到光滑与平整

2）筑方快口和板岩口

石料相邻的两个面经加工后形成的角线称为筑方快口或板岩口。筑方快口均发生在有看面的部位，板岩口均发生在石料的内侧不露面的部位。

3）线脚和坡势

在加工石料的边线部位雕成突出的角，圆形称为圆线脚，方形称为方线脚。凡将石料相邻两个面剥去其两个面相交的直角，而成为斜坡的形势称为坡势。

4）菱角石、锁口石、侧塘石、鼓磴和磉石

菱角石又称象眼，是踏步两旁垂带石下部的三角部分。锁口石是指石栏杆下的石条或驳岸顶上一皮石料。侧塘石即以塘石侧砌。鼓磴即仿古建筑柱下的石，形式有圆形和方形。磉石是鼓磴下面的基础石，形式通常为方形。

4. 屋面工程

仿古建筑屋面工程常见的构造有刚性屋面、防水防潮层、变形缝、铺望砖、盖瓦、屋脊、围墙瓦顶、屋脊头(飞檐翘角、套兽、琉璃宝顶)。其中比较典型的有盖瓦、屋脊和屋脊头。

1）盖瓦

盖瓦是指铺砌屋面瓦的简称，即在望砖、油毡面上通过扎楞(即安装瓦条木)，再在其上安放底瓦和盖瓦等。根据瓦的类型不同，盖瓦常分为蝴蝶瓦和琉璃瓦。

（1）蝴蝶瓦。蝴蝶瓦(图 7.8)又称小青瓦，是阴阳瓦的一种，在北方又称合瓦。它在我国的瓦屋面工程中应用已久，它的铺法有仰瓦屋面和阴阳瓦屋面两种。其中仰瓦屋面又分有灰埂和无灰埂的两种，但铺法比阴阳瓦屋面要简单。合瓦屋面是北方地区传统建筑常见的屋面形式，主要见于小式建筑和北京、河北等地的民宅，大式建筑不用合瓦。江南地区无论是民宅还是庙宇，均以合瓦(蝴蝶瓦)屋面为主，包括铺灰与不铺灰两种做法。不铺灰者，是将底瓦直接摆在琉璃瓦木椽上，然后再把盖瓦直接摆放在底瓦垄间，其间不放任何灰泥。

图 7.8　仿古建筑屋面的蝴蝶瓦

（2）琉璃瓦。流光溢彩的琉璃瓦是中国传统的建筑物件，通常施以金黄、翠绿、碧蓝等彩色铅釉，因材料坚固、色彩鲜艳、釉色光润，一直是建筑陶瓷材料中流芳百世的骄子(图 7.9)。我国早在南北朝时期就在建筑上使用琉璃瓦件作为装饰物，到元代时皇宫建筑大规模使用琉璃瓦，明代十三陵与九龙壁都是琉璃瓦建筑史上的杰作。琉璃瓦常用的普通瓦件有筒瓦、板瓦、勾头瓦、滴水瓦、罗锅瓦、折腰瓦、走兽、挑角、正吻、合角吻、垂兽、钱兽、宝顶等。

2）屋脊

屋脊中蝴蝶瓦脊主要是指蝴蝶瓦屋面上的正脊，脊中所用材料以蝴蝶瓦为主，配合其他材料可做成不同形式的屋脊(图 7.10)。其中游脊是用蝴蝶瓦斜向平铺，上下错缝相叠砌筑而成，是蝴蝶瓦脊中最简单的一种，只用于正房之外的屋顶；黄瓜环指用黄瓜环瓦铺筑而成的脊，分别盖于两坡相交的底瓦垄和盖瓦垄上，形成凹凸起伏之状。一瓦条、二瓦条筑脊盖头灰是在脊线上先用砂浆铺砌机砖找平，然后用望砖挑出起线，再在其上立砌蝴蝶瓦，最后抹灰盖面。滚筒脊是指以筒瓦为主所做成的正脊，是在脊身下部用筒瓦合抱成圆弧形，分为二瓦条和三瓦条。筒瓦脊是指脊身材料以筒瓦为主，辅以其他材料砌筑而成的屋脊，依其位置分为两类即正脊和旁脊。环抱脊是在滚筒脊的基础上，用盖筒瓦代替立叠蝴蝶瓦和盖头灰而成的脊。花砖脊是指脊身主要以花砖为主，配以蝴蝶瓦和砂浆砌筑而成的脊。单面花砖博脊是专用于歇山屋顶的博脊，指将博脊脊宽的一半用花砖脊，内里部分同山面板。

图 7.9　大理崇圣寺顶的琉璃瓦　　　　　图 7.10　走廊顶的蝴蝶瓦脊

3）屋脊头

（1）宝顶。宝顶是中国传统的建筑构件之一，它屹立在亭、殿、楼、阁等建筑物的最高处（图 7.11、图 7.12）。常见的宝顶为彩色琉璃，束腰呈圆形、方形和宝塔形等，四周还有"龙凤"、"牡丹"等浮雕图案。

图 7.11　丽江木府大殿的宝顶　　　　　图 7.12　丽江木府大殿和亭子上的宝顶

宝顶不仅是建筑物最高处的一种装饰，而且起着加固房顶的作用。凡有宝顶的建筑物，都采用了中国传统的建筑法——攒尖顶。攒尖顶的建筑物，其木构架逐渐向上收缩，最后聚集在房顶的一根垂直木柱上。这根木柱起着平衡整个房顶的作用。它好像一把阳伞的伞柄。倘若伞柄不牢固，伞骨便会松散。中国古人为了加固攒尖顶建筑物，用琉璃材料来加固和保护房顶的木柱，以免遭受日晒和风雨的侵蚀。房顶最容易遭受雷击，所以古人还给这根木柱起了个美名叫做"雷公柱"，希望它免于雷击。

北京故宫的中和殿和交泰殿是明清皇帝处理朝政的所在，两殿房顶上的宝顶通体鎏金，金光闪闪，显示了皇宫的庄严华贵，以区别于一般红、绿琉璃的宝顶，这也是中国封建等级制度在古建筑上的反映。

（2）飞檐和斗角。飞檐和斗角是中国传统建筑檐部形式之一，多指屋檐特别是屋角的檐部向上翘起，若飞举之势，常用在亭、台、楼、阁、宫殿、庙宇等建筑的屋顶转角处，四角翘伸，形如飞鸟展翅，轻盈活泼，所以也常被称为飞檐翘角（图7.13、图7.14）。中国传统建筑通过檐部上的这种特殊处理和创造，不但扩大了采光面、有利于排泄雨水，而且增添了建筑物向上的动感，仿佛是一种气将屋檐向上托举。仿古建筑中屋顶及飞檐在单座建筑中占的比例很大，一般可达到立面高度的一半左右。古代木结构的梁架组合所形成的体量巨大的屋顶与坡顶、正脊和翘起飞檐形成柔美的曲线。

图7.13　仿古建筑中的飞檐和斗拱　　图7.14　传统建筑中常见的飞檐

陕西韩城是汉太史司马迁的祠堂。建造时，老木匠带领木匠们"再加一把盐（檐）"，就是在每根檐头上再插二尺方椽。这一改建，不仅出檐大方，而且屋檐翘起如凤凰展翅，故得名"飞翘檐"。这种飞翘檐美观大方，后来逐渐成为我国富有民族风格的一种建筑做法。

斗角指宫室建筑结构的交错和精巧。唐代诗人杜牧的《阿房宫赋》云："廊腰缦回，檐牙高啄；各抱地势，钩心斗角。"是形容建筑的结构错综精密。斗角原是建筑师为了节省空间及建筑结构的美观而创造出的一门以巧补拙的建筑美学（图7.15）。

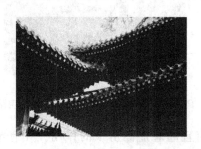 

图7.15　仿古建筑中的斗角

（3）套兽。套兽是中国古代建筑的脊兽之一，安装于脊角梁的端头上，其作用为防雨水侵蚀、美观、喻义、祈望（图7.16、图7.17）。套兽一般由琉璃瓦制成，为狮子头或者龙头形状，如正脊两端的"正吻"兽，也称"鸱吻"，是龙的九子之一，形似鱼尾，张牙舞爪，吞稳屋脊，能激浪成雨，灭火消灾。

图 7.16　大理崇圣寺望海楼飞檐上的套兽　　图 7.17　大理崇圣寺山海大观牌坊上的套兽

套兽的多少，按房屋重要性而定，如昭陵中轴多，两厢少；进门少，近墓多；门少，殿多。正红门→隆恩门→隆恩殿→大明楼进深按 3→4→5→7。套兽最多的是北京故宫太和殿，一排计 11 只兽。

（4）滴水。滴水是在阳台、雨篷、屋檐、窗台板等构件的底部靠外侧边缘抹一条几厘米宽的砂浆带(有时还在砂浆带中做个凹槽)，防止雨水顺着阳台、雨篷、屋檐、窗台板等构件的底部流向外墙面，这个砂浆带就是建筑上说的"滴水"或"滴水线"。此外，"滴水"还有一种情形是建筑物屋顶仰瓦形成的瓦沟的最下面的一块特制的瓦。明清时期建筑滴水渐渐演变发展成为如意形滴水，即在建筑外墙洞口上口和挑檐外设置鹰嘴和滴水槽。

7.1.2　仿古建筑工程计量与计价的特点

仿古建筑由于要体现中国传统建筑的特色，建筑施工以仿古木作工程、砖细工程、石作工程、屋面工程为主，建筑构造体现的是中国传统建筑的主要特征，因而其分部分项工程的子目划分与普通建筑有较大区别，相应的工程量计算规则也有较大差异。在《浙江省园林绿化仿古建筑工程预算定额》（2010 版）下册中，仿古建筑的划分即分为仿古木作工程、砖细工程、石作工程、屋面工程四个分部工程。每个分部工程中的分项工程与《浙江省建筑工程预算定额》中的分项工程划分有较大不同。当然，近年来也出现了很多用混凝土建造的仿古建筑，这些建筑只是在外观等表象中模仿传统建筑，其实质的建筑用材、建筑构造等都与现代建筑无异。随着园林工程投资的不断增大，基本建设中对仿古建筑的需求也逐年增加。为顺应时代发展的需要，国家标准《仿古建筑工程工程量计算规范》（GB 50855—2013）于 2013 年 7 月开始实施。规范由附录 A 砖作工程、附录 B 石作工程、附录 C 玻璃砌筑工程、附录 D 混凝土及钢筋混凝土工程、附录 E 木作工程、附录 F 屋面工程、附录 G 地面工程、附录 H 抹灰工程、附录 J 油漆彩画工程、附录 K 措施项目和附录 L 古建筑名词对照表共同组成。11 个附录覆盖了仿古建筑施工所需的 11 个分部，又充分体现了仿古建筑的特点。《仿古建筑工程工程量计算规范》（GB 50855—2013）为仿古建筑清单计量与计价提供了依据。

7.1.3 仿古建筑建筑面积的计算规定

1. 计算建筑面积的范围

（1）单层建筑不论其出檐层数及高度如何，均按一层计算面积。其中有台明者按台明外围水平面积计算建筑面积。无台明有围护结构的以围护结构水平面积计算建筑面积；围护结构外有桅檐廊柱的，按檐廊柱外边线水平面积计算建筑面积；围护结构外边线未及构架柱外连线的，按构架柱外边线计算建筑面积；无围护结构的按构架柱外边线计算面积。

图 7.18 仿古别墅

（2）有楼层分界的两层或多层建筑（图 7.18），不论其出檐层数如何，按自然结构楼层的分层水平面积总和计算建筑面积。其首层的建筑面积计算方法分有、无台明两种。二层及二层以上各层建筑面积计算按单层无台明建筑的建筑面积计算方法执行。

（3）单层或多层建筑局部有楼阁层者，按其水平投影面积计算建筑面积。

（4）碉楼式建筑物的碉台内无楼层分界的按一层计算建筑面积，碉台内有楼层分界的分层累计计算建筑面积。单层碉台及多层碉台的首层有台明的按台明外围水平面积计算建筑面积，无台明的按围护结构底面外围水平面积计算建筑面积。多层碉台的二层及二层以上均按各层围护结构底面外围水平面积计算建筑面积。

（5）两层或多层建筑构架柱外，有围护装修或围栏的挑台部分，按构架柱外边线至挑台外围间水平投影面积的 1/2 计算建筑面积。

（6）坡地建筑、临水建筑或跨越水面建筑的首层构架柱外有围栏的挑台部分，按构架柱外边线至挑台外围线间的水平投影面积的 1/2 计算建筑面积。

2. 不计算建筑面积的范围

（1）单层或多层建筑中的无柱门罩、窗罩、雨篷、挑檐、无围护的挑台、台阶等。

（2）无台明建筑或多层建筑的二层或二层以上突出墙面或构架柱外边线以外的部分，如墀头、垛、窗罩等。

（3）牌楼、实心或半实心的砖、石塔。

（4）构筑物：如月台、环丘台、城台、院墙及随墙门、花架等。

（5）碉台的平台。

7.1.4 仿古建筑清单工程量计算规则

仿古建筑工程包含的部分清单项目、工程内容及工程量计算规则举例见表 7.2。

表 7.2 仿古建筑清单项目及工程量计算规则

项目编号	项目名称	项目特征	计量单位	工程量计算规则	工程内容
020101002	细砖清水墙	砌墙厚度、砌筑方式、勾缝类型、砖品种、灰浆品种	m³	按设计图示尺寸以体积计算	选砖、调砂浆、支拆券胎、砌筑、勾缝
020201001	阶条石	粘结层、石料种类、规格，石料表面加工要求，保护层材料种类	m³/m²	按设计图示尺寸以体积或面积计算	基层清理、石构件制作、运输、安装、刷防护材料
020201002	踏跺				
020201008	垂带				
020401001	矩形柱	柱收分、侧脚、卷杀尺寸	m³	按设计图示尺寸以体积计算	模板支拆 混凝土制作、运输、浇捣、养护
020402001	矩形梁	梁上表面卷杀尺寸混凝土强度等级，混凝土类别			
020402004	拱形梁				
020410001	椽望板	构件尺寸，安装高度，混凝土强度等级、砂浆强度等级			构件制作、运输、安装，接头灌缝
020502002	木矩形梁		m³	按设计图示尺寸的竣工木构件以体积计算	木构件制作、木构件安装和木构件刷防护材料
020505002	木矩形椽	木材品种、刨光要求、防护材料种类、刷涂遍数	m³/m	按设计图示尺寸的竣工木构件以体积或长度计算	
020506001	老角梁、山戗		m³	按设计图示尺寸的竣工木构件以体积计算	刨光、开榫、角弧度制作、雕刻戗头、安装
020511002	倒挂楣子	构件高度、木材品种、刨光要求、雕刻纹样	m²/m	按设计图示尺寸以面积或长度计算	木构件制作、雕刻、安装和刷防护材料
020602001	筒瓦屋面	瓦件规格、坐浆强度、铁件种类、基层材料种类	m²	按设计图示屋面至飞椽头或封檐口铺设以斜面积计算	调运砂浆、铺底灰、扎楞、铺瓦、抹面、刷黑水、刷桐油
020801001	墙面仿古抹灰	墙体类型，底层、面层厚度、砂浆配合比	m²	按设计图示尺寸以面积计算，扣除门窗洞和单个 0.3m² 以上孔洞面积	基层清理、下麻钉、砂浆制作、运输、抹灰

7.1.5 仿古建筑定额工程量计算规则

1. 仿古建筑工程项目划分

按照传统技艺建造的仿古建筑一般分为仿古木作工程、砖细工程、石作工程和屋面工程4个分部，见表7.3。

表 7.3 仿古建筑分部分项工程

序号	分部工程	分 项 工 程
1	仿古木作工程	立贴式柱、立柱、梁枋、斗盘枋、夹底、桁条、轩梁、连机、搁栅、帮脊木、椽子、戗角、斗拱、古式木门窗、槛框等
2	砖细工程	做细望砖、砖细加工、砖细抛枋、台口、砖细贴面、砖细镶边、砖细漏窗、砖细半墙坐槛面、砖细坐槛栏杆、挂落三飞砖等
3	石作工程	石料加工、石柱、梁、枋、石门框、窗框、门槛、踏步石、阶沿石、侧塘石、锁口石、须弥座、栏杆、石凳、石浮雕
4	屋面工程	刚性屋面、防水防潮层、变形缝、铺望砖、盖瓦(蝴蝶瓦、琉璃瓦等)、屋脊、围墙瓦顶、屋脊头(翘角、套兽、琉璃宝顶)

2. 仿古木作工程

1)仿古木作工程相关规定及说明

(1)定额中木构件除注明者外，均以刨光为准，刨光损耗已包括在定额内，定额中的木材数量为毛料。

(2)扁作梁、枋、椽、屋架等木构件装修木材除注明者外，以一、二类为准。设计使用三、四类木种的，其制作人工耗用量乘以系数1.3，安装人工耗用量乘以系数1.15，制作安装定额人工乘以系数1.25。

(3)门簪截面不分六边形、八边形或是否带梅花线，定额均不作调整，端面以素面为准，带雕饰者，另行计算。

(4)各种坐凳及倒挂楣子制作安装包括边抹、心屉及白菜头、楣子脚等框外延伸部分，但不包括字、握拳、卡子花、团花及花牙子的制作安装。

(5)隔扇、槛窗及帘架上的横披窗执行槛窗及心屉定额；支摘窗上的横披窗执行支摘窗定额。

(6)支摘窗制作包括边抹及心屉；隔扇、槛窗、支摘窗及夹门、楣子所用的卡子花、团花、工字、握拳另行计算。

(7)隔扇、槛窗安装采用鹅颈、碰铁者，另行计算；支摘窗纱扇安装套用支摘窗扇定额，支摘纱窗心屉制作包括钉纱。

(8)混凝土构件上安装木拱时，木斗拱制作安装套用相应斗拱定额。

(9)斗拱定额编号8-121~8-130按营造法原做法编制，定额编号8-131~8-157按营造则例做法编制。

定额编号8-131~8-157斗拱，斗口均以8cm为基准，斗口尺寸变动时，定额按表7.4调整。

表 7.4 斗 拱 定 额

斗 口	5cm	6cm	7cm	8cm	9cm	10cm
人工费调整系数	0.70	0.78	0.88	1.00	1.13	1.28
材料费调整系数	0.25	0.43	0.67	1.00	1.42	1.95

(10) 木构件定额均未包括雕刻，雕刻另按相应定额计算。

(11) 木雕定额仅为雕刻费用，花板框架制作安装按相应的定额计算；木雕定额按单面考虑，双面雕刻乘以系数 2。木雕定额以 A 级木材雕刻为准，若为 B 级木材，定额乘系数 1.50，C 级木材定额乘系数 1.80。木雕按一般的雕刻工艺及质量要求编制，若要求雕刻工艺复杂或质量要求较高者，定额乘系数 1.1~1.15.

2) 仿古木作工程工程量计算规则

(1) 立贴式柱、屋架、梁、枋子等木构件按设计最大外形尺寸(长、宽、高)以 m³ 计算。

(2) 斗拱以座计算，里口木、瓦口板等以 m 计算，填拱板、疤填板等均按设计几何尺寸以 m² 计算。

(3) 古式门窗按扇面积以 m² 计算，抱坎、上下坎按"延长米"计算。

(4) 各种槛、门框、腰枋、门拢按长度以 m 计算。

(5) 窗塌板、坐凳面按最大外接长度乘以宽度以 m² 计算。

(6) 窗帘大框以边框外围面积计算，下边以地面上皮为准。

(7) 桶子板、包镶桶子口按面积计算。

(8) 鹅颈靠背按上口长度计算。

(9) 隔扇、槛窗、支摘窗及夹门、屏门、坐凳及倒挂楣子、门窗扇均按边抹外围面积计算。

(10) 各种心屉有仔边者按仔边外围面积计算，无仔边者按所接触的边抹里口面积计算。

(11) 什锦窗以洞口面积计算。

(12) 飞罩按长度以 m 计算。

(13) 雕刻工程量按框架内的花板面积计算。

3) 仿古木作工程定额项目表

部分仿古木作工程定额项目见表 7.5。

表 7.5 仿古木作工程定额项目表   计量单位：10 m²

定额编号		8－28	8－234	8－244	8－250	8－306
项目		枋子(厚 15cm 以内)(10m³)	仿古式长窗扇(各方槺式)制作	实踏大门扇(厚 8cm)制作	实踏大门安装	倒挂楣子步步锦(软橙)
基价		21932	1944	3796	667	2399
其中	人工费	5078	1254	2145	520	1659
	材料费	16701	682	1633	147	740
	机械费	153	8	18	—	—

3. 砖细工程

砖细制作按现场加工制作考虑。砖细制作包括刨面、刨缝、起线、做榫槽、雕刻、补磨等。

1) 砖细工程相关规定与说明

(1) 望砖刨平面、弧面均包括两侧刨缝、补磨。

(2) 除望砖加工、砖细加工及砖浮雕外,定额均包括制作安装。若为成品安装,扣除相应定额内的刨面、蚀缝人工;若刨缝为不露面平缝,定额每10m扣除1.05工日。砖的规格不同时,可按相应定额项目进行换算。

(3) 青砖贴面、方砖铺装项目的面层材料,定额按成品考虑。方砖铺装结合层按50厚砂垫层考虑,青砖贴面按水泥砂浆粘结考虑,材料、砂浆的品种、厚度及配合比,设计与定额不同时,允许调整。青条砖贴弧形面时,人工耗用量乘以系数1.15,青条砖材料耗用量乘以系数1.05。

(4) 砖雕不计原材料,仅计算人工及辅助材料;砖透雕不包括在定额范围内,如发生另行计算。砖雕不包括砖细加工,发生时按砖细加工相应定额进行计算。

(5) 砖雕部分有简单、复杂之分。雕回纹、卷草、如意、云头、海浪及简单花卉为"简单",而雕夔龙、夔凤、刺虎、金莲及各种山水、人物等视作"复杂"。

2) 砖细工程工程量计算规则

(1) 做细望砖工程量按成品以块计算。砖的损耗包括在定额内。

(2) 砖细抛枋、台口,按图示尺寸的水平长度,以"延长米"计算。

(3) 砖细贴面,按设计图示尺寸以 m^2 计算,扣除门窗洞口和 $0.3m^2$ 以上的空洞所占面积。四周如有镶边者,镶边工程量按相应镶边定额另行计算。

砖细贴墙面所用的砖规格与定额要求不同时,应按下列公式进行换算:贴面砖块数=$10m^2$/单块砖的面积×(1+损耗率)。贴面所用的砖是经过刨磨后的成品砖,实际用的砖料都要选择比设计尺寸较大的规格所以式中的砖面积应按是设计成品尺寸计算,不能按所供应的砖料尺寸计算。

(4) 月洞、地穴、门窗套、镶边,按图示尺寸外围周长,以"延长米"计算。

(5) 砖细半墙坐槛面按图示尺寸以"延长米"计算。

(6) 砖细坐槛栏杆:坐槛面砖、拖泥、芯子砖按水平长度,以"延长米"计算。坐槛栏杆侧柱,按高度以"延长米"计算。

(7) 砖细其他小配件:砖细包檐或望砖线脚,按三道线或增减一道线的水平长度,分别以"延长米"计算。屋脊头、垛头、梁垫,分别以"只"计算。博风、板头、戗头板、风拱板分别以"块(套)"计算。桁条、椽子、飞椽分别以"延长米"计算。

(8) 砖细漏窗:边框按图示尺寸外围周长以"延长米"计算。芯子按边框内净尺寸以 m^2 计算。

(9) 一般漏窗按洞口外围面积以 m^2 计算。

(10) 砖细方砖铺地,按图示尺寸以 m^2 计算。

(11) 挂落三飞砖:砖细勒脚、墙身按图示尺寸以 m^2 计算。拖泥、锁口、线脚、上下枋、台盘浑、斗盘枋、五时堂、字碑、飞砖、晓色、挂落,分别以延长米(m)计算。大镶边、字镶边工程按外围周长以延长米(m)计算。兜肚、荷花柱头、将板砖、挂芽、靴头砖分别以"只(块)"计算,刻字以"个"计算。

3）砖细工程定额项目表

部分砖细工程定额项目见表7.6。

表7.6 砖细工程定额项目表　　　　　　　　　　　计量单位：10 m

定额编号		9－24	9－32	9－43	9－82	9－83
项目		砖细抛枋（平面，高 25cm 以内）	砖细贴面（勒脚细 40×40 以内）（10m²）	单料月洞、地穴、门窗樘套（直折线形宽 35cm 以内）	砖细坐槛栏杆（侧柱）	砖细坐槛栏杆（芯子砖）
基价		1202	2974	1756	1888	1764
其中	人工费	688	1743	1261	1615	1277
	材料费	514	1232	494	273	487
	机械费	—	—	—	—	—

4．石作工程

1）石作工程相关规定及说明

（1）石料质地统一按普坚石石料为准，如使用特坚石，其制作人工耗用量乘系数 1.43，次坚石人工耗用量乘系数 0.6。

（2）石料的加工顺序：打荒成毛料石→放线→筑方快口或板岩口→表面加工→线脚加工→石浮雕加工。

（3）线脚加工不分阴线与阳线。凡线脚深度小于 5mm 时按线脚加工定额乘系数 0.5，石雕中的雕刻线脚均按线脚定额中的一道线加工定额计算。

（4）锁口石、地坪石和侧塘石的四周做快口，均按板岩口定额计算，即按快口定额乘系数 0.5 计算。

（5）斜坡加工按其坡势定额计算。当坡势高度小于 6cm 而大于 1.5cm 时，按坡势定额的系数 0.75 计算。当坡势高度小于 1.5cm 时按照快口定额计算。

（6）在栏板柱部分，花饰图案有简式、繁式之分。一般将几何图案、绦回、卷草、回纹、如意、云头等视作"简式"，而将夔龙、夔凤、刺虎、金莲及各种山水、人物等视作"繁式"。

（7）定额中的石料加工人工均系累计数量，做糙包括打荒，剁斧包括打荒与做糙等。

（8）定额石构件的平面或曲弧面加工耗工大小与石料长度有关，凡是长度在 2m 以内按本定额计算。长度在 3m 以内按 2m 以内定额乘系数 1.1；长度在 4m 以内按 2m 以内定额乘系数 1.2；长度在 5m 以内按 2m 以内定额乘系数 1.35；长度在 6m 以内和 6m 以上者，按 2m 以内定额乘系数 1.50。

（9）鼓磴石的制作安装中，定额人工工日的 10% 作为安装费。覆盆式柱顶石、磉石制作安装中，定额人工工日的 6% 作为安装费。

（10）设计石构件加工等级与定额规定不同时，人工费需要换算，见表7.7。

表 7.7　毛料石加工人工费换算表

加工等级及人工费	设计加工等级					
	一步做糙	二步做糙	一遍剁斧	二遍剁斧	三遍剁斧	扁光
二步做糙，人工费 A 值	0.83A	A	1.13A	1.36A	1.63A	2.61A
一步做糙，人工费 B 值	B	1.20B	1.36B	1.63B	1.96B	3.13B
二遍剁斧，人工费 C 值	0.61C	0.74C	0.83C	C	1.20C	1.92C
一遍剁斧，人工费 D 值	0.74D	0.88D	D	1.20D	1.44D	2.30D

2）石作工程工程量计算规则

（1）梁、柱、枋、石屋面、拱形屋面板工程量按其竣工石料体积计算。踏步、阶沿石、锁口石工程量按投影面积计算，侧塘石以侧面积计算。

（2）毛料石菱角石制作安装按"端"计算，机割板菱角石制作安装按"m³"计算。

（3）镂空栏板以其外框尺寸面积计算，虚透部位面积不扣除。

（4）线脚加工、斜坡加工以"延长米"计算。

（5）被掩盖的各个面的石料加工按规定的粗加工的外表面计算；剁斧按其砌筑后的外表面计算。

（6）石浮雕按其实际雕刻物的底板外框面积计算。

（7）土衬、埋头、阶条石、柱顶石、须弥座、地伏、望柱、角柱、压砖板、腰线石、挑檐石、旋脸石、旋石、夹杆石、镶杆石等拆除、制作安装工程量均按构件图示尺寸或实际尺寸长、宽、厚（高）乘积以"m³"为单位计算，不扣除部件本身凹进的柱顶石卡口、镶（夹）杆石的夹柱槽等所占体积。其中转角处采用合角拼头缝的阶条行、长度按长角面计算，旋脸石、旋石长按外弧长计算；柱顶石凿套顶榫眼、插扦眼按柱顶石体积计算。

（8）陡板、象眼、菱花窗按垂直投影面积计算。

（9）栏板、抱鼓按本身高乘以望柱中至中长度以"m²"为单位计算。

（10）须弥座束腰雕花结带按花饰所占长度乘以束腰高计算面积。

（11）压面石、砚窝石、踏跺石、带下槛垫、槛垫石、过门石、分心石、嚼口石、路面石、地面石、带水槽沟盖等均按水平投影面积计算。不扣除套顶石、夹（镶）杆石所占面积。

（12）墙帽（压顶）、牙子石、石排水沟槽按中线长度以"m"计算。

（13）须弥座龙头、石角梁、墙帽与角柱连作、元宝石、门枕石、门鼓石、滚墩石、石沟嘴子、沟门、沟漏等分不同规格分别按"块"、"个"、"份"、"根"计算。

（14）旧石见新以"m²"计量。其中柱顶按水平投影面积计算，不扣除柱子所占面积。须弥座按垂直投影面积乘以 1.4 计算。栏板按双面计算。门鼓、抱鼓、须弥座龙头、滚墩石等分三面或四面均以最大矩形计算面积。

（15）旧条石夹肋以单面为准，如双面做者，工程量加倍计算。

3）石作工程定额项目表

部分石作工程定额项目见表 7.8。

表7.8 石作工程定额项目表 计量单位：m²

定额编号		10-56	10-69	10-79
项目		踏步、阶沿石制作（二遍剁斧）厚12cm长2m以内	垂带制作（二遍剁斧）顶面宽30cm以内	垂带安装
基价		630	520	47
其中	人工费	318	215	45
	材料费	312	304	1
	机械费	—	—	—

5. 屋面工程

屋面定额包括铺望砖、盖瓦、屋脊、围墙瓦顶、排山、沟头、花边、滴水、泛水、斜沟、屋脊头等。盖瓦定额分为蝴蝶瓦屋面和粘土筒瓦屋面两种。蝴蝶瓦屋面按屋面形式分为走廊平房、厅堂、大殿、四方亭、多角亭等五个子目。

1) 屋面工程相关规定及说明

(1) 屋面工程均以平房沿高在3.6m以内为准；沿高超过3.6m时，其人工乘系数1.05，二层楼房人工乘系数1.09，三层楼房人工乘系数1.13，四层楼房人工乘系数1.16，五层楼房人工乘系数1.18，宝塔按五层楼房系数执行。

(2) 屋脊、垂带、干塘砌体内需要钢筋加固者，钢筋另行计算

(3) 屋脊、垂带等按营造法原传统做法考虑，如做各种泥塑花卉、人物等，工料费另行计算。

(4) 屋面铺瓦、屋脊的砌筑等脚手架费用定额未包括，发生时按脚手架相应定额执行。

(5) 砖、瓦规格和砂浆厚度、标号等，如设计与定额规定不同时，需要换算，见表7.9。

表7.9 筒瓦盖瓦蝴蝶底瓦配套使用的消耗量 计量单位：张/10m²

底瓦规格(cm)	底瓦盖瓦规格(cm)	底瓦搭接系数			
		1/2	1/2.5	1/3	1/3.5
蝴蝶底瓦20×20	蝴蝶底瓦20×20	456.52	570.65	684.78	798.91
	筒瓦盖瓦12×12	213.44	213.44	213.44	213.44
	筒瓦盖瓦14×28	167.70	167.70	167.70	167.70

(6) 围墙瓦顶(图7.19和图7.20)分双落水(宽85cm)、单落水(宽56cm)。花沿、滴水、脊等构件应该分别计算并套用相应定额。

2) 屋面工程工程量计算规则

(1) 屋面铺瓦按飞椽头或封檐口图示尺寸的投影面积乘以屋面坡度延尺系数以"m²"计算。重檐面积的工程量合并计算。飞檐隐蔽部分的望砖另行计算。屋脊、竖带、干塘、戗脊等所占面积均不扣除。

图 7.19　重庆湖广会馆的围墙瓦顶

图 7.20　大理崇圣寺的围墙瓦顶

（2）屋脊按图示尺寸扣除屋脊头水平长度，以"延长米"计算。垂带、环包脊按屋面坡度以"延长米"计算。

（3）戗脊长度按戗头至摔网椽根部弧形长度，以"延长米"计算。戗脊头根部以上工程量另行计算，分别按垂带、环包戗、泥鳅脊定额执行。

（4）围墙瓦顶、檐口沟头、花边、滴水按图示尺寸，以"延长米"计算。

（5）排山、泛水、斜沟，按水平长度乘以屋面坡度延长系数以"延长米"计算。

（6）各种屋脊头、宝顶以"只"计算。

3）屋面工程定额项目表

部分屋面工程定额项目见表 7.10。

表 7.10　屋面工程定额项目表　　　　　　　　　　　计量单位：100m²

定额编号		11－7	11－25	11－46
项目		屋面保温隔热 （无机轻集料保温砂浆）	防水砂浆防潮层	粘土筒瓦屋面 （走廊、平房、厅堂） （10m²）
基价(元)		2539	1124	1108
其中	人工费(元)	520	464	482
	材料费(元)	1995	640	624
	机械费(元)	24	20	2

7.2　仿古建筑工程计量

仿古建筑工程清单计量应该遵循《仿古建筑工程工程量计算规范》（GB 50855—2013）附录 A～附录 L 的要求，土石方、桩基等项目需要遵循国家标准《房屋建筑与装饰工程工程量计算规范》（GB 50854—2013）的要求。仿古建筑工程定额计量要遵循各省的仿古建筑及园林工程定额。在浙江省要遵循《浙江省园林绿化及仿古建筑工程预算定额》（2010版）的规定进行列项并相应计算工程量。计量要根据仿古建筑施工图的平面、立面、剖面图以及相关的建筑设计说明和结构设计说明来进行。

要准确计算仿古建筑工程的工程量，首先必须熟悉本章 7.1 节仿古建筑的建筑构造、施工工艺以及仿古建筑各分部分项工程的工程量计算规则；其次是能够准确识读施工图并准确计算工程量。

7.2.1 某仿古建筑工程案例

某仿古建筑小卖部施工图如图 7.21 和图 7.22 所示。

7.2.2 案例工程量清单的编制

1. 仿古建筑工程清单工程量计算

(1) 砖作工程。

020101002 细砖清水墙(240 砖墙)：$[(3.6 \times 3 + 4) \times 2 \times 3.6 - 3.35 \times (2.6 - 0.6) \times 4 - 2.5 \times 2.6 \times 2 - 3.35 \times (3.6 - 0.6) - 0.9 \times 2.1 - 3.35 \times 3 \times 0.6 \times 2] \times 0.24 - 0.25 \times 0.25 \times 3.6 \times 8 = 8.46(\text{m}^3)$。

(2) 石作工程。

020201002 踏跺(块石砌踏步)：$3.35 \times 0.3 \times (0.2 + 0.4 + 0.6) + 1.75 \times 0.3 \times (0.2 + 0.4 + 0.6) \times 2 = 2.47(\text{m}^3)$。

010403001 石基础(块石砌凹缝)：$[(3.6 \times 3 + 1.3 \times 2) \times (6.245 + 1.3 - 0.125) + (3.6 \times 2 + 0.12 + 1.3) \times (1.3 - 0.12)] \times 0.6 = 65.76(\text{m}^3)$。

020201008 青石垂带：$0.9 \times 0.6 \times 0.5 \times 0.25 \times 6 = 0.41(\text{m}^3)$。

(3) 混凝土及钢筋混凝土工程。

020401001 矩形柱(现浇钢筋混凝土矩形柱)：$0.25 \times 0.25 \times 3.6 \times 12 = 2.70(\text{m}^3)$。

020402001 矩形梁(现浇钢筋混凝土矩形梁)：合计为 12.50m^3。

其中：

L_1：$[0.25 \times 0.4 \times (12.2 + 7.4) \times 2 + 0.25 \times 0.4 \times 7.4 \times 2 = 5.40(\text{m}^3)$。

L_1'：$0.25 \times 0.4 \times 6 \times 2 = 1.2(\text{m}^3)$

L_2：$0.25 \times 0.4 \times 3.6 \times 3 \times 3 = 3.24(\text{m}^3)$。

L_{2A}：$[0.25 \times 0.4 \times 7.8 + 0.25 \times 0.28 \times 0.8 \times 2] \times 2 = 1.78(\text{m}^3)$。

XL：$0.2 \times 0.24 \times 2 \div \cos 30° \times 8 = 0.88(\text{m}^3)$。

020411001 翼角部预制椽：$0.08 \times 0.08 \times 2.3 \times 145 = 2.13(\text{m}^3)$。

020402004 拱形梁(现浇钢筋混凝土角梁)：$(0.12 \times 0.2 \times 4.6 + 0.12 \times 0.14 \times 0.99) \times 4 = 0.51(\text{m}^3)$。

020410001 椽望板(预制混凝土带肋板)：$[(2.9 \times 2 + 3) \times (0.7 + 0.7 + 1.5 + 2.1 + 1.8) \times 2 - (4.2 + 3.6) \times 4] \times \left(\dfrac{0.075 \times 0.05 \times 2 + 0.05 \times 0.49}{0.49}\right) = 5.75(\text{m}^3)$。

020404001 带椽屋面板(现浇板厚 60)：$(2.1 + 1.8 + 1.8 + 2.1) \times 4 \times 0.06 = 1.87(\text{m}^3)$。

(4) 木作工程。

020511002 吊挂楣子(木挂落)：$3.35 \times 3 \times 0.6 \times 2 + (2 - 0.25) \times 0.6 \times 2 = 14.16(\text{m}^2)$。

011302004 藤条造型悬挂吊顶(芦苇纹竹平顶)：$(3.6 \times 3 - 0.24) \times (2 + 4 - 0.24) = 60.83(\text{m}^2)$。

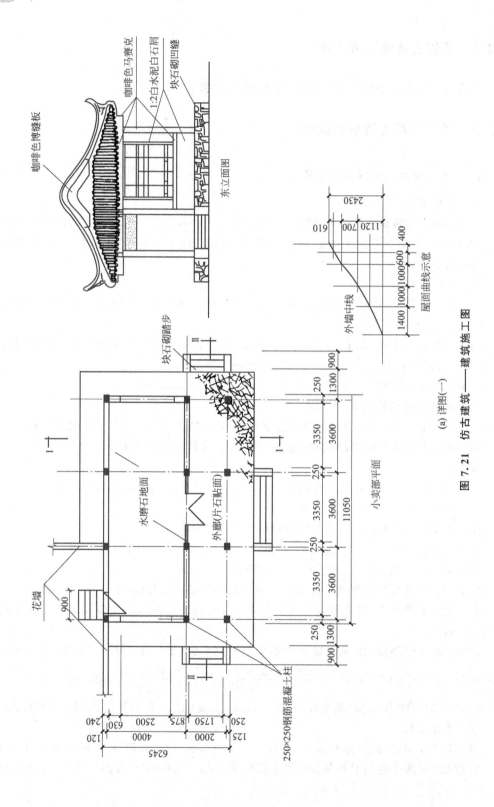

图 7.21 仿古建筑——建筑施工图

(a) 详图(一)

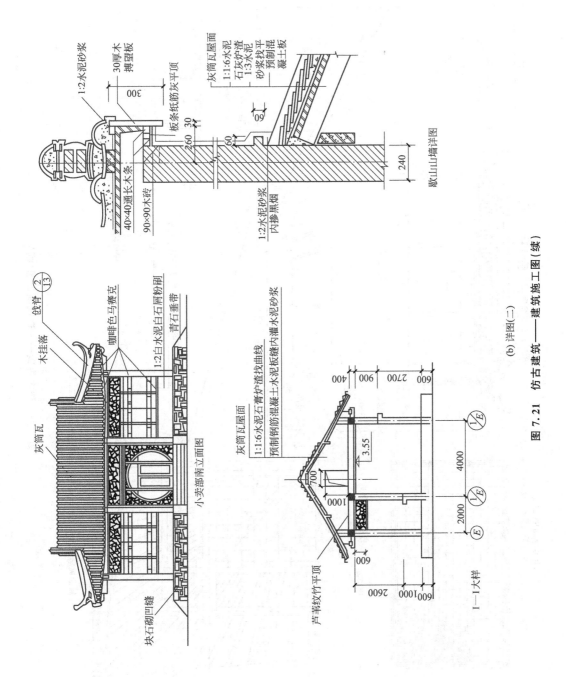

(b) 详图(二)

图 7.21 仿古建筑——建筑施工图(续)

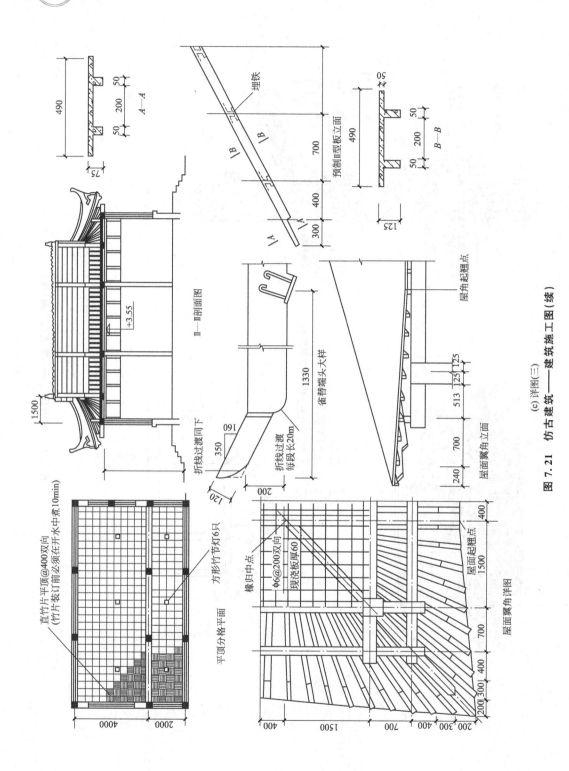

图 7.21　仿古建筑——建筑施工图（续）

(c) 详图(三)

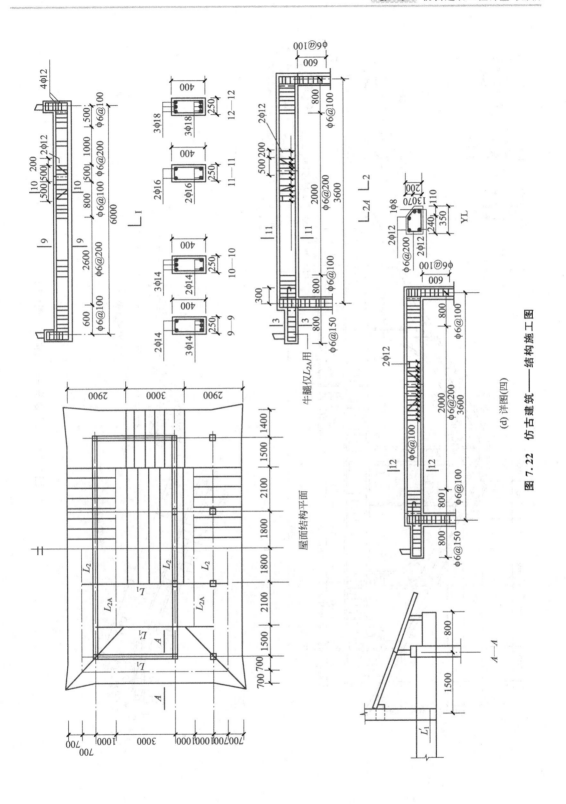

图 7.22 仿古建筑——结构施工图

(d) 详图(四)

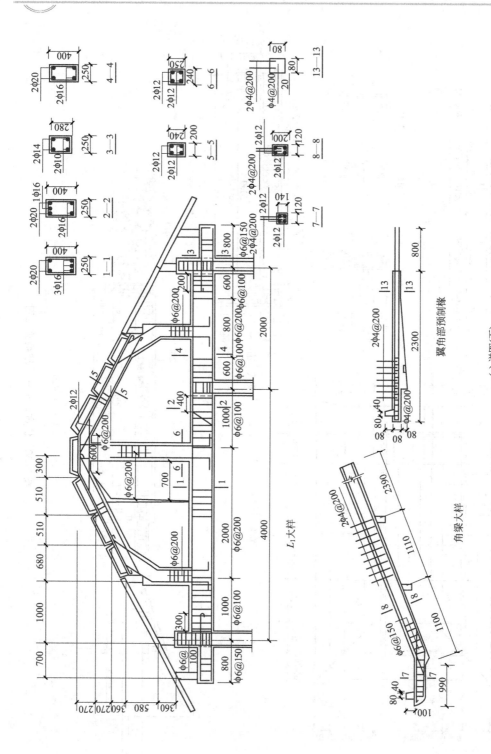

（e）详图（五）

图 7.22　仿古建筑——结构施工图（续）

020509010 实榻门(古式木门):1 樘。

020509005 什锦窗(古式木窗):6 樘。

010802004 防盗门:1 樘。

(5)屋面工程。

011002002 防腐砂浆面层(1:3 水泥砂浆找平层):$[(1.8+2.1+1.5+1.4)\times2]\times(1.4+2+3+1+1.4)\div\cos30°=138.20(m^2)$。

011001001 保温隔热屋面(1:1.6 水泥石灰炉渣找坡层):$[(1.8+2.1+1.5+1.4)\times2]\times(1.4+2+3+1+1.4)\div\cos30°=138.20(m^2)$。

020602001 灰筒瓦屋面:$[(1.8+2.1+1.5+1.4)\times2]\times(1.4+2+3+1+1.4)\div\cos30°=138.20(m^2)$。

(6)地面工程。

011101002 现浇水磨石楼地面:$(3.6\times3-0.24)\times(4-0.24)=39.71(m^2)$。

011102001 石材楼地面(外廊片石贴面):$(3.6\times3+1.3\times2)\times(2-0.12+1.3)+4\times(1.3-0.12)+(4+1.3+0.12)\times(1.3-0.12)+7.2\times(1.3-0.12)=62.22(m^2)$。

(7)墙柱面工程。

011201001 内墙面一般抹灰:$[(10.8-0.24)+(4-0.24)]\times2\times3.6-3.35\times(2.6-0.6)\times4-2.5\times2.6\times2-3.35\times(3.6-0.6)-0.9\times2.1-3.35\times3\times0.6\times2=39.30(m^2)$。

011204003 块料墙面(墙面咖啡色马赛克):$\{[(3.6\times3+0.8\times2)+(6+0.8\times2)]\times2+(3.6-0.25)\times4+(4-0.25)\times2\}\times0.4=24.36(m^2)$。

011205002 块料柱面(咖啡色马赛克柱面):$0.25\times4\times3.6\times4+0.25\times2\times3.6\times4+0.25\times1\times3.6\times4=25.20(m^2)$。

020801001 墙面仿古抹灰(1:2 白水泥白石屑):$(3.6-0.25)\times1\times4+(4-0.25)\times1\times2+0.63\times2.6\times2\times2=27.45(m^2)$。

(8)脚手架工程。

措施项目:021001001 综合脚手架工程 1 项。

2. 仿古建筑工程工程量清单

对案例仿古建筑工程进行分部分项工程清单工程量计算后,可用表格列出仿古建筑工程的工程量清单见表 7.11。

表 7.11　案例仿古建筑工程分部分项工程量清单

序号	项目编码	项目名称	项目特征	计量单位	工程数量
			附录 A:砖作工程		
1	020103001001	细砖清水墙	240 砖墙	m^3	8.46
			附录 B:石作工程		
2	020201002001	踏跺	块石砌踏步	m^3	2.47
3	010403001001	石基础	块石砌凹缝	m^3	65.76
4	020201008001	垂带	青石垂带	m^3	0.41
			附录 D:混凝土及钢筋混凝土工程		

（续）

序号	项目编码	项目名称	项目特征	计量单位	工程数量
5	020401001001	矩形柱	现浇钢筋混凝土矩形柱	m³	2.70
6	020402001001	矩形梁	现浇钢筋混凝土矩形梁	m³	12.50
7	020411001001	方直形椽子	翼角部预制椽	m³	2.13
8	020402004001	拱形梁	现浇钢筋混凝土角梁	m³	0.51
9	020410001001	椽望板	预制混凝土带肋板	m³	5.75
10	020404001001	带椽屋面板	现浇板厚60	m³	1.87
11	010515001001	现浇构件钢筋	矩形梁、矩形柱钢筋	t	2.127
			附录E：木作工程		
12	020511002001	倒挂楣子	木挂落	m²	14.16
13	011302004001	藤条造型悬挂吊顶	芦苇纹竹平顶	m²	60.83
14	010802004001	防盗门	900mm×2100mm	樘	1
15	020509010001	实榻门	古式木门	樘	1
16	020509005001	什锦窗	古式木窗	樘	6
			附录F：屋面工程		
17	011002002001	防腐砂浆面层	1：3水泥砂浆找平层	m²	138.20
18	011001001001	保温隔热屋面	1：1.6水泥石灰炉渣找坡层	m²	138.20
19	020602001001	筒瓦屋面	灰筒瓦屋面	m²	138.20
			附录J：地面工程		
20	011101002001	现浇水磨石楼地面		m²	39.71
21	011102001001	石材楼地面	外廊片石贴面	m²	62.22
			附录H：抹灰工程		
22	011201001001	内墙面一般抹灰	混合砂浆	m²	39.30
23	011204003001	块料墙面	墙面咖啡色马赛克	m²	24.36
24	011205002001	块料柱面	咖啡色马赛克柱面	m²	25.20
25	020801001001	墙面仿古抹灰	1：2白水泥白石屑	m²	27.45

7.2.3 案例定额工程量表的编制

1. 仿古建筑工程预算定额工程量的计算

（1）砌筑工程。

5-2毛石、块石基础（浆砌，块石砌凹缝）：65.76m³。

5-13 砖砌外墙(1 砖墙)：8.46m³。

（2）混凝土及钢筋混凝土工程。

6-8 矩形柱(现浇钢筋混凝土矩形柱)：2.70m³。

矩形柱复合木模：2.7×18.18(模板含模量系数)=49.09(m²)。

6-13 矩形梁(现浇钢筋混凝土矩形梁)：合计 12.50m³。

其中：

L_1：5.40m³，L_1'=1.2m³，L_2：3.24m³，L_{2A}：1.78m³。

矩形梁复合木模：(5.40+1.20+3.24+1.78)×9.67(模板含模量系数)=112.37(m²)。

XL：0.88m³。矩形梁复合木模：0.88×14.00(模板含模量系数)=12.32(m²)。

6-24 平板、有梁板 1.87m³

平板、有梁板复合木模 1.87×10.70=20.01(m²)

6-61 老、嫩戗(现浇钢筋混凝土角梁)：0.51m³。

老、嫩戗复合木模：0.51×17.79(模板含模量系数)=9.07(m²)。

6-94 预制混凝土带肋板：5.75m³。

6-96 翼角部预制椽(方直形)：2.13m³。

钢筋工程包括以下几项。

① 250mm×250mm 钢筋混凝土柱。

角部纵筋：4φ20 单根长 3.6+0.6-0.025=4.175(m)，总长为 4.175×4×12=200.4(m)。

箍筋：φ6@200 单根长(0.25-0.05+0.25-0.05)×2+10×0.006×2=0.92(m)。

箍筋根数为：3.6/0.2+1=19 根，总长为 0.92×19×12=209.76(m)。

② $2L_1'$。

顶部架立筋：2φ14 单根长 6+0.24-0.025×2+6.25×0.014×2=6.365(m)，总长为 6.365×2×2=25.46(m)。

底部受力筋：3φ14 单根长 6+0.24-0.025×2+6.25×0.014×2=6.365(m)，总长为 6.365×3×2=38.19(m)。

支座吊筋：2φ12 单根长 1.4+0.414×(0.4-0.05)×2+6.25×0.012×2=1.840(m)，总长为 1.840×2×2=7.36(m)。

箍筋：φ6@200 单根长(0.25-0.05+0.4-0.05)×2+10×0.006×2=1.22(m)。

箍筋根数为：(0.6+0.8+0.5+0.5)÷0.1+(2.6+1.0)÷0.2+1=43(根)，总长为：1.22×43×2=104.92(m)。

③ $3L_2$。

顶部架立筋：2φ16 单根长 3.6×3+0.24-0.025×2+6.25×0.016×2=11.19(m)，总长为：11.19×2×3=67.14(m)。

底部受力筋：2φ16 单根长 3.6×3+0.24-0.025×2+6.25×0.016×2=11.19(m)，总长为：11.19×2×3=67.14(m)。

支座吊筋：2φ12 单根长 1.4+0.414×(0.4-0.05)×2+6.25×0.012×2=1.840(m)，总长为 1.840×2×3×3=33.12(m)。

箍筋：φ6@200 单根长(0.25-0.05+0.4-0.05)×2+10×0.006×2=1.22(m)。

箍筋根数为：[(0.8+0.8)/0.1+2.0/0.2+1]×3=81(根)，总长为：1.22×81×3=296.46(m)

④ $2L_{2A}$。

顶部架立筋：$2\phi16$ 单根长 $7.8+0.24-0.025\times2+6.25\times0.016\times2=8.19(\mathrm{m})$，总长为 $8.19\times2\times2=32.76(\mathrm{m})$。

底部受力筋：$2\phi16$ 单根长 $7.8+0.24-0.025\times2+6.25\times0.016\times2=8.19(\mathrm{m})$，总长：$8.19\times2\times2=32.76(\mathrm{m})$。

支座吊筋：$2\phi12$ 单根长 $1.4+0.414\times(0.4-0.05)\times2+6.25\times0.012\times2=1.840(\mathrm{m})$，总长为 $1.840\times2\times2=7.36(\mathrm{m})$。

牛腿部受力筋：$2\phi14$ 单根长 $0.8+0.3-0.025+6.25\times0.014\times2=1.25(\mathrm{m})$，总长为 $1.25\times2\times2=5(\mathrm{m})$。

牛腿部底筋：$2\phi10$ 单根长 $0.8+0.3-0.025+6.25\times0.010\times2=1.20(\mathrm{m})$，总长为 $1.20\times2\times2=4.8(\mathrm{m})$。

跨内箍筋：$\phi6@200$ 单根长 $(0.25-0.05+0.4-0.05)\times2+10\times0.006\times2=1.22(\mathrm{m})$，

跨内箍筋根数为：$(0.8+0.8)\times3\div0.1+(2.0+0.5+0.5)\div0.2+1=64(\text{根})$，总长为 $1.22\times64\times2=156.16(\mathrm{m})$。

悬挑部分箍筋：$\phi6@150$ 单根长 $(0.25-0.05+0.28-0.05)\times2+10\times0.006\times2=0.98(\mathrm{m})$。

悬挑部分箍筋根数 $0.8/0.15+1=7(\text{根})$，总长为 $0.98\times7\times4=27.44(\mathrm{m})$。

⑤ L_1。

顶部架立筋：$2\phi20$ 单根长 $12.3\times2+7.4\times4+(0.24-0.025\times2)\times6=55.14(\mathrm{m})$，总长为 $55.14\times2=110.28(\mathrm{m})$。

底部受力筋：$1\phi16$ 单根长 $4+0.8+0.12-0.025+0.414\times(0.4-0.05)=5.04(\mathrm{m})$，总长为 $5.04\times1\times4=20.16(\mathrm{m})$。

底部受力筋：$2\phi16$ 单根长 $12.2\times2+7.4\times4+(0.24-0.025\times2)\times6=55.14(\mathrm{m})$，总长为 $55.14\times2=110.28(\mathrm{m})$。

牛腿部受力筋：$2\phi14$ 单根长 $0.8+0.3-0.025+6.25\times0.014\times2=1.25(\mathrm{m})$，总长为 $1.25\times2\times2\times4=20(\mathrm{m})$。

牛腿部底筋：$2\phi10$ 单根长 $0.8+0.3-0.025+6.25\times0.01\times2=1.2(\mathrm{m})$，总长为 $1.2\times2\times2\times4=19.2(\mathrm{m})$。

箍筋：$\phi6@200$ 单根长 $(0.25-0.05+0.4-0.05)\times2+10\times0.006\times2=1.22(\mathrm{m})$，

箍筋根数为：$4\times[(1.0+1.0+0.6+0.6)\div0.1+(2.0+0.8)\div0.2+1]+(1.6\div0.1+2\div0.2)\times3\times2=344(\text{根})$，总长为 $1.22\times344=419.68(\mathrm{m})$。

悬挑部分箍筋：$\phi6@150$ 单根长 $(0.25-0.05+0.28-0.05)\times2+10\times0.006\times2=0.98(\mathrm{m})$。

悬挑部分箍筋根数为：$0.8/0.15+1=7(\text{根})$，总长为：$0.98\times7\times2\times4=54.88(\mathrm{m})$。

斜梁部分主筋：$4\phi12$ 单根长 $2\div\cos30°+6.25\times0.012\times2=2.46(\mathrm{m})$，总长为 $2.46\times4\times2\times4=78.70(\mathrm{m})$。

斜梁部分箍筋：$\phi6@200$ 单根长 $(0.2-0.05+0.24-0.05)\times2+10\times0.006\times2=0.8(\mathrm{m})$，

箍筋根数为：$(2\div\cos30°)\div0.2+1=13(\text{根})$，总长为 $0.8\times13\times2\times4=83.2(\mathrm{m})$。

中间短柱插筋：$4\phi12$ 单根长 $0.36+0.58+0.36+0.27\times2+0.3+0.4-0.05+0.2=2.69(\mathrm{m})$，总长为 $2.69\times4\times4=43.04(\mathrm{m})$。

中间短柱箍筋：φ6@200 单根长 $(0.24-0.05+0.25-0.05)\times2+10\times0.006\times2=$ $0.9(m)$，

箍筋根数为：$(0.36+0.58+0.36+0.27\times2+0.3)\div0.2+1=12$（根），总长为 $0.9\times$ $12\times4=43.2(m)$。

两侧短柱插筋：$4\phi12$ 单根长 $0.36+0.58\div\sin30°+0.36+0.3+0.4-0.05+0.2=$ $2.73(m)$，总长为 $2.73\times4\times2\times4=87.36(m)$。

两侧短柱箍筋：φ6@200 单根长 $(0.24-0.05+0.25-0.05)\times2+10\times0.006\times2=0.9(m)$，

箍筋根数为：$(0.36+0.58\div\sin30°+0.36+0.3)\div0.2+1=12$（根），总长为 $0.9\times$ $12\times2\times4=86.4(m)$。

⑥ 角梁。

顶部架立筋：$2\phi12$ 单根长 $(1.1+1.11+2.39+0.99)+6.25\times0.012\times2=5.74(m)$，总长为 $5.74\times2\times4=45.92(m)$。

底部受力筋：$2\phi12$ 单根长 $(1.1+1.11+2.39+0.99)+6.25\times0.012\times2=5.74(m)$，总长为 $5.74\times2\times4=45.92(m)$。

箍筋：φ6@150 单根长 $(0.12-0.05+0.2-0.05)\times2+10\times0.006\times2=0.56(m)$，

箍筋根数为：$(1.1+1.11+2.39+0.99)\div0.15+1=39$（根），总长为 $0.56\times39\times4=$ $87.36(m)$。

钢筋统计见表 7.12。

表 7.12　案例钢筋统计表

序号	钢筋直径（mm）	钢筋总长（m）	钢筋线质量（kg/m）	钢筋总质量（kg）
1	φ6	1569.46	0.260	408.06
2	φ10	24	0.617	14.81
3	φ12	348.78	0.888	309.72
4	φ14	88.65	1.208	107.09
5	φ16	330.24	1.578	521.12
6	φ20	310.68	2.466	766.14
				2126.94

（3）装饰装修工程。

7-17 现浇水磨石楼地面（本色）：39.71m²。

7-28 花岗岩楼地面（外廊片石贴面）：62.22m²。

7-63 内墙混合砂浆抹灰：39.30m²。

7-82 外墙面水刷石装饰抹灰（1∶2白水泥白石屑）：27.45m²。

7-104 墙面水泥砂浆贴咖啡色马赛克：24.36m²。

7-105 柱面水泥砂浆贴啡色马赛克：25.2m²。

7-160 木龙骨吊在混凝土板下：60.83m²。

7-165 薄板吊顶：60.83m²。

（4）仿古木作工程。

8-234 仿古式长窗扇（各方槟式）：$3.35 \times (2.6 - 0.6) \times 4 + 2.5 \times 2.6 \times 2 = 39.8(\text{m}^2)$。

8-244 实踏大门扇制作（8cm）：$3.35 \times (3.6 - 0.6) = 10.05(\text{m}^2)$。

8-244 实踏大门安装：10.05m^2。

7-222 钢板防盗门：$0.9 \times 2.1 = 1.89(\text{m}^2)$。

8-306 倒挂楣子（步步锦，软橙）：14.16m^2。

（5）石作工程。

10-56 踏步、阶沿石制作（二遍剁斧，厚度 12cm 以内）：$3.35 \times 0.9 + 1.75 \times 0.9 \times 2 = 6.17(\text{m}^2)$。

10-69 垂带制作（二遍剁斧，顶面宽 30cm 以内）：$0.25 \times 0.9 \times 6 = 1.35(\text{m}^2)$。

10-79 垂带安装：1.35m^2。

（6）屋面工程。

11-7 屋面保温隔热（1∶1.6 水泥石灰炉渣找坡层）：138.20m^2。

11-25 防水砂浆防潮层（1∶3 水泥砂浆找平层）：138.20m^2。

11-46 粘土筒瓦屋面（灰筒瓦屋面）：138.20m^2。

（7）脚手架工程。

措施项目：综合脚手架$(3.6 \times 3 + 1.3 \times 2) \times (6.245 - 0.125 + 1.3) + (3.6 \times 2 + 1.3 + 0.12) \times (1.3 - 0.12) = 109.60(\text{m}^2)$。

2. 仿古建筑工程预算定额工程量表

仿古建筑工程预算定额工程量表见表 7.13。

表 7.13　仿古建筑工程定额工程量表

序号	定额编号	分部分项工程名称	计量单位	工程量
		第五章　砌筑工程		
1	5-2	毛石、块石基础（浆砌，块石砌凹缝）	10m³	6.576
2	5-13	砖砌外墙（1砖墙）	10m³	0.846
		第六章　混凝土及钢筋工程		
3	6-8	矩形柱（现浇钢筋混凝土矩形柱）	10m³	0.27
4	6-13	矩形梁（现浇钢筋混凝土矩形梁）	10m³	1.250
5	6-24	平板、有梁板	10m³	0.187
6	6-61	老、嫩戗	10m³	0.051
7	6-94	预制混凝土带肋板	10m³	0.575
8	6-96	翼角部预制椽（方直形）	10m³	0.213
9	14-18	矩形柱复合木模	100m²	0.491
10	14-21	矩形梁复合木模	100m²	1.247
11	14-31	平板、有梁板模板	100m²	0.200
12	14-25	老、嫩戗复合木模	100m²	0.091
13	6-136	圆钢（φ10mm 以内）	t	0.423

（续）

序号	定额编号	分部分项工程名称	计量单位	工程量
14	6－137	圆钢（φ10mm以外）	t	0.938
15	6－138	螺纹钢	t	0.766
		第七章　装饰装修工程		
16	7－17	现浇水磨石楼地面（本色）	100m²	0.397
17	7－28	花岗岩楼地面（外廊片石贴面）	100m²	0.622
18	7－63	内墙混合砂浆抹灰	100m²	0.393
19	7－82	外墙面水刷石装饰抹灰（1∶2白水泥白石屑）	100m²	0.275
20	7－104	墙面水泥砂浆贴咖啡色马赛克	100m²	0.244
21	7－105	柱面水泥砂浆贴啡色马赛克	100m²	0.252
22	7－160	木龙骨吊在混凝土板下	100m²	0.608
23	7－165	薄板吊顶	100m²	0.608
		第八章　木作工程		
24	8－234	仿古式长窗扇（各方槏式）	10m²	3.980
25	8－244	实踏大门扇制作（8cm）	10m²	1.005
26	8－250	实踏大门安装	10m²	1.005
27	7－222	钢板防盗门	100m²	0.019
28	8－306	倒挂楣子（步步锦，软楹）	10m²	1.416
		第十章　石作工程		
29	10－56	踏步、阶沿石制作（二遍剁斧，厚度12cm以内）	m²	6.17
30	10－69	垂带制作（二遍剁斧，顶面宽30cm以内）	m²	1.35
31	10－79	垂带安装	m²	1.35
		第十一章　屋面工程		
32	11－7	屋面保温隔热（1∶1.6水泥石灰炉渣找坡层）	100m²	1.382
33	11－25	防水砂浆防潮层（1∶3水泥砂浆找平层）	100m²	1.382
34	11－46	粘土筒瓦屋面（灰筒瓦屋面）	10m²	13.82
35	12－11	综合脚手架（檐高7m以内）	100m²	1.096
36	13－1	机械垂直运输（高度15m以内）	100m²	1.096

7.3　仿古建筑工程计价

仿古建筑工程量清单计价即是在仿古建筑工程量清单中填入综合单价，综合单价与清单工程量相乘得出综合合价，再汇总得出分部分项工程合价，最后计提措施项目费、其他项目费、规费和税金的过程。对仿古建筑而言，综合单价的计算与其他分部分项工程无异，都是在人工费、材料费、机械费基础上，再加上管理费、利润和风险因素组合而成。

仿古建筑定额工程计价的方法也与其他分部分项工程类似，即在仿古建筑工程预算书中采用定额工程量乘定额基价(工料单价)，得出直接工程费和施工技术措施费合价，再计提施工组织措施费、间接费、利润和税金得出建筑安装工程费。

7.3.1 仿古建筑工程清单计价

1. 仿古建筑工程项目综合单价分析

无论是仿古木作工程、砖细工程、石作工程、屋面工程、地面工程、抹灰工程、油漆彩画工程还是玻璃裱糊工程，其分部分项工程项目综合单价的报价原理与第4章、第5章和第6章分部分项工程报价原理一致，即都是在定额人工费、材料费、机械费基础上计提管理费、利润和风险因素并加总而成。案例工程综合单价分析见表7.14。

表 7.14 案例仿古建筑综合单价分析表

序号	项目编码	项目名称	计量单位	工程数量	人工费	材料费	机械费	管理费	利润	小计	综合单价(元)
					综合单价组成(元)						
1	020103001001	细砖清水墙	m³	8.46	68.59	228.78	2.28	10.63	3.54	313.82	313.82
	5-13	砖砌外墙(1砖墙)	10m³	0.846	685.85	2287.76	22.84	106.30	35.40	3138.20	
2	020201002001	踏跺	m³	2.47	793.61	779.42	0.00	119.05	39.69	1731.77	1731.77
	10-56	踏步、阶沿石制作(二遍剁斧,厚度12cm以内)	m²	6.17	317.7	312.02		47.66	15.89	693.26	
3	010403001001	石基础	m³	65.76	54.40	135.70	3.51	8.69	2.90	205.19	205.19
	5-2	毛石、块石基础(浆砌,块石砌凹缝)	10m³	6.576	543.95	1356.99	35.14	86.90	29.00	2051.90	
4	020201008001	垂带	m³	0.41	858.20	1006.31	0.00	128.71	42.90	2036.12	2036.12
	10-69	垂带制作(二遍剁斧,顶面宽30cm以内)	m²	1.35	215.36	304.4		32.30	10.77	2036.12	
	10-79	垂带安装	m²	1.35	45.28	1.22		6.79	2.26	55.56	

（续）

序号	项目编码	项目名称	计量单位	工程数量	综合单价组成（元）						综合单价（元）
					人工费	材料费	机械费	管理费	利润	小计	
5	020401001001	矩形柱	m³	2.70	78.78	214.02	7.86	13.00	4.33	317.99	317.99
	6-8	矩形柱（现浇钢筋混凝土矩形柱）	10m³	0.27	787.82	2140.17	78.58	130.00	43.30	3179.90	
6	020402001001	矩形梁	m³	12.50	61.93	214.35	7.45	10.41	3.47	297.61	297.61
	6-13	矩形梁（现浇钢筋混凝土矩形梁）	10m³	1.25	619.34	2143.52	74.52	104.10	34.70	2976.10	
7	020411001001	方直形椽子	m³	2.13	71.45	251.87	6.55	11.70	3.90	345.47	345.47
	6-96	翼角部预制椽（方直形）	10m³	0.213	714.50	2518.70	65.49	117.00	39.00	3454.70	
8	020402004001	拱形梁	m³	0.51	42.08	312.28	0.74	6.42	2.14	363.66	363.66
	6-61	老、嫩戗	10m³	0.051	420.82	3122.81	7.44	64.20	21.40	3636.60	
9	020410001001	椽望板	m³	5.75	85.80	222.36	24.63	16.56	5.52	354.88	354.88
	6-94	预制混凝土带肋板	10m³	0.575	858.02	2223.60	246.32	165.60	55.20	3548.80	
10	020404001001	带椽屋面板	m³	1.87	46.10	225.58	8.17	8.14	2.71	290.70	290.70
	6-24	平板：有梁板	10m³	0.187	460.99	2255.79	81.67	81.40	27.13	2906.98	
11	010515001001	现浇构件钢筋	t	2.127	430.87	4036.46	57.82	73.31	24.44	4622.90	4622.90
	6-136	圆钢（φ10mm以内）	t	0.423	676	3970.63	41.39	107.61	35.87	4831.50	
	6-137	圆钢（φ10mm以外）	t	0.938	441.5	4084.75	60.67	75.33	25.11	4687.35	
	6-138	螺纹钢	t	0.766	282.5	4013.67	63.41	51.89	17.30	4428.76	
12	020511002001	倒挂楣子	m²	14.16	165.88	74.05		24.88	8.29	273.10	273.10
	8-306	倒挂楣子：步步锦软楹	10m²	1.416	1658.80	740.50		248.80	82.90	2731.00	
13	011302004001	藤条造型悬挂吊顶	m²	60.83	14.74	56.44	0.14	2.24	0.75	74.31	74.31
	7-160	木龙骨吊在混凝土板下	100m²	0.61	990.00	3063.20		149.00	50.00	4252.00	
	7-165	薄板吊顶	100m²	0.61	484.00	2581.00	14.00	75.00	25.00	3179.00	
14	010802004001	防盗门	樘	1	31.46	511.64		4.71	1.58	549.40	549.40
	7-222	钢板防盗门	100m²	0.019	1656.00	26928.28		248.00	83.00	28916.00	

（续）

序号	项目编码	项目名称	计量单位	工程数量	综合单价组成（元）						综合单价（元）
					人工费	材料费	机械费	管理费	利润	小计	
15	020509009001	实榻门	樘	1	2678.33	1788.60	18.40	404.50	134.80	5024.70	5024.70
	8-244	实踏大门扇制作（8cm）	10m²	1.005	2145.00	1632.87	18.30	324.50	108.20	4228.90	
	8-250	实踏大门安装	10m²	1.005	520.00	146.83		78.00	26.00	770.80	
16	020509005001	什锦窗	樘	6	832.09	452.30	5.00	125.60	41.90	1456.90	1456.90
	8-234	仿古式长窗扇（各方槟式）：6樘	10m²	3.98	1254.40	681.90	7.64	189.30	63.10	2196.30	
17	011002002001	防腐砂浆面层	m²	138.20	4.64	6.40	0.20	0.73	0.24	12.21	12.21
	11-25	防水砂浆防潮层（1：3水泥砂浆找平层）	100m²	1.382	463.50	640.21	19.91	73.00	24.00	1221.00	
18	011001001001	保温隔热屋面	m²	138.20	5.20	19.95	0.25	0.82	0.27	26.49	26.49
	11-7	屋面保温隔热（1：1.6水泥石灰炉渣找坡层）	100m²	1.382	520.00	1994.74	24.60	82.00	27.00	2649.00	
19	020602001001	筒瓦屋面	m²	138.20	48.15	62.45	0.23	7.26	2.42	120.51	120.51
	11-46	粘土筒瓦屋面（灰筒瓦屋面）	10m²	13.82	481.50	624.49	2.28	72.60	24.20	1205.10	
20	011101002001	现浇水磨石楼地面	m²	39.71	25.48	11.44	1.97	4.12	1.37	44.38	44.38
	7-17	现浇水磨石楼地面（本色）	100m²	0.397	2547.50	1144.02	197.07	412.00	137.00	4438.00	
21	011102001001	石材楼地面	m²	62.22	8.48	168.59	0.22	1.31	0.44	179.03	179.03
	7-28	花岗岩楼地面（外廊片石贴面）	100m²	0.622	848.25	16858.89	21.67	131.00	44.00	17908.00	
22	011201001001	内墙面一般抹灰	m²	39.30	7.58	5.10	0.23	1.17	0.39	14.47	14.47
	7-63	内墙混合砂浆抹灰	100m²	0.393	757.50	510.37	22.55	117.00	39.00	1447.00	

（续）

序号	项目编码	项目名称	计量单位	工程数量	综合单价组成（元）						综合单价（元）
					人工费	材料费	机械费	管理费	利润	小计	
23	011204003001	块料墙面	m²	24.36	24.75	18.21	0.12	3.73	1.24	48.05	48.05
	7-104	墙面水泥砂浆贴咖啡色马赛克	100m²	0.244	2474.94	1821.13	11.71	373.00	124.00	4805.00	
24	011205002001	块料柱面	m²	25.20	28.21	19.21	0.12	4.25	1.42	53.21	53.21
	7-105	柱面水泥砂浆贴啡色马赛克	100m²	0.252	2820.87	1921.32	11.71	425.00	142.00	5321.00	
25	020801001001	墙面仿古抹灰	m²	27.45	20.71	8.09	0.28	3.15	1.05	33.28	33.28
	7-82	外墙面水刷石装饰抹灰（1∶2白水泥白石屑）	100m²	0.275	2071.20	809.99	28.11	315.00	105.00	3328.00	

　　脚手架工程和垂直运输作为施工技术措施项目，在《建设工程工程量清单计价规范》（GB 50855—2013）中属于措施项目表（二），也采用综合单价法来计价。

　　本案例管理费和利润在人工费和机械费合计基础上按一定费率计提，其中管理费费率为15%，利润率为5%。

2. 仿古建筑工程工程量清单计价

　　在综合单价组价完成之后，即可在仿古建筑分部分项工程量清单中填入综合单价，见表7.15，并将工程数量列与综合单价列相乘求出合价，汇总后的合价为仿古建筑的分部分项工程费。再计提措施项目费、其他项目费、规费和税金后得到建筑安装工程费。见表7.16。

表7.15　案例仿古建筑分部分项工程量清单计价表

序号	项目编码	项目名称	项目特征	计量单位	工程数量	综合单价（元）	合价（元）
			附录A：砖作工程				
1	020103001001	细砖清水墙	240砖墙	m³	8.46	313.82	2654.92
			附录B：石作工程				
2	020201002001	踏跺	块石砌踏步	m³	2.47	1731.77	4277.47
3	010403001001	石基础	块石墙凹缝	m³	65.76	205.19	13493.29
4	020201008001	垂带	青石垂带	m³	0.41	2036.12	834.81
			附录D：混凝土及钢筋混凝土工程				
5	020401001001	矩形柱	现浇钢筋混凝土矩形柱	m³	2.70	317.99	858.57

（续）

序号	项目编码	项目名称	项目特征	计量单位	工程数量	综合单价（元）	合价（元）
6	020402001001	矩形梁	现浇钢筋混凝土矩形梁	m³	12.50	297.61	3720.13
7	020411001001	方直形椽子	翼角部预制椽	m³	2.13	345.47	735.85
8	020402004001	拱形梁	现浇钢筋混凝土角梁	m³	0.51	363.66	185.47
9	020410001001	椽望板	预制混凝土带肋板	m³	5.75	354.88	2040.56
10	020404001001	带椽屋面板	现浇板厚60	m³	1.87	290.70	543.61
11	010515001001	现浇构件钢筋	矩形梁、矩形柱钢筋	t	2.127	4622.90	9832.91
			附录E：木作工程				
12	020511002001	倒挂楣子	木挂落	m²	14.16	273.1	3867.10
13	011302004001	藤条造型悬挂吊顶	芦苇纹竹平顶	m²	60.83	74.31	4519.98
14	010802004001	防盗门	钢质 900mm×2100mm	樘	1	549.40	549.40
15	020509010001	实榻门	古式木门	樘	1	5024.70	5024.70
16	020509005001	什锦窗	古式木窗	樘	6	1456.90	8741.4
			附录F：屋面工程				
17	011002002001	防腐砂浆面层	1:3水泥砂浆找平层	m²	138.20	12.21	1687.42
18	011001001001	保温隔热屋面	1:1.6水泥石灰炉渣找坡层	m²	138.20	26.49	3660.92
19	020602001001	筒瓦屋面	灰筒瓦屋面	m²	138.20	120.51	16654.48
			附录J：地面工程				
20	011101002001	现浇水磨石楼地面		m²	39.71	44.38	1762.33
21	011102001001	石材楼地面	外廊片石贴面	m²	62.22	179.03	11139.25
			附录H：抹灰工程				
22	011201001001	内墙面一般抹灰	混合砂浆	m²	39.30	14.47	568.67
23	011204003001	块料墙面	墙面咖啡色马赛克	m²	24.36	48.05	1170.50
24	011205002001	块料柱面	咖啡色马赛克柱面	m²	25.20	53.21	1340.89
25	020801001001	墙面仿古抹灰	1:2白水泥白石屑	m²	27.45	33.28	913.54
合计							99778.17

表 7.16 案例仿古建筑单项工程费汇总表

序号	项目	金额(元)
1	分部分项工程费	99778.17
2	措施项目费	14899.69
3	其他项目费	0
4	规费	5604.13
5	税金	4225.51
6	合计	124507.50

7.3.2 定额计价法仿古建筑工程定额计价

1. 仿古建筑工程的定额套取与换算

1) 仿古木作工程

(1) 扁作梁、枋、椽、屋架等木构件装修木材除注明者外，以一、二类为准。设计使用三、四类木种的，其制作人工耗用量乘以系数 1.3，安装人工耗用量乘以系数 1.15，制作安装定额人工乘以系数 1.25。

【例 7-1】 某园林景观亭子木梁采用樟木，梁高 120cm。试套用定额，并对定额基价进行换算。

解：

樟木在《浙江省园林绿化及仿古建筑工程预算定额》中属于三、四类木材，套定额 8-28，定额基价为 21932 元/10m³，定额工作内容包含木枋的制作和安装。

换算后基价＝21932＋5078×0.25＝23202(元/10m³)。

(2) 定额编号 8-131～8-157 斗拱，斗口均以 8cm 为基准，斗口尺寸变动时，定额按表 7.4 调整。

【例 7-2】 某园林仿古建筑一斗六升斗拱为丁字形，斗口 10cm，试套用定额，并对定额基价进行换算。

解：

套定额 8-125，定额基价为 382 元/座。

换算后基价＝382＋335×0.28＋47×0.95＝520(元/座)。

(3) 木雕定额仅为雕刻费用，花板框架制作安装按相应的定额计算；木雕定额按单面考虑，双面雕刻乘以系数 2。木雕定额以 A 级木材雕刻为准，若为 B 级木材，定额乘系数 1.50，C 级木材定额乘系数 1.80。

【例 7-3】 某园林仿古建筑木窗采用漏雕花鸟工艺，深度 1～2cm，单面雕刻，材料为亮楞木。试套用定额，并对定额基价进行换算。

解：

套定额 8-394，定额基价为 780 元/m²，亮楞木在《浙江省园林绿化及仿古建筑工程预算定额》(2010 版)中属于 B 级木木材，需要对定额基价进行换算。

换算后基价：780×1.50＝1170(元/m²)。

2) 砖细工程

方砖铺装结合层按 50 厚砂垫层考虑，青砖贴面按水泥砂浆粘结考虑，材料、砂浆的品种、厚度及配合比，设计与定额不同时，允许调整。青条砖贴弧形面时，人工耗用量乘以系数 1.15，青条砖材料耗用量乘以系数 1.05。

【例 7-4】 某园林仿古建筑外墙采用青条砖贴弧形面，密缝，试套用定额，并对定额基价进行换算。

解：

套定额 9-40，定额基价为 693 元/10m²。

换算后基价为：$693 + 195 \times 0.15 + 496 \times 0.05 = 747$（元/10m²）。

3) 石作工程

(1) 锁口石、地坪石和侧塘石的四周做快口，均按板岩口定额计算，即按快口定额乘系数 0.5 计算。

(2) 定额石构件的平面或曲弧面加工耗工大小与石料长度有关，凡是长度在 2m 以内按本定额计算。长度在 3m 以内按 2m 以内定额乘系数 1.1；长度在 4m 以内按 2m 以内定额乘系数 1.2；长度在 5m 以内按 2m 以内定额乘系数 1.35；长度在 6m 以内和 6m 以上者，按 2m 以内定额乘系数 1.50。

【例 7-5】 某园林工程侧塘石用毛料石制作，二步做糙。石长 2.5m，厚度 10cm，四周做快口。试套用定额，并对定额基价进行换算。

解：

侧塘石制作套定额 10-64，定额基价为 498 元/m²，石长超过 2m，需要对定额基价进行换算。

换算后基价为：$498 \times 1.1 = 548$（元/m²）。

侧塘石四周做快口套定额筑方快口 10-15，定额基价为 54 元/10m。

换算后基价 $= 54 \times 0.5 = 27$（元/10m）。

4) 屋面工程

屋面工程包括铺望砖、盖瓦、屋脊等，均以平房沿高在 3.6m 以内为准；沿高超过 3.6m 时，人工乘系数 1.05，二层楼房人工乘系数 1.09，三层楼房人工乘系数 1.13，四层楼房人工乘系数 1.16，五层楼房人工乘系数 1.18，宝塔按五层楼房系数执行。

【例 7-6】 某园林仿古建筑屋面铺望砖，做细平望，单层，层高 4.2m。试套用定额，并对定额基价进行换算。

解：

套定额 11-38，定额基价为 907 元/10m²。

换算后基价为：$907 + 126 \times 0.05 = 913$（元/10m²）。

2. 仿古建筑工程预算书编制

仿古建筑工程预算书的编制是将按定额工程量计算规则计算的定额工程量填入预算书表格（工程量列），将定额中套用的定额项目基价或换算后的基价填入预算书表格（工料单价列），再将工程量列与工料单价列相乘，得出合价直接工程费，最后汇总得出仿古建筑的建筑安装工程费。见表 7.17。

表 7.17 案例仿古建筑施工图预算书

序号	定额编号	分部分项工程名称	计量单位	工程量	工料单价(元)	合价(元)
		第五章 砌筑工程				
1	5－2	毛石、块石基础(浆砌，块石砌凹缝)	$10m^3$	6.576	1936	12731.14
2	5－13	砖砌外墙(1 砖墙)	$10m^3$	0.846	2996	2534.62
		第六章 混凝土及钢筋工程				
3	6－8	矩形柱(现浇钢筋混凝土矩形柱)	$10m^3$	0.270	3007	811.89
4	6－13	矩形梁(现浇钢筋混凝土矩形梁)	$10m^3$	1.250	2837	3546.25
5	6－24	平板、有梁板	$10m^3$	0.187	2798	523.27
6	6－61	老、嫩戗	$10m^3$	0.051	3551	181.10
7	6－94	预制混凝土带肋板	$10m^3$	0.575	3328	1913.60
8	6－96	翼角部预制椽(方直形)	$10m^3$	0.213	3299	702.69
9	14－18	矩形柱复合木模	$100m^2$	0.491	3403	1670.87
10	14－21	矩形梁复合木模	$100m^2$	1.247	4895	6104.07
11	14－31	平板、有梁板模板	$100m^2$	0.200	2883	576.6
12	14－25	老、嫩戗复合木模	$100m^2$	0.091	6007	546.64
13	6－136	圆钢(φ 10mm 以内)	t	0.423	4688	1983.02
14	6－137	圆钢(φ 10mm 以外)	t	0.938	4587	4302.61
15	6－138	螺纹钢	t	0.766	4360	3339.76
		第七章 装饰装修工程				
16	7－17	现浇水磨石楼地面(本色)	$100m^2$	0.397	3889	1544.32
17	7－28	花岗岩楼地面(外廊片石贴面)	$100m^2$	0.622	17729	11030.98
18	7－63	内墙混合砂浆抹灰	$100m^2$	0.393	1290	506.97
19	7－82	外墙面水刷石装饰抹灰(1∶2 白水泥白石屑)	$100m^2$	0.275	2908	799.70
20	7－104	墙面水泥砂浆贴咖啡色马赛克	$100m^2$	0.244	4308	1051.15
21	7－105	柱面水泥砂浆贴啡色马赛克	$100m^2$	0.252	4754	1198.01
22	7－160	木龙骨吊在混凝土板下：$60.83m^2$	$100m^2$	0.608	4053	2464.22
23	7－165	薄板吊顶：$60.83m^2$	$100m^2$	0.608	3079	1872.03
		第八章 木作工程				
24	8－234	仿古式长窗扇(各方槟式)：6 樘	$10m^2$	3.980	1944	7737.12
25	8－244	实踏大门扇制作(8cm)	$10m^2$	1.005	3796	3814.98

（续）

序号	定额编号	分部分项工程名称	计量单位	工程量	工料单价（元）	合价
26	8-250	实踏大门安装	10m²	1.005	667	670.34
27	7-222	钢板防盗门	100m²	0.019	28584	543.10
28	8-306	倒挂楣子（步步锦，软樘）	10m²	1.416	2399	3396.98
		第十章　石作工程				
29	10-56	踏步、阶沿石制作（二遍剁斧，厚度12cm以内）	m²	6.17	630	3887.10
30	10-69	垂带制作（二遍剁斧，顶面宽30cm以内）	m²	1.35	520	702.00
31	10-79	垂带安装	m²	1.35	47	63.45
		第十一章　屋面工程				
32	11-7	屋面保温隔热（1:1.6水泥石灰炉渣找坡层）	100m²	1.382	2539	3508.90
33	11-25	防水砂浆防潮层（1:3水泥砂浆找平层）	100m²	1.382	1124	1553.37
34	11-46	粘土筒瓦屋面（灰筒瓦屋面）	10m²	13.82	1108	15312.56
35	12-11	综合脚手架（檐高7m以内）	100m²	1.096	1019	1116.82
36	13-1	机械垂直运输（高度15m以内）	100m²	1.096	786	861.46
		直接工程费和施工技术措施费合计				105103.69
		直接工程费和施工技术措施费中的人工费和机械费合计				42041.48
37	D1-1、D1-3、D1-8、D1-9	施工组织措施费（费率合计7.5%）				3153.11
38	D2-1	企业管理费（费率15%）				6306.22
39	D3-1	利润（利润率5%）				2102.07
40	D4-1	规费（费率13.33%）				5604.13
41	A5	税金（费率3.513%）				4295.32
		合计				126564.54

习　题

一、填空题

1. 仿古建筑特有的四个分部工程指_____、_____、_____和_____。

2. "勾心斗角"一词来源于_____。

3. 立贴式屋架的工程量按＿＿＿＿＿＿＿＿＿＿＿＿＿以＿＿＿＿＿计算。

4. 蝴蝶瓦又称为＿＿＿＿和＿＿＿＿。

二、选择题

1. 槛窗的工程量按（　　）计算。

A. 樘　　　　　　　B. m　　　　　　　C. m² 　　　　　　D. m³

2. 月洞的工程量按（　　）计算。

A. 延长米　　　　　B. m　　　　　　　C. m² 　　　　　　D. m³

3. 菱角石制作安装按（　　）计算。

A. 樘　　　　　　　B. 块　　　　　　　C. 端　　　　　　　D. 套

4. 以下（　　）被视为简单砖雕。

A. 牡丹　　　　　　B. 金莲　　　　　　C. 梅桩　　　　　　D. 云头

三、思考题

1. 简述仿古木作工程计量的特点。

2. 对石料表面的加工等级进行比较。

3. 分析蝴蝶瓦与琉璃瓦的特点及适用场合。

4. 描述仿古建筑中走兽的基本排列顺序，必要时可以画图说明。

5. 查阅相关资料，绘制表格对比各种古式木窗的特点和应用场合。

四、案例分析

列出图 7.23 所示仿古建筑工程涉及的仿古木作、砖细、石作和屋面工程项目，采用定额计价法对这些项目进行计量与计价。

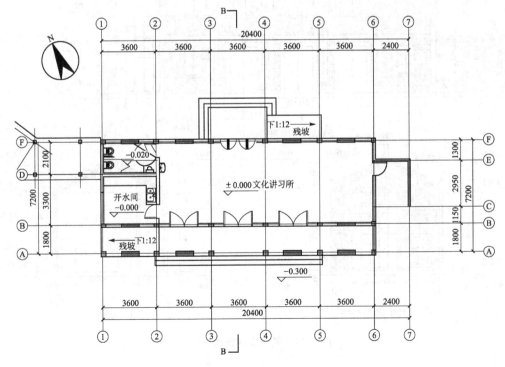

(a) 某建筑一层平面图 1:100

图 7.23　某仿古建筑图

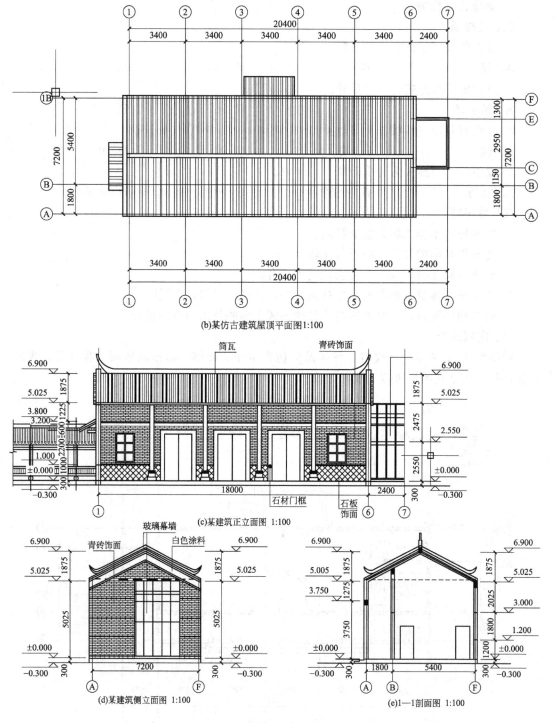

(b)某仿古建筑屋顶平面图1:100

(c)某建筑正立面图 1:100

(d)某建筑侧立面图 1:100

(e)1—1剖面图 1:100

图7.23　某仿古建筑图（续）

第8章
通用项目计量与计价

园林工程的通用项目包括土方工程、桩基及基础垫层工程、混凝土及钢筋混凝土工程、砌筑工程、装饰工程等。在园林工程计量与计价中通用项目虽然不是主体，但一般都会发生。在定额计价模式和工程量清单计价模式并存的情况下，我们需要从两个方面对通用项目的计量与计价有所了解。国家标准《建设工程工程量清单计价规范》（GB 50500—2013）和《浙江省园林绿化及仿古建筑工程预算定额(2010 版)》中通用项目工程量计算规则以及计价方式的不同，定额计价模式下通用项目工程量的计算以及计价，清单计价模式下通用项目工程量清单编制以及清单综合单价的计算与分析是本章要重点阐述的内容。

教学目标

1. 了解园林通用项目的组成及计价特点。
2. 掌握土方工程、桩基及基础垫层工程、混凝土及钢筋混凝土工程、装饰工程的定额项目组成、定额计量单位和定额工程量计算规则。
3. 掌握土方工程、桩基及基础垫层工程、混凝土及钢筋混凝土工程、装饰工程的清单项目组成、清单计量单位和清单工程量计算规则。
4. 掌握通用项目各分部工程量清单的编制及计价。

教学要求

知识要点	能力要求	相关知识
通用项目的计量	(1) 掌握各通用项目定额工程量的计算规则 (2) 掌握各通用项目清单工程量的计算规则 (3) 了解清单计算规则和定额计算规则的异同点	《浙江省园林绿化及仿古建筑工程预算定额》(2010)
通用项目的计价	(1) 掌握通用项目的定额计价 (2) 掌握通用项目的清单计价 (3) 掌握通用项目清单计价时对定额的应用	《建设工程工程量清单计价规范》

基本概念

工作面：专业工种在加工建筑产品时所必须具备的活动空间。

放坡系数：土壁边坡坡度，以基高 h 与底宽 b 之比表示。

基础垫层：钢筋混凝土基础与地基土的中间层，作用是使其表面平整便于在上面绑扎钢筋，也起到保护基础的作用。垫层都是素混凝土，无需加钢筋。如有钢筋则不能称其为垫层，应视为基础底板。

天棚：定额中的天棚是指现浇板板底。

楼地面：室内楼（地）面的装饰层，通常包括找平层、隔离层和面层。

找平层：水泥砂浆找平层，有比较特殊要求的可采用细石混凝土、沥青砂浆、沥青混凝土找平层等材料铺设。

隔离层：卷材、防水砂浆、沥青砂浆或防水涂料等隔离层。

8.1 土石方、打桩及基础垫层工程计量与计价

8.1.1 园林土石方、打桩及基础垫层工程

园林土石方工程有整理绿化用地、绿化种植（乔灌木种植）挖树坑、园林景观基础土石方、园林建筑土石方等。整理绿化用地在《建设工程工程量清单计价规范》（GB 50500—2013)中属于附录 E "绿化工程" 分部，在《浙江省园林绿化及仿古建筑工程预算定额》（2010 版)中属于第一章园林绿化工程。本章所指土石方工程为园林景观基础和园林建筑土石方。园林景观基础和园林建筑土石方通常包括平整场地、挖地槽、挖地坑、回填土、运土等分项工程。

园林河道驳岸与湖边驳岸常用圆木桩，圆木桩项目在《建设工程工程量清单计价规范》（GB 50500—2013)中属于附录 E 第二分部园路园桥假山工程，但在《浙江省园林绿化及仿古建筑工程预算》（2010 版)中属于第四章土石方、打桩、基础垫层工程。这里，打桩及基础垫层工程包括打压预应力混凝土管桩、人工挖孔桩、打圆木桩和基础垫层。

8.1.2 土石方、打桩及基础垫层工程定额计量与计价

计算土石方工程量时，应根据图纸标明的尺寸，勘探资料确定的土质类别，以及施工组织设计规定的施工方法，运土距离等资料，分别以 m³ 或 m² 为单位计算。

1. 土石方、打桩及基础垫层工程定额工程量计算说明

（1）土石方、打桩、基础垫层定额包括土方、石方、打桩、基础和垫层。

（2）如果工程的土石方类别不同，应该分别列项计算。

（3）有关人工土方几点说明。

① 人工挖土方最大深度 4.0m。

② 在挡土板下挖土人工乘以系数 1.20，在群桩间挖土人工乘系数 1.25。

③ 平整场地指原地面与设计室外地坪高差±30cm 以内的原土找平。

④ 除挖淤泥、流沙为湿土外，均以干土为准，如挖湿土，其定额乘系数 1.18。湿土排水另列项目计算。

⑤ 干土、湿土以地质资料提供的地下水位为分界线，地下常水位以上为干土，以下为湿土。如果人工降低地下水位时，干湿土划分仍以地下常水位为准。

（4）有关机械土方的几点说明。

① 推土机、铲运机重车上坡，如果坡度大于5%，套用定额乘系数1.75～2.50。

② 推土机、铲运机在土层厚度小于30cm挖土时，定额乘系数1.20。

③ 挖掘机在垫板上作业时，定额乘系数1.25，铺设垫板增加的工料费另行计算。

（5）有关打桩工程的几点说明。

① 预应力管桩按成品构件编制。

② 人工挖孔桩按设计注明的桩身直径及孔深套用定额。

③ 人工打桩按木桩长度套用相应定额，木桩防腐费用按实际计算。

（6）基础垫层材料的配合比设计与定额不同时，应该进行换算，毛石灌浆如设计砂浆标号不同时，砂浆标号进行换算，碎石、砂垫层级配不同时，砂石材料数量进行换算。

2. 土石方及基础工程项目工程量计算规则

土石方及基础工程项目工程量计算规则见表8.1。

表8.1 土石方及基础工程项目工程量计算规则

序号	项目名称	计量单位	工程量计算规则
1	平整场地	m²	按建筑物底面积的外边线每边各放2.0m所围的面积计算
2	人工挖地槽、坑	m³	按自然密实的体积计算 深度：槽沟底至设计室外地坪 长度：外墙按中心线、内墙按基础底净长 关于放坡： 土壤类别　　一、二类土　　三类土　　四类土 起点深度　　　1.20　　　　1.50　　　2.00 放坡系数　　1：0.5　　1：0.33　1：0.25
3	机械土方	m³	按施工组织设计规定的开挖范围及有关内容计算 深度：槽沟底至设计室外地坪 长度：外墙按中心线、内墙按基础底净长 关于放坡： 土壤类别　　　　　一、二类土　　三类土　　四类土 起点深度　　　　　1.20　　　1.50　　　2.00 放坡系数(坑内)　1：0.33　1：0.25　1：0.10 放坡系数(坑上)　1：0.75　1：0.5　　1：0.33
4	打压预应力混凝土管桩	m	按延长米计算
5	送桩	m³	长度按设计桩顶标高至自然地坪另增0.50m计算
6	人工挖孔桩	m³	按护壁外围截面积乘以孔深计算
7	圆木桩	m³	按设计桩长及直径，按木材材积表计算
8	基础(地面)垫层	m³	按图示尺寸计算体积

3. 典型沟槽工程量计算方法

（1）钢筋混凝土基础有垫层时。

① 两面放坡如图 8.1(a)所示。

$$S_{断} = [(b+2\times0.3)+kh]\times h+(b'+2\times0.1)\times h'$$

② 不放坡无挡土板如图 8.1(b)所示。

$$S_{断} = (b+2\times0.3)\times h+(b'+2\times0.1)\times h'$$

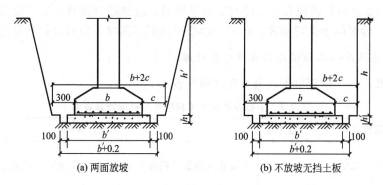

(a) 两面放坡 　　　　　　　(b) 不放坡无挡土板

图 8.1　钢筋混凝土基础有垫层

式中：b——基础垫层宽度；

c——工作面宽度；

h——地槽深度；

k——放坡系数。

4. 典型地坑工程量计算方法

（1）无垫层放坡地坑

① 矩形放坡地坑如图 8.2 所示。

$$V_{挖} = (a+2c+kh)\times(b+2c+kh)\times h+1/3\ k^2h^3$$

式中：a——基础垫层宽度；

b——基础垫层长度；

c——工作面宽度；

h——地坑深度；

k——放坡系数。

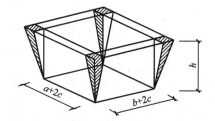

图 8.2　矩形放坡地坑

② 圆形放坡地坑如图 8.3 所示。

$$V_{挖} = πh/3(r^2+R^2+Rr)$$

式中：r——坑底半径（含工作面）；

R——坑顶半径（含工作面）；

c——工作面宽度；

h——地坑深度；

k——放坡系数。

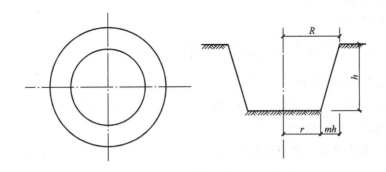

图 8.3　圆形放坡地坑

5. 土石方工程定额计量计价案例

【例 8 - 1】 某园林建筑基础平面与剖面如图 8.4 所示。已知一、二类土，地下常水位
—0.80。施工采用人力开挖，明排水。求人工挖一、二类土的直接工程费。

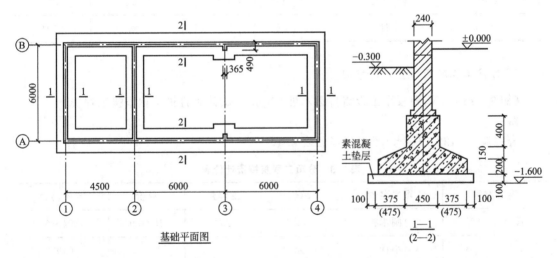

基础平面图

图 8.4

解:

判定套用人工挖一、二类干土深 2m 以内定额。

$H = 1.3\text{m}$，$H_{湿} = 0.8\text{m}$，$C = 0.3\text{m}$，$K = 0.5$。

(1) 1—1 剖面基础土方。

$B_{1-1} = 1.2 + 0.2 = 1.4(\text{m})$

$L_{1-1外} = 6 \times 2 = 12(\text{m})$

$L_{1-1内} = 6 - 1.4 = 4.6(\text{m})$

$L_{1-1} = 12 + 4.6 = 16.6(\text{m})$

$V_{1-1全} = (1.4 + 2 \times 0.3 + 0.5 \times 1.3) \times 1.3 \times 16.6 = 57.19(\text{m}^3)$

$V_{1-1湿} = (1.4 + 2 \times 0.3 + 0.5 \times 0.8) \times 0.8 \times 16.6 = 31.87(\text{m}^3)$

$V_{1-1干} = 57.19 - 31.87 = 25.32(\text{m}^3)$

（2）2-2 剖面基础土方。

$B_{2-2}=1.4+0.2=1.6(\text{m})$

$L_{2-2}=\left(12+4.5+\dfrac{(0.49-0.24)\times0.365}{0.24}\right)\times2=33.76(\text{m})$

$V_{2-2全}=(1.6+2\times0.3+0.5\times1.3)\times1.3\times33.76=125.08(\text{m}^3)$

$V_{2-2湿}=(1.6+2\times0.3+0.5\times0.8)\times0.83\times3.76=70.22(\text{m}^3)$

$V_{2-2干}=125.08-70.22=54.86(\text{m}^3)$

（3）分项工程直接费计价表见表 8.2。

表 8.2　分项工程直接费计价表

定额编号	项目名称	单位	工程量	单价（元）	合价（元）
园林 4-2	人工挖一、二类干土深 2m 以内	m³	80.18	8.0	641
园林 4-2	人工挖一、二类湿土深 2m 以内	m³	102.09	8.0*1.18＝9.44	963
建筑 1-110	湿土排水	m³	102.09	5.78	590
	小计	元			2194

6. 打桩工程定额计量计价案例

【例 8-2】　某园湖驳岸工程需打圆木桩 200m³。试计算打桩工程直接工程费。

解：

套定额 4-122，1524.9 元/m³，见表 8.4。

表 8.3　分项工程直接费计价表

定额编号	项目名称	单位	工程量	单价	合价（元）
园林 4-122	打圆木桩	m³	200	1524.9	304980
	小计	元			304980

8.1.3　土石方、打桩及基础垫层工程清单计量与计价

1. 土方工程

土方工程工程量清单项目设置及工程量计算规则，按表 8.4 的规定执行。

表 8.4　土方工程（编号：010101）

项目编号	项目名称	项目特征	计量单位	工程量计算规则	工程内容
010101001	平整场地	（1）土壤类别 （2）弃土运距 （3）取土运距	m²	按设计图示尺寸以建筑物首层面积计算	（1）土方挖填 （2）场地找平 （3）运输

(续)

项目编号	项目名称	项目特征	计量单位	工程量计算规则	工程内容
010101002	挖土方	(1) 土壤类别 (2) 挖土平均厚度 (3) 弃土运距	m³	按设计图示尺寸以体积计算	(1) 排地表水 (2) 土方开挖 (3) 挡土板支拆 (4) 截桩头 (5) 基底钎探 (6) 运输
010101003	挖基础土方	(1) 土壤类别 (2) 基础类型 (3) 垫层底尺寸 (4) 挖土深度 (5) 弃土运距 (6) 含水率 (7) 地下水情况		按设计图示尺寸以基础垫层底面积乘以挖土深度计算	
010101004	冻土开挖	(1) 冻土厚度 (2) 弃土运距		按设计图示尺寸开挖面积乘以厚度以体积计算	(1) 打眼、装药、爆破 (2) 开挖、清理 (3) 运输
010101005	挖淤泥、流沙	(1) 挖掘深度 (2) 弃土距离		按设计图示位置、界限以体积计算	(1) 挖淤泥、流沙 (2) 弃淤泥、流沙
010101006	管沟土方	(1) 土壤类别 (2) 管外径 (3) 挖沟平均深 (4) 弃土石运距 (5) 回填要求	m	按设计图示以管道中心线长度计算	(1) 排地表水 (2) 土方开挖 (3) 挡土板支拆 (4) 运输 (5) 回填

2. 土石方回填

(1) 工程量清单项目设置及工程量计算规则，按表 8.5 的规定执行。

表 8.5 土石方回填(编号：010103)

项目编号	项目名称	项目特征	计量单位	工程量计算规则	工程内容
010103001	土(石)方回填	(1) 土质要求 (2) 密实度要求 (3) 粒径要求 (4) 夯实(碾压) (5) 松填 (6) 运输距离	m³	按设计图示尺寸以体积计算	(1) 挖土方 (2) 装卸、运输 (3) 回填 (4) 分层碾压、夯实

(2) 清单项目说明。

土石方回填项目适用于场地回填、室内回填和基础回填，并包括指定范围内的运输以及借土回填的土方开挖。

① 场地回填：回填面积乘以平均回填厚度。

② 基础回填：挖土体积减去设计室外地坪下砖、石混凝土构件及基础、垫层体积。

③ 室内回填：主墙间净面积乘以填土厚度。其中填土厚度按设计室内外高差减地坪垫层及面层厚度，若底层为回空层时，按设计规定的室内填土厚度。主墙是指结构厚度在 120mm 以上（不含 120mm）的各类墙体。

④ 将清单规则中的挖土方、运土、回填、分层碾压、夯实等工程内容，按照设计图纸、施工方案、现场场地情况确定清单项目的具体组合的内容，并与定额中的挖、运土（石）方、人工回填夯实、机械碾压、夯实等予以选择组合，作为清单项目的计价子目。定额中就地回填土子项包含运距 5m 以内土方运输，实际超过 5m 时，应按运土定额计算。

⑤ 基础土方放坡等施工的增加量，应包括在报价内。

3. 土石方工程清单计量计价案例

【例 8 - 3】 某园林建筑平面图如图 8.5 所示，项目特征：三类土、弃土运距 50m、30cm 厚内挖土方，场地平整。设推土机推土工程量为 20m³，施工组织设计规定：平整场地按建筑物外边线各放 2m 考虑。管理费费率取 20%，利润 10%，以人工费、机械费之和为取费基数，单价采用表 8.6 中数据。按照上述条件完成平整场地工程量清单及计价。

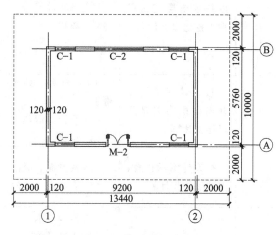

图 8.5 园林建筑平面图

表 8.6 分项项目单价

编号	项目名称	单位	人工费(元)	材料费(元)	机械费(元)
园林 4 - 60	平整场地	m²	1.80	—	—
园林 4 - 97	推土机推土	m³	0.21	—	2.62

解：

(1) 依据清单规则算得：$S = 9.44 \times 6.0 = 56.64(\text{m}^2)$，平整场地的分部分项工程量清单如表 8.7 所示。

表 8.7 分部分项工程量清单

序号	项目编码	项目名称	单位	工程量
1	010101001001	平整场地 三类土，挖土方，弃土运距 50m	m²	56.64

(2) 依据施工组织设计算得：$S = 13.44 \times 10.0 = 134.4(\text{m}^2)$。

① 场地平整。

人工费为：$1.8 \times 134.4 = 241.92(\text{元})$。

管理费为：$241.92 \times 20\% = 48.38(\text{元})$。

利润为：$241.92 \times 10\% = 24.19(\text{元})$。

合计为：314.49 元。

② 推土机推土。

人工费为：$20 \times 0.21 = 4.2$(元)。

机械费为：$20 \times 2.62 = 52.4$(元)。

管理费为：$56.6 \times 20\% = 11.32$(元)。

利润为：$56.6 \times 10\% = 5.66$(元)。

合计为：73.58 元。

综合单价为：$(314.49 + 73.58) \div 56.64 = 6.85$(元/$m^2$)。

清单计价见表 8.8 和表 8.9。

表 8.8　分部分项工程量清单计价

序号	项目编码	项目名称	单位	数量	综合单价(元)	合价(元)
1	010101001001	平整场地 三类土，挖土方，弃土运距 50m	m^2	56.64	6.85	388

表 8.9　综合单价分析表

项目编码	项目名称	单位	数量	综合单价(元)						合计
				人工费	材料费	机械费	管理费	利润	小计	
010101 001001	平整场地：三类土，挖土方，弃土运距 50m	m^2	56.64	4.35	—	0.92	1.05	0.53	6.85	388.07
园林 4-60	平整场地	m^2	134.4	1.80		0.36	0.18	2.34		314.49
园林 4-97	推土机推土	m^3	20	0.21		2.62	0.57	0.28	3.68	73.58

4. 混凝土桩

工程量清单项目设置及工程量计算规则，按表 8.10 的规定执行。

表 8.10　混凝土桩(编号：010201)

项目编号	项目名称	项目特征	计量单位	工程量计算规则	工程内容
010201001	预制钢筋混凝土桩	(1) 土壤级别 (2) 单桩长度、根数 (3) 桩截面 (4) 板桩面积 (5) 管桩填充材料种类 (6) 桩倾斜度 (7) 混凝土强度等级 (8) 防护材料种类	m/根	按设计图示尺寸以桩长(包括桩尖)或根数计算	(1) 桩制作、运输 (2) 打桩、试验桩、斜桩 (3) 送桩 (4) 管桩填充材料、刷防护材料 (5) 清理、运输

（续）

项目编号	项目名称	项目特征	计量单位	工程量计算规则	工程内容
010201002	接桩	（1）桩截面 （2）接头长度 （3）接桩材料	个／m	按设计图示规定以接头数量（板桩按接头长度）计算	（1）桩制作、运输 （2）接桩、材料运输
010201003	混凝土灌注桩	（1）土壤级别 （2）单桩长度、根数 （3）桩截面 （4）成孔方法 （5）混凝土强度等级	m／根	按设计图示尺寸以桩长（包括桩尖）或根数计算	（1）成孔、固壁 （2）混凝土制作、运输、灌注、振捣、养护 （3）泥浆池及沟槽砌筑、拆除 （4）泥浆制作、运输 （5）清理、运输

5. 打桩工程清单计量计价案例

【例 8-4】 某园林建筑工程 110 根 C60 预应力钢筋混凝土管桩，规格为 $\phi 600 \times 110$，每根桩总长 25m，每根桩顶连接构造（假设）钢托板 3.5kg，圆钢骨架 38kg，桩顶灌注 C30 混凝土 1.5m 高；设计桩顶标高－3.5m，现场自然地坪标高为－0.45m，现场条件允许可以不发生场内运桩。定额子目单价采用表 8.11 中的数据，管理费费率取 10%，利润 10%，均以人工费、机械费之和为取费基数，按照清单规范和定额完成该管桩工程量清单及计价。

表 8.11 定额子目单价

编号	项目名称	单位	人工费（元）	材料费（元）	机械费（元）
园林 4-109	压预应力钢筋混凝土管桩 $\phi 600$mm 内	m	2.81	146.56	18.97
园林 4-111	压送管桩 桩径 600mm 内	m	4.00	0.21	22.21
建筑 2-89	桩混凝土灌芯	m³	36.40	186.35	21.18
建筑 4-398	桩基础圆钢钢筋笼	t	371.80	2401.00	123.18
建筑 4-410	预埋铁件	t	509.60	4362.60	348.39

解：

（1）清单工程量计算。

依据清单规范：预制管桩长为：$110 \times 25 = 2750$（m）。

根据工程量清单规范，预制管桩工程量清单见表 8.12。

表 8.12 分部分项工程量清单

序号	项目编码	项目名称及特征	单位	工程量
1	010201001001	预制钢筋混凝土桩： C60 预应力钢筋混凝土管桩，规格为 $\phi 600$mm×110，每根桩总长 25m，共 110 根，每根桩顶连接构造钢托板 3.5kg，圆钢骨架 38kg，桩顶灌注 C30 混凝土 1.5m 高，桩顶标高－3.5m，现场自然地坪标高为－0.45m	m	2750

（2）清单综合单价计算。

① 定额计价工程量计算。

压预应力钢筋混凝土管桩为：$110 \times 25 = 2750$（m）。

送桩为：$110 \times (3.5 - 0.45 + 0.5) = 390.5$（m）。

桩顶灌注混凝土为：$3.14 \times (0.6 - 0.2)^2 \times 1/4 \times 1.5 \times 110 = 20.73$（m³）。

桩顶构造钢筋为：$0.038 \times 110 = 4.18$（t）。

刚托板为：$0.0035 \times 110 = 0.385$（t）。

② 综合单价分析计算。

根据题意、施工工程量及表 8.11 定额单价，预制钢筋混凝土管桩清单计价和综合单价分析见表 8.13 和表 8.14。

表 8.13 分部分项工程量清单计价

序号	项目编码	项目名称及特征	单位	数量	综合单价(元)	合价(元)
1	010201001001	预制钢筋混凝土桩：C60 预应力钢筋混凝土管桩，规格为 $\phi600mm \times 110$，每根桩总长 25m，共 110 根，每根桩顶连接构造钢托板 3.5kg，园钢骨架 38kg，桩顶灌注 C30 混凝土 1.5m 高，桩顶标高 −3.5m，现场自然地坪标高为 −0.45m	m	2750	173.54	477235

表 8.14 综合单价分析表

项目编码	项目名称	单位	数量	人工费	材料费	机械费	管理费	利润	小计	合计
010201001001	预制钢筋混凝土桩：C60 预应力钢筋混凝土管桩，规格为 $\phi600mm \times 110$，每根桩总长 25m，共 110 根，每根桩顶连接构造钢托板 3.5kg，园钢骨架 38kg，桩顶灌注 C30 混凝土 1.5m 高，桩顶标高 −3.5m，现场自然地坪标高为 −0.45m	m	2750	4.29	152.25	22.52	2.68	2.68	184.42	507155
园林 4-109	压预应力钢筋混凝土管桩	m	2750	2.81	146.56	18.97	2.18	2.18	172.70	474925
园林 4-111	压送管桩 桩径 600 内	m	390.5	4.00	0.21	22.21	2.62	2.62	31.66	12363.23
建筑 2-89	桩混凝土灌芯	m³	20.73	36.4	186.35	21.18	5.76	5.76	255.44	5295.27
建筑 4-398	桩基础圆钢钢筋笼	t	4.18	371.8	2401	123.18	49.5	49.5	2994.97	12518.97
建筑 4-410	预埋铁件	t	0.385	509.61	4362.60	348.39	85.79	85.79	5392.18	2075.99

267

8.2 砌筑工程计量与计价

8.2.1 园林砌筑工程

园林砌筑工程一般用于园林建筑或园林仿古建筑,同时也用于部分园林景观工程。在《浙江省园林绿化及仿古建筑工程预算》(2010 版)中属于第五章砌筑工程。园林砌筑工程由混凝土基础、砖墙;砖柱、空斗墙、空花墙、填充墙;其他砌体;毛石基础、毛石砌体;砌景石墙;墙基防潮层,砌体内钢筋加固等内容组成。

8.2.2 砌筑工程定额计量与计价

1. 砌筑工程定额工程量计算说明

(1)砖墙砌筑以内、外墙划分。

(2)基础与上部结构的划分:以设计室内地坪为界,地坪有坡度时以地坪最低标高处为界;基础与墙身采用不同材料时,不同材料分界线位于室内地坪±30cm 内时以不同材料分界线为界,超过±30cm 时仍按设计室内地坪为界。

(3)砌筑砂浆如设计与定额不同时,应作换算。

(4)马头墙砌筑工程量并入墙身工程量计算。

(5)本定额涉及的节能墙体砌筑材料为混凝土实心砖、蒸压砂加气混凝土砌块。

(6)各类砌体按直行砌筑编制,如为圆弧形砌筑者,按相应定额人工用量乘以 1.10,跨级砂浆用量乘以系数 1.03。

2. 砌筑工程定额工程量计算规则

砌筑工程项目工程量计算规则见表 8.15。

表 8.15 砌筑工程项目工程量计算规则

序号	项目名称	计量单位	工程量计算规则
1	条形砖基础、毛石基础	m³	按断面面积乘以长度计算 长度:外墙按中心线、内墙砖基础按内墙净长线计算。 附墙垛折加长度合并计算 $L=\dfrac{ab}{d}$ 截面积:等高式大放脚 $S=n(n+1)ab$; 间隔式大放脚 $S=\sum(a\times b)+\sum\left(\dfrac{a}{2}\times b\right)$; $a=0.126\text{m}$,$b=0.0625\text{m}$,n 为大放脚层数

（续）

序号	项目名称	计量单位	工程量计算规则
2	砖墙	m³	$V_{砖墙}$＝（墙长×墙高－∑门窗洞口面积）×墙厚－应扣嵌入墙身构件的体积 墙长：外墙按中心线、内墙按内墙净长线计算；附墙垛按折加长度计算；框架墙按净长度计算 墙厚：标准砖尺寸应为240mm×115mm×53mm；标准砖墙厚度应按表8.16计算 墙高：外墙算至其中心线的屋面板顶面，有女儿墙的算至女儿墙压顶底；内墙无天棚者算至屋面板（楼板）顶面；框架墙按净高计算；山墙算至山尖的1/2高度

表8.16 标准墙计算厚度表

砖数（厚度）	1/4	1/2	3/4	1	$1\frac{1}{2}$	2	$2\frac{1}{2}$	3
计算厚度(mm)	53	115	180	240	365	490	615	740

3. 砌筑工程定额计量计价案例

【例8-5】 如图8.6所示，带型标准砖基础长为100m，墙厚1.5砖，高1.0m，三层等高大放脚。试计算砖基础直接费。

解：

图中墙厚设计标注尺寸为370mm，放脚高度设计标注尺寸120mm，放脚宽度设计标注尺寸为60mm，均为非标准标注。在计算工程量时应将其改为标准标注尺寸，即：墙厚为365mm，放脚高为126mm，放脚宽为62.5mm。

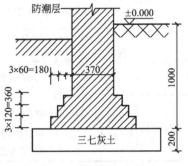

图8.6 带型标准砖基础

三层等高大放脚折算断面积为：$S＝n×(n+1)×a×b＝3×4×0.0625×0.126＝0.0945(m^2)$。

砖基础工程量＝砖基础长度×砖基础断面面积

＝砖基础长度×（砖基础墙厚度×砖基础高度＋大放脚折算断面面积）

＝100×（0.365×1.00＋0.0945）

＝45.95(m³)

即砖基础体积为45.95m³。

套定额3-13，基价为172.036元/m³，45.95×172.036＝7905.05(元)，见表8.17。

表8.17 分项工程直接费计价表

定额编号	项目名称	单位	工程量	单价(元)	合价(元)
3-13	砖基础	m³	45.95	172.036	7905.05
	小计	元			7905.05

8.2.3 砌筑工程清单计量与计价

1. 砖砌体

工程量清单项目设置及工程量计算规则按表 8.18 的规定执行。

表 8.18 砖砌体 (编号 010401)

项目编号	项目名称	项目特征	计量单位	工程量计算规则	工程内容
010401001	砖基础	(1) 砖品种、规格、强度等级 (2) 基础类型 (3) 砂浆强度等级 (4) 防潮层材料种类	m³	按设计图示尺寸以体积计算。 基础长度：外墙按外墙中心线，内墙按内墙净长线计算	(1) 砂浆制作、运输 (2) 砌砖 (3) 防潮层铺设 (4) 材料运输
010401003	实心砖墙	(1) 砖品种、规格、强度等级 (2) 墙体类型 (3) 砂浆强度等级、配合比	m³	按设计图示尺寸以体积计算	(1) 砂浆制作、运输 (2) 砌砖 (3) 刮缝 (4) 砖压顶砌筑 (5) 材料运输
010401004	多孔砖墙				
010404008	填充墙			按设计图示尺寸以填充墙外形体积计算	
010404014	砖散水、地坪	(1) 砖品种、规格、强度等级 (2) 垫层材料种类、厚度 (3) 散水、地坪厚度 (4) 面层种类、厚度 (5) 砂浆强度等级	m²	按设计图示尺寸以面积计算	—
010404015	砖地沟、明沟		m	以米计量，按设计图示以中心线长度计算	

2. 砌块砌体

工程量清单项目设置及工程量计算规则按表 8.19 的规定执行。

表 8.19 砌块砌体 (编号：010402)

项目编号	项目名称	项目特征	计量单位	工程量计算规则	工程内容
010402001	砌块墙	(1) 砌块品种、规格、强度等级 (2) 墙体类型 (3) 砂浆强度等级	m³	按设计图示尺寸以体积计算	(1) 砂浆制作、运输 (2) 砌砖、砌块 (3) 勾缝 (4) 材料运输
010402002	砌块柱	(1) 砖品种、规格、强度等级 (2) 墙体类型 (3) 砂浆强度等级		按设计图示尺寸以体积计算； 扣除混凝土及钢筋混凝土梁垫、梁头、板头所占体积	

3．石砌体

工程量清单项目设置及工程量计算规则按表 8.20 的规定执行。

表 8.20　石砌体(编号 010403)

项目编号	项目名称	项目特征	计量单位	工程量计算规则	工程内容
010403001	石基础	(1) 石料种类、规格 (2) 基础类型 (3) 砂浆强度等级	m³	按设计图示尺寸以体积计算	(1) 砂浆制作、运输 (2) 吊装 (3) 砌石 (4) 防潮层铺设 (5) 材料运输
010403002	石勒脚	(1) 石料种类、规格 (2) 石表面加工要求 (3) 勾缝要求 (4) 砂浆强度等级、配合比	m³	按设计图示尺寸以体积计算，扣除单个面积＞0.3 m²的孔洞所占的体积	
010403003	石墙	(1) 石料种类、规格 (2) 石表面加工要求 (3) 勾缝要求 (4) 砂浆强度等级、配合比	m³	按设计图示尺寸以体积计算	
010403004	石挡土墙	(1) 石料种类、规格 (2) 石表面加工要求 (3) 勾缝要求 (4) 砂浆强度等级、配合比	m³	按设计图示尺寸以体积计算	
010403005	石柱				
010403006	石栏杆	(1) 石料种类、规格 (2) 石表面加工要求 (3) 勾缝要求 (4) 砂浆强度等级、配合比	m	按设计图示以长度计算	
010403007	石护坡	(1) 垫层材料种类、厚度 (2) 石料种类、规格 (3) 护坡厚度、高度 (4) 石表面加工要求 (5) 勾缝要求 (6) 砂浆强度等级、配合比	m³	按设计图示尺寸以体积计算	
010403008	石台阶		m³	按设计图示尺寸以体积计算	
010403009	石坡道		m²	按设计图示以水平投影面积计算	

4．砌筑工程清单计量计价案例

【例 8-6】　如图 8.7 所示，某园林工程 M7.5 水泥砂浆砌筑 MU15 水泥实心砖墙基（砖规格为 240mm×115mm×53mm，墙厚 240mm）。编制该砖基础砌筑项目清单（砖砌体内无混凝土构件），并求 1-1 墙基的综合单价。（假设水泥实心砖价格 280 元/千块，其余材料、机械按定额单价取定；管理费 20％，利润 10％，以人工费和机械费之和为计算基数)。

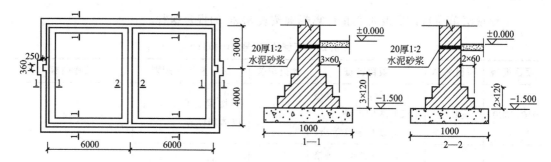

图 8.7　砖基础平剖面图

解：

该工程砖基础有两种截面规格，应分别列项。

(1) 工程量清单。

依据清单规范砖基础高度：$H = 1.5$m

① 断面 1—1。

$L = (12 + 7) \times 2 + 0.375 \times 2 = 38.75$(m)(0.375 为垛折算长度)。

大放脚截面：$S = 3 \times (3 + 1) \times 0.120 \times 0.060 = 0.0864$m²

砖基础工程量：$V = 38.75 \times (1.50.24 + 0.0864) - V_{应扣} = 17.30$(m³)。

② 断面 2—2。

$L = 7 - 0.24 = 6.76$(m)。

大放脚截面：$S = 2 \times (2 + 1) \times 0.120 \times 0.060 = 0.0432$(m²)。

砖基础工程量：$V = 6.76 \times (1.5 \times 0.24 + 0.0432) - V_{应扣} = 2.73$(m³)。

根据清单规范，砖基础的分部分项工程量清单见表 8.21。

表 8.21　分部分项工程量清单

序号	项目编码	项目名称	单位	工程量
1	010401001001	砖基础 1—1 墙基，M7.5 水泥砂浆砌筑(240mm × 115mm × 53mm) MU15 水泥实心砖一砖条形基础，三层等高式大放脚。标高 −0.06 处 1∶2 防水砂浆 20mm 厚防潮层	m³	17.30
2	010401001002	砖基础 2—2 墙基，M7.5 水泥砂浆砌筑(240mm × 115mm × 53mm) MU15 水泥实心砖一砖条形基础，二层等高式大放脚。标高 −0.06 处 1∶2 防水砂浆 20mm 厚防潮层	m³	2.73

(2) 1—1 墙基的综合单价计算。

① 防水砂浆施工工程量为：$S = 38.75 \times 0.24 = 9.3$(m²)²。

② 砖基础综合单价。

砖基础套用定额 3 − 13：人工费 28.6 元/ m³，机械费 1.698 元/ m³。

换算后材料费为：$141.738 + (128.31 − 131.02) \times 0.23 + (280 − 211) \times 0.528 = 177.59$(元/m³)。

防潮层套用定额 7 − 96：材料费 = 5.96 元/m²，机械费 0.18 元/m²。

根据题意、清单工程量、施工工程量及定额单价，砖基础 1—1 清单计价和综合单价分析见表 8.22 和表 8.23。

表 8.22 分部分项工程量清单计价

序号	项目编码	项目名称	单位	数量	综合单价(元)	合价(元)
1	010401001001	砖基础 1—1 墙基，M7.5 水泥砂浆砌筑（240×115×53）MU15 水泥实心砖一砖条形基础，三层等高式大放脚。标高—0.06 处 1：2 防水砂浆 20 厚防潮层	m³	17.30	220.31	3811.38

表 8.23 综合单价分析表

项目编码	项目名称	单位	数量	综合单价(元)						合计
				人工费	材料费	机械费	管理费	利润	小计	
010401001001	砖基础 1—1 墙基，M7.5 水泥砂浆砌筑（240×115×53）MU15 水泥实心砖一砖条形基础，三层等高式大放脚。标高—0.06 处 1：2 防水砂浆 20 厚防潮层	m³	17.30	28.6	180.79	1.79	6.08	3.04	220.31	3811.38
3-13	砖基础	m³	17.30	28.6	177.59	1.70	6.06	3.03	216.98	3753.72
7-96	防潮层	m²	9.30	—	5.96	0.18	0.04	0.02	6.20	57.66

8.3 混凝土及钢筋混凝土工程计量与计价

8.3.1 园林混凝土及钢筋混凝土工程

园林混凝土及钢筋混凝土工程一般用于园林建筑或园林仿古建筑，也用于部分园林景观工程，如园林亭廊、园林景墙等。园林建筑柱、梁、板、基础，园林亭廊柱、梁、板、基础，园林景墙墙体及基础属于混凝土及钢筋混凝土工程。混凝土与钢筋混凝土工程定额分现浇混凝土模板、现浇混凝土浇捣、预制及预应力构件、钢筋制作与安装、预制构件运输与安装等分项工程。

8.3.2 混凝土及钢筋混凝土工程定额计量与计价

1. 混凝土及钢筋混凝土工程定额工程量计算说明

（1）混凝土及钢筋工程定额包括现浇现拌混凝土、现浇商品混凝土（泵送）、预制混凝土、钢筋混凝土预制构件场外运输、钢筋混凝土预制构件安装和钢筋制作安装。

（2）直形楼梯、螺旋形楼梯、阳台、雨篷项目以"m²"计量，设计尺寸超过楼梯底板厚度或阳台、雨篷折实厚度定额取定值时，定额按比例调整。

（3）混凝土的设计强度等级与定额不同时，应作换算。

（4）基础与垫层的划分一般以设计为准，如设计不明确则按厚度划分，15cm 以内为垫层，15cm 以上的为基础。

（5）地圈梁套用基础梁定额，圈梁与过梁套用同一定额，异形梁、梯形及带搁板企口梁套用矩形梁定额。仿古式轩梁、荷包梁等非规则形梁，按平均高度套用相应定额项目。

（6）压型钢板上浇捣混凝土板，套用板相应定额。

（7）现浇或预制屋架，按屋架构件的组成套用相应的梁、柱定额。

（8）墙板不分直形、弧形，增多按设计厚度套用墙板定额。

（9）商品混凝土如非泵送，套用泵送定额，其人工及振捣器乘以相应系数。

（10）混凝土斜板浇捣在 10°以内时按定额执行；坡度在 10°～30°范围内时相应定额人工含量乘以系数 1.1；坡度在 30°～60°范围内时，相应定额人工含量乘以系数 1.2；坡度在 60°以上时，按相应定额现浇钢筋混凝土墙的定额执行。

（11）构件运输基本运距为 5km，工程实际运距不同，按每增减 1km 定额调整；本定额不适用于运距超过 35km 的构件运输。

（12）构件安装高度以 20m 以内为准，如安装高度超过 20m 时，相应人工、机械乘以系数 1.2。

（13）小型构件安装包括插角、雀替、宝顶、莲花头子、花饰块、鼓蹬、楼梯踏步板、隔断板等。

（14）零星构件指未列入构件安装子目、单体体积小于 0.05m³ 以内的其他构件。

（15）构件安装不包括安装工程所搭设的临时脚手架。

（16）钢筋以手工绑扎及点焊编制，焊接方法为电阻点焊。如设计采用其他焊接方法需要进行换算。

2. 混凝土及钢筋混凝土工程定额工程量计算规则

混凝土及钢筋混凝土工程项目工程量计算规则见表 8.24。

表 8.24 混凝土及钢筋混凝土工程项目工程量计算规则

序号	项目名称	计量单位	工程量计算规则
1	基础	m³	带形按断面面积乘以长度计算。 长度：外墙按中心线、内墙砖基础按内墙净长线计算。 附墙垛折加长度合并计算 $L=\dfrac{ab}{d}$，基础搭接体积按图示计算。 整板基础带梁的，梁体积合并在基础内计算
2	柱	m³	按柱断面面积乘以高度计算，柱高按柱基上表面至柱顶面的高度计算，依附于柱上的云头、梁垫、蒲鞋头的体积按"其他混凝土"中的相应子目计算

（续）

序号	项目名称	计量单位	工程量计算规则
3	梁	m³	按梁断面面积乘以长度计算。梁与柱相连时，梁长算至柱侧面；次梁与主梁交接时，梁长算至主梁侧面；梁与墙交接时，伸入墙内的梁头及现浇梁垫并入梁内计算；过梁长度按门窗洞口两端拱加 50cm 计算
4	板	m³	有梁板的混凝土工程量按梁板体积总和计算； 戗翼板的混凝土工程按飞椽、沿椽和板的体积之和计算
5	墙	m³	$V_{砖墙}=$（墙长墙高－$\sum$门窗洞口面积）×墙厚 墙高以基础顶面算至上一层楼板上表面计算；附墙柱、暗柱并入墙内计算
6	桁、枋、机	m³	均按设计图示算体积；枋与柱交接时，枋的长度按柱与柱间的净距计算
7	整体楼梯	m²	按水平投影面积计算；包括楼梯段、休息平台、平台梁、斜梁；不扣除宽度小于 20cm 的楼梯井
8	阳台、雨篷	m²	按伸出墙外的水平投影面积计算。 挑出超过 1.8m 的或柱式雨篷不套用雨篷定额，按有梁板和柱计算
9	吴王靠、挂落、样板（杆）	m	按延长米计算
10	预制混凝土构件（制作）	m³	按施工图构件净用量加损耗计算； $V_{预制构件}=$ 施工图净用量×（1＋总损耗率 1.5%）
11	预制混凝土构件运输和安装	m³	与构件制作的混凝土工程量相同； 混凝土花窗安装按设计外形面积乘以厚度计算，不扣除空花体积
12	钢筋	t	区别现浇、预制构件及不同钢种和直径，按长度乘以单位理论质量计算

各类钢筋长度计算按公式 8.1～公式 8.3 确定。

（1）通长钢筋长度计算，钢筋如图 8.8 所示。

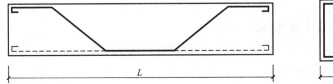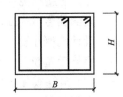

图 8.8　钢筋示意图

$$L_0 = L - 2 \times 0.025 + n_1 \times 6.25d + n_2 \times 35d + \text{弯起增加值} \tag{8.1}$$

式中：n_1——钢筋弯钩个数；

$\quad\quad d$——钢筋直径；

$\quad\quad n_2$——搭接个数。

注：①搭接数：单根钢筋的连续每增加 8m 增加一个搭接。垂直构件有楼层时，层高 ≤3m，每两层增加一个搭接；层高>3m，每一层增加一个搭接。搭接长度施工图有注明的，按图示规定尺寸计算，施工图未注明时，大口径桩的钢筋笼及地下连续墙的钢筋网片搭接 10d，其余按 35d 计算。②弯钩长度：弯钩为 180° 时，取 6.25d；90° 取 3.5d；135° 取 4.9d。③混凝土保护层厚度：图纸有说明的按设计图纸规定确定，图纸无说明的按 25mm 确定。

(2) 箍筋长度计算。

$$L_{双肢箍筋长度} = 2 \times (B + H), \quad L_{四肢箍筋长度} = 2.7 \times B + 4H \tag{8.2}$$

箍筋的个数应根据梁有无加密分开计算。

(3) 双层钢筋撑脚长度计算。

设计有规定，按设计规定计算，设计无规定，按下列公式计算：

$$L_0 = n \times L \tag{8.3}$$

式中：n——墙板 4 只/m^2（按墙板（不包括柱梁）的净面积计算，基础底板 1 只/m^2；

$\quad\quad L$——墙板厚度×2+0.1，基础板厚×2+1(m)。

3. 混凝土工程定额计量计价案例

【例 8-7】 如图 8.9 所示，C25 现浇钢筋混凝土雨篷，采用组合钢模。计算浇捣混凝土直接工程费和雨篷模板措施费。

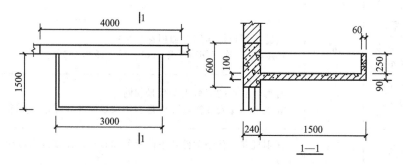

图 8.9 雨篷

解：

翻檐高度为 250mm 雨篷。

(1) 雨篷现浇混凝土：$S = 1.5 \times 3 = 4.5(m^2)$。

定额编号 6-31，基价 27.5 元/m^2。

设计混凝土标号 C25 需进行混凝土强度换算：

换算后基价为：$27.5 + (207.37 - 192.94) \times 0.750 = 38.32(元/m^2)$。

(2) 雨篷模板：$S = 1.5 \times 3 = 4.5(m^2)$。

定额编号 4-193，基价 52.20 元/m^2。

(3) 雨篷分项工程直接费计价表见表 8.25。

表 8.25　雨篷分项工程直接费计价表

序号	定额编号	项目名称	单位	工程量	单价(元)	合价(元)
1	6-76	C25 现浇雨篷	m²	4.50	38.32	172
2	4-193	雨篷模板	m²	4.50	52.20	235
		小计	元			407

8.3.3　混凝土及钢筋混凝土工程清单计量与计价

1. 现浇混凝土基础

工程量清单项目设置及工程量计算规则按表 8.26 的规定执行。

表 8.26　现浇混凝土基础(编码：010501)

项目编号	项目名称	项目特征	计量单位	工程量计算规则	工程内容
010501001	垫层	（1）混凝土类别 （2）混凝土强度等级	m³	按设计图示尺寸以体积计算。不扣除构件内钢筋、预埋铁件和伸入承台基础的桩头所占体积	（1）模板及支撑制作、安装、拆除 （2）混凝土制作、运输、浇筑、振捣、养护
010501002	带形基础				
010501003	独立基础				
010501004	满堂基础				
010501005	桩承台基础				

2. 现浇混凝土柱

工程量清单项目设置及工程量计算规则按表 8.27 的规定执行。

表 8.27　现浇混凝土柱(编码：010502)

项目编号	项目名称	项目特征	计量单位	工程量计算规则	工程内容
010502001	矩形柱	（1）混凝土类别 （2）混凝土强度等级	m³	按设计图示尺寸以体积计算。不扣除构件内钢筋、预埋铁件所占体积。型钢混凝土柱扣除构件内型钢所占体积	（1）模板制作、安装、拆除 （2）混凝土制作、运输、浇筑、振捣、养护
010502002	构造柱				
010402002	异形柱	（1）柱形状 （2）混凝土类别 （3）混凝土强度等级			

3. 现浇混凝土梁、墙、板

工程量清单项目设置及工程量计算规则按表 8.28～表 8.30 的规定执行。

表 8.28　现浇混凝土梁(编码：010503)

项目编号	项目名称	项目特征	计量单位	工程量计算规则	工程内容
010503001	基础梁	（1）混凝土类别 （2）混凝土强度等级	m³	按设计图示尺寸以体积计算。 梁长： （1）梁与柱连接时，梁长算至柱侧面 （2）主梁与次梁连接时，次梁长算至主梁侧面	（1）模板及支架（撑）制作、安装、拆除 （2）混凝土制作、运输、浇筑、振捣、养护
010503002	矩形梁				
010503003	异形梁				
010503004	圈梁				
010503005	过梁				

表 8.29　现浇混凝土墙(编码：010504)

项目编号	项目名称	项目特征	计量单位	工程量计算规则	工程内容
010504001	直形墙	（1）混凝土类别 （2）混凝土强度等级	m³	按设计图示尺寸以体积计算。 不扣除构件内钢筋、预埋铁件所占体积，扣除门窗洞口及单个面积＞0.3 m²的孔洞所占体积，墙垛及突出墙面部分并入墙体体积计算内	（1）模板及支架（撑）制作、安装、拆除、堆放、运输及清理模内杂物、刷隔离剂等 （2）混凝土制作、运输、浇筑、振捣、养护
010504002	弧形墙				
010504004	挡土墙				

表 8.30　现浇混凝土板(编码：010505)

项目编号	项目名称	项目特征	计量单位	工程量计算规则	工程内容
010505001	有梁板	（1）混凝土类别 （2）混凝土强度等级	m³	按设计图示尺寸以体积计算，不扣除构件内钢筋、预埋铁件及单个面积≤0.3 m²的柱、垛以及孔洞所占体积； 压形钢板混凝土楼板扣除构件内压形钢板所占体积； 有梁板（包括主、次梁与板）按梁、板体积之和计算，无梁板按板和柱帽体积之和计算，各类板伸入墙内的板头并入板体积内，薄壳板的肋、基梁并入薄壳体积内计算	（1）模板及支架（撑）制作、安装、拆除、堆放、运输及清理模内杂物、刷隔离剂等 （2）混凝土制作、运输、浇筑、振捣、养护
010505002	无梁板				
010505003	平板				
010505006	栏板				
010505007	天沟（檐沟）、挑檐板	（1）混凝土类别； （2）混凝土强度等级		按设计图示尺寸以体积计算	

（续）

项目编号	项目名称	项目特征	计量单位	工程量计算规则	工程内容
010505008	雨篷、悬挑板、阳台板	（1）混凝土类别；（2）混凝土强度等级	m³	按设计图示尺寸以墙外部分体积计算，包括伸出墙外的牛腿和雨篷反挑檐的体积	（1）模板及支架（撑）制作、安装、拆除、堆放、运输及清理模内杂物、刷隔离剂等（2）混凝土制作、运输、浇筑、振捣、养护
010505009	其他板			按设计图示尺寸以体积计算	

4. 现浇混凝土楼梯

工程量清单项目设置及工程量计算规则按表 8.31 的规定执行。

表 8.31　现浇混凝土楼梯（编码：010506）

项目编号	项目名称	项目特征	计量单位	工程量计算规则	工程内容
010506001	直形楼梯	（1）混凝土类别（2）混凝土强度等级	(1)m²(2)m³	（1）以 m² 计量，按设计图示尺寸以水平投影面积计算。不扣除宽度≤500mm 的楼梯井，伸入墙内部分不计算（2）以 m³ 计量，按设计图示尺寸以体积计算	（1）模板及支架（撑）制作、安装、拆除、堆放、运输及清理模内杂物、刷隔离剂等（2）混凝土制作、运输、浇筑、振捣、养护
010506002	弧形楼梯				

5. 钢筋工程和螺栓、铁件

工程量清单项目设置及工程量计算规则按表 8.32 的规定执行。

表 8.32　钢筋工程（编码：010515）

项目编号	项目名称	项目特征	计量单位	工程量计算规则	工程内容
010515001	现浇构件钢筋	钢筋种类、规格	t	按设计图示钢筋（网）长度（面积）乘单位理论质量计算	（1）钢筋制作、运输（2）钢筋安装（3）焊接
010515002	钢筋网片				（1）钢筋网制作、运输（2）钢筋网安装（3）焊接
010515003	钢筋笼				（1）钢筋笼制作、运输（2）钢筋笼安装（3）焊接

6．混凝土工程清单计量计价案例

【例 8-8】 某园林建筑基础如图 8.10 所示，计算混凝土墙基和柱基清单工程量，并编制工程量清单和带形基础 1—1 断面的清单综合单价。（假设：工程要求采用泵送商品混凝土；工料机消耗量按省 10 预算定额确定。单价按市场信息确定，人工 28 元/工日，C20 商品混凝土按 265 元/m³，C10 商品混凝土按 185 元/m³ 计算，其余材料价格假设与定额价格相同，机械费比定额取定价格增加 5%；管理费 20%，利润 14%，以人工费和机械费之和为计算基数；不考虑工程风险费。）

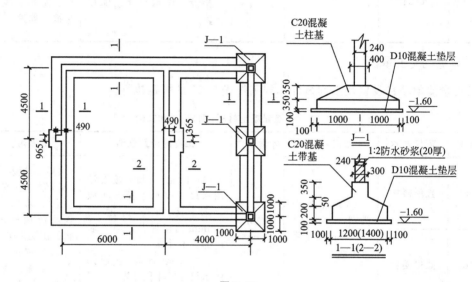

图 8.10

解：

根据工程基础类型和断面规格，应分别按 1—1、2—2 和 J—1 应分别列项。

（1）清单工程量计算。

① 断面 1—1。

$L=(10+9)\times 2-1.0\times 6+0.38=32.38$（m）。（0.38 为垛折加长度）

基础体积 $V=32.38\times[1.2\times 0.2+(1.2+0.3)\times 0.05\div 2+0.3\times 0.35]=12.39$（m³）。

根据基础高度，墙基上部 250mm 高度的梁与 J—1 搭接，其搭接长度为：$0.8\div 0.35\times 0.25=0.571$（m³）。共有 6 个搭接部位，即搭接体积为：$0.571\times 0.3\times 0.25\div 2\times 6=0.13$（m³）。

1—1 断面墙基工程量为：12.52 m³。

② 断面 2—2。

$L=9-0.6\times 2+0.38=8.18$（m）。

墙基础体积 $V=8.18\times[1.4\times 0.2+(1.4+0.3)\times 0.05\div 2+0.3\times 0.35]=3.50$（m³）。

与 1—1 断面搭接长度为：$(1.2-0.3)\div 2=0.45$（m）。共有 2 个搭接部位，即搭接体积为：$0.45\times[(1.4-0.3)\times 0.05\div 3+0.3\times 0.35]\times 2=0.11$（m³）。

2—2 断面墙基工程量为：3.61m³。

③ J—1 柱基。

柱基体积 $V=[2\times2\times0.35+(2\times2+2\times0.4+0.4\times0.4)\times0.35\div3]\times3=5.94(m^3)$。

根据清单规范，基础的分部分项工程量清单见表 8.33。

表 8.33 分部分项工程量清单

序号	项目编码	项目名称	单位	工程量
1	010501002001	带形基础 1—1 断面 C20 钢筋混凝土有梁式，底宽 1.2m，厚 200mm，锥高 0.05m，梁高 350mm，宽 300mm，基底长 32.38m	m^3	12.52
2	010501002002	带形基础 2—2 断面 C20 钢筋混凝土有梁式，底宽 1.4m，厚 200mm，锥高 0.05m，梁高 350mm，宽 300mm，基底长 8.18m	m^3	3.61
3	010501003001	独立柱基 J—1 C20 钢筋混凝土 3 只，基底 2m×2m，顶面 0.4m×0.4m，厚 200mm，锥高 0.35m	m^3	5.94
4	010501001001	混凝土垫层 C10 垫层，厚 100mm	m^3	7.29

（2）带形基础 1—1 断面的综合单价计算。

C20 钢筋混凝土带形基础套用定额 4-199：

人工费为：$0.3\times28=8.40$（元/ m^3）。

材料费为：$242.66+(265-235.9)\times1.015=272.20$（元/ m^3）。

机械费为：$0.51\times(1+5\%)=0.54$（元/ m^3）。

换算后材料费为：$141.738+(128.31-131.02)\times0.23+(280-211)\times0.528=177.59$（元/ m^3）。

根据题意、清单工程量及上述单价，基础 1—1 清单计价和综合单价分析见表 8.34 和表 8.35。

表 8.34 分部分项工程量清单计价

序号	项目编码	项目名称	单位	数量	综合单价（元）	合价（元）
1	010501002001	带形基础 1—1 断面 C20 钢筋混凝土有梁式，底宽 1.2，厚 200mm，锥高 0.05m，梁高 350mm，宽 300mm，基底长 32.38mm	m^3	12.52	284.18	3557.95

表 8.35　综合单价分析表

项目编码	项目名称	单位	数量	综合单价(元)						合计
				人工费	材料费	机械费	管理费	利润	小计	
010501 002001	带形基础 1—1 断面 C20 钢筋混凝土有梁式，底宽 1.2m，厚 200mm，锥高 0.05m，梁高 350mm，宽 300mm，基底长 32.38m	m³	12.52	12.87	307.80	0.26	2.63	1.84	325.37	4073.63
6-49	混凝土梁式带形基础	m³	12.52	12.87	307.80	0.26	2.63	1.84	325.37	4073.63

8.4 装饰工程计量与计价

8.4.1　园林装饰工程

　　景墙饰面、景区大面积铺装是常见的园林装饰工程。此外园林建筑室内装饰和室外装饰内容通常也必须在装饰工程中计量与计价。装饰工程在《建设工程工程量清单计价规范》（GB 50500—2013）中属于附录 B，在《浙江省园林绿化及仿古建筑工程预算定额》（2010 版）中属于第七章装饰装修工程。装饰工程包括楼地面、墙柱面、天棚、门窗、油漆涂料等分项工程。景墙饰面一般套取墙柱面工程和油漆涂料。铺装一般套取楼地面工程。园林建筑装饰则包括楼地面工程、墙柱面工程、天棚工程、门窗工程和油漆涂料工程。

8.4.2　装饰工程定额计量与计价

　　1．装饰工程定额工程量计算说明

　　（1）装饰、装修工程定额包括楼地面、墙柱面、天棚、门窗、油涂五项内容。

　　（2）找平层、整体面层设计厚度与定额不同，按每增减 5mm 调整。

　　（3）整体面层、块料面层中的楼地面项目，均不包括找平层，也不包括踢脚线。

　　（4）踢脚线高度超过 30cm 时，套用墙、柱面工程相应定额。

　　（5）定额中的木构件，除注明外均以刨光为准，刨光损耗已包括在定额中。定额采用一、二类木种编制，如采用三、四类木种时，人工及机械均乘以系数 1.35。

　　（6）铝合金门窗、塑钢门窗、钢门、防盗窗等定额均以成品安装考虑。

　　（7）木地板按空铺考虑。

　　2．装饰工程定额工程量计算规则

　　装饰装修工程项目工程量计算规则见表 8.36。

表 8.36　装饰装修工程项目工程量计算规则

序号	项目名称	计量单位	工程量计算规则
1	找平层、整体面层	m²	按主墙间的净空面积计算
2	墙面抹灰	m²	按墙面面积扣除门窗洞口及 0.3m² 以上的孔洞计算
3	柱面抹灰	m²	按设计图示尺寸以柱断面周长乘以高度计算
4	天棚抹灰	m²	以水平投影面积计算，带梁天棚，梁侧面抹灰并入天极抹灰计算。板式楼梯底面抹灰按斜面积计算。亭顶棚抹灰以展开面积计算，其人工和机械乘以系数 1.1
5	踢脚线	m²	以 "m²" 计算，不扣除门洞、空圈的长度，相应侧壁也不增加
6	块料装饰	m³	按实铺贴面积计算。楼地面门洞、空圈的开口部分工程量并入相应面积计算；附墙柱、梁等侧壁并入相应的墙面面积计算
7	木楼梯	m²	按水平投影面积计算；楼梯与楼面相连时，算至楼梯口梁外侧边沿，无楼梯梁者，算至最上级踏步边沿加 300mm
8	扶手、栏杆	m	按扶手中心线长度计算，斜扶手、栏板、栏杆长度按水平长度乘以系数 1.15 计算
9	隔断	m²	按框外围面积计算
10	普通木门窗	m²	按门窗洞口面积计算；成品木门按 "扇" 计算
11	金属门窗安装	m²	按门窗洞口面积计算
12	油漆工程	m²	按定额表中工程量计算规定乘以相应系数计算

混凝土仿古式构件油漆工程工程量计算系数见表 8.37。

表 8.37　混凝土仿古式构件油漆项目(多面涂刷按单面计算工程量)

项目系数	系数	工程量计算规定
柱、梁、架、桁、杭仿古构件	1.00	展开面积
古式栏杆	2.90	长×宽(满外量，不展开)
吴王靠	3.21	
挂落	1.00	延长米
封沿板	0.55	
混凝土座槛	0.55	

3. 装饰工程定额计量计价案例

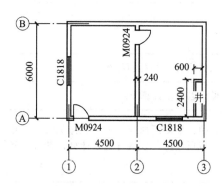

图 8.11　建筑平面图

楼面做法：

(1) 300mm×300mm 地砖面层密缝；

(2) 300mm 厚 1∶3 水泥砂浆结合层；

(3) 纯水泥浆一道；

(4) 30mm 厚细石混凝土找平层；踢脚线做法为 150mm 地砖。

套定额 7-44，基价 47.83 元/m²。

(4) 分项工程直接费计价表见表 8.38。

【例 8-9】　某园林建筑工程楼面建筑平面如图 8.11 所示，求楼地面工程直接工程费。（门窗框厚 100mm，居中布置，M1 为 900mm×2400mm，M2 为 900mm×2400mm，C1 为 1800mm×1800mm。）

解：

(1) 30mm 厚细石混凝土找平层：

$$S = (4.5 \times 2 - 0.24 \times 2) \times (6 - 0.24) - 0.6 \times 2.4$$
$$= 47.64 (\text{m}^2)$$

套定额 7-1，基价 9.69 元/m²。

(2) 300mm×300mm 地砖面层，30 厚 1∶3 水泥砂浆结合层，纯水泥浆一道：

$$S = 47.64 + 0.9 \times 0.24 \times 2 = 48.07 (\text{m}^2)$$

套定额 7-26，基价 40.34 元/m²。

(3) 地砖踢脚线：

$$S = [(4.5 - 0.24 + 6 - 0.24) \times 2 \times 2 - 0.9 \times 3 + (0.24 - 0.1) \div 2 \times 8] \times 0.15$$
$$= 5.69 (\text{m}^2)$$

表 8.38　分项工程直接费计价表

序号	定额编号	项目名称	单位	工程量	单价(元)	合价(元)
1	7-1	细石混凝土找平层(厚 30mm)	m²	47.64	9.69	462
2	7-26	地砖楼地面(周长 1200mm 以内)密缝换 30mm 厚 1∶3 水泥砂浆结合层	m²	48.07	40.34	1939
3	7-44	地砖踢脚线	m²	5.69	47.83	272
		小计	元			2673

8.4.3　装饰工程清单计量与计价

1. 楼地面装饰工程工程量清单计量与计价

楼地面装饰工程主要包括楼地面抹灰、楼地面镶贴、楼梯面层、其他材料面层、踢脚线、楼梯装饰、扶手、栏杆、栏板装饰、台阶装饰、零星装饰等项目。

工程量清单项目设置及工程量计算规则应按表 8.39～表 8.42 的规定执行。

表 8.39　楼地面抹灰(编号：011101)

项目编号	项目名称	项目特征	计量单位	工程量计算规则	工程内容
011101001	水泥砂浆楼地面	（1）垫层材料种类、厚度 （2）找平层厚度、砂浆配合比 （3）素水泥浆遍数 （4）面层厚度、砂浆配合比 （5）面层做法要求	m²	按设计图示尺寸以面积计算，扣除凸出地面构筑物、设备基础、室内管道、地沟等所占面积，不扣除间壁墙及≤0.3 m²柱、垛、附墙烟囱及孔洞所占面积。门洞、空圈、暖气包槽、壁龛的开口部分不增加面积	（1）基层清理 （2）垫层铺设 （3）抹找平层 （4）抹面层 （5）材料运输
011101003	细石混凝土楼地面	（1）垫层材料种类、厚度 （2）找平层厚度、砂浆配合比 （3）面层厚度、混凝土强度等级			（1）基层清理 （2）垫层铺设 （3）抹找平层 （4）面层铺设 （5）材料运输

表 8.40　楼地面镶贴(编号：011102)

项目编号	项目名称	项目特征	计量单位	工程量计算规则	工程内容
011102001	石材楼地面	（1）找平层厚度、砂浆配合比 （2）结合层厚度、砂浆配合比 （3）面层材料品种、规格、颜色 （4）嵌缝材料种类 （5）防护层材料种类 （6）酸洗、打蜡要求	m²	按设计图示尺寸以面积计算。门洞、空圈、暖气包槽、壁龛的开口部分并入相应的工程量内	（1）基层清理、抹找平层 （2）面层铺设、磨边 （3）嵌缝 （4）刷防护材料 （5）酸洗、打蜡 （6）材料运输
011102003	块料楼地面	（1）垫层材料种类、厚度 （2）找平层厚度、砂浆配合比 （3）结合层厚度、砂浆配合比 （4）面层材料品种、规格、颜色 （5）嵌缝材料种类 （6）防护层材料种类 （8）酸洗、打蜡要求			

表8.41　楼梯面层（编号：011106）

项目编号	项目名称	项目特征	计量单位	工程量计算规则	工程内容
011106001	石材楼梯面层	（1）找平层厚度、砂浆配合比 （2）贴结层厚度、材料种类 （3）面层材料品种、规格、颜色 （4）防滑条材料种类、规格 （5）勾缝材料种类 （6）防护层材料种类 （7）酸洗、打蜡要求	m²	按设计图示尺寸以楼梯（包括踏步、休息平台及≤500mm的楼梯井）水平投影面积计算。楼梯与楼地面相连时，算至梯口梁内侧边沿；无梯口梁者，算至最上一层踏步边沿加300mm	（1）基层清理 （2）抹找平层 （3）面层铺贴、磨边 （4）贴嵌防滑条 （5）勾缝 （6）刷防护材料 （7）酸洗、打蜡 （8）材料运输
011106002	块料楼梯面层				

表8.42　台阶装饰（编号：011107）

项目编号	项目名称	项目特征	计量单位	工程量计算规则	工程内容
011107001	石材台阶面	（1）找平层厚度、砂浆配合比 （2）粘结层材料种类 （3）面层材料品种、规格、颜色 （4）勾缝材料种类 （5）防滑条材料种类、规格 （6）防护材料种类	m²	按设计图示尺寸以台阶（包括最上层踏步边沿加300mm）水平投影面积计算	（1）基层清理 （2）抹找平层 （3）面层铺贴 （4）贴嵌防滑条 （5）勾缝 （6）刷防护材料 （7）材料运输
011107002	块料台阶面				

2. 墙、柱面工程工程量清单计量与计价

墙、柱面工程主要包括墙面抹灰、柱面抹灰、零星抹灰、墙面块料面层、零星镶帖块料、墙饰面、柱饰面、梁饰面、隔断、幕墙等项目。

墙面抹灰及块料工程量清单项目设置及工程量计算规则应按表8.43～表8.44的规定执行。

表8.43　墙面抹灰（编号：011201）

项目编号	项目名称	项目特征	计量单位	工程量计算规则	工程内容
011201001	墙面一般抹灰	（1）墙体类型 （2）底层厚度、砂浆配合比 （3）面层厚度、砂浆配合比 （4）装饰面材料种类 （5）分格缝宽度、材料种类	m²	按设计图示尺寸以面积计算	（1）基层清理 （2）砂浆制作、运输 （3）底层抹灰 （4）抹面层 （5）抹装饰面 （6）勾分格缝
011201002	墙面装饰抹灰				

表 8.44　墙面块料面层(编号：011204)

项目编号	项目名称	项目特征	计量单位	工程量计算规则	工程内容
011204001	石材墙面	(1) 墙体类型 (2) 安装方式 (3) 面层材料品种、规格、颜色 (4) 缝宽、嵌缝材料种类 (5) 防护材料种类 (6) 磨光、酸洗、打蜡要求	m²	按镶贴表面积计算	(1) 基层清理 (2) 砂浆制作、运输 (3) 粘结层铺贴 (4) 面层安装 (5) 嵌缝 (6) 刷防护材料 (7) 磨光、酸洗、打蜡
011204002	拼碎石材墙面				
011204003	块料墙面				
011204004	干挂石材钢骨架	(1) 骨架种类、规格； (2) 防锈漆品种遍数	t	按设计图示以质量计算	(1) 骨架制作、运输、安装 (2) 刷漆

3. 天棚工程工程量清单计量与计价

天棚工程主要包括天棚抹灰、天棚吊顶、天棚其他装饰等项目。

工程量清单项目设置及工程量计算规则应按表 8.45～表 8.47 的规定执行。

表 8.45　天棚抹灰(编号：011301)

项目编号	项目名称	项目特征	计量单位	工程量计算规则	工程内容
011301001	天棚抹灰	(1) 基层类型 (2) 抹灰厚度、材料种类 (3) 砂浆配合比	m²	按设计图示尺寸以水平投影面积计算，带梁天棚、梁两侧抹灰面积并入天棚面积内	(1) 基层清理 (2) 底层抹灰 (3) 抹面层

表 8.46　天棚吊顶(编号：011302)

项目编号	项目名称	项目特征	计量单位	工程量计算规则	工程内容
011302001	吊顶天棚	(1) 吊顶形式、吊杆规格、高度 (2) 龙骨材料种类、规格、中距 (3) 基层材料种类、规格 (4) 面层材料品种、规格 (5) 压条材料种类、规格 (6) 嵌缝材料种类 (7) 防护材料种类	m²	按设计图示尺寸以水平投影面积计算	(1) 基层清理、吊杆安装 (2) 龙骨安装 (3) 基层板铺贴 (4) 面层铺贴 (5) 嵌缝 (6) 刷防护材料

表 8.47　天棚其他装饰(编号：011304)

项目编号	项目名称	项目特征	计量单位	工程量计算规则	工程内容
011304001	灯带(槽)	(1) 灯带型式、尺寸 (2) 格栅片材料品种、规格 (3) 安装固定方式	m²	按设计图示尺寸以框外围面积计算	安装、固定

4. 其他装饰工程工程量清单计量与计价

其他装饰工程主要包括柜类、货架、装饰线、扶手、栏杆、栏板装饰、暖气罩、浴厕配件、雨篷、旗杆、招牌、灯箱、美术字等项目。

5. 门窗工程工程量清单计量与计价

门窗工程主要包括木门、金属门、金属卷帘门、其他门、木窗、金属窗、门窗套、窗帘盒、窗台板等项目。

工程量清单项目设置及工程量计算规则应按表 8.48～表 8.51 的规定执行。

表 8.48　木门(编号：010801)

项目编号	项目名称	项目特征	计量单位	工程量计算规则	工程内容
010801001	木质门	(1) 门代号及洞口尺寸 (2) 镶嵌玻璃品种、厚度	(1) 樘 (2) m²	(1) 以樘计量，按设计图示数量计算 (2) 以 m² 计量，按设计图示洞口尺寸以面积计算	(1) 门安装 (2) 玻璃安装 (3) 五金安装
010801002	木质门带套				
010801004	木质防火门	(1) 门代号及洞口尺寸 (2) 镶嵌玻璃品种、厚度			

表 8.49　金属门(编号：010802)

项目编号	项目名称	项目特征	计量单位	工程量计算规则	工程内容
010802001	金属(塑钢)门	(1) 门代号及洞口尺寸 (2) 门框或扇外围尺寸 (3) 门框、扇材质 (4) 玻璃品种、厚度	(1)樘 (2)m²	(1) 以樘计量，按设计图示数量计算； (2) 以 m² 计量，按设计图示洞口尺寸以面积计算	(1) 门安装 (2) 五金安装 (3) 玻璃安装
010802003	钢质防火门	(1) 门代号及洞口尺寸 (2) 门框或扇外围尺寸 (3) 门框、扇材质			
010802004	防盗门	(1) 门代号及洞口尺寸 (2) 门框或扇外围尺寸 (3) 门框、扇材质			(1) 门安装 (2) 五金安装

表 8.50　木窗（编号：020405）

项目编号	项目名称	项目特征	计量单位	工程量计算规则	工程内容
020405001	木质平开窗	（1）窗类型 （2）框材质、外围尺寸 （3）扇材质、外围尺寸 （4）玻璃品种、厚度、五金材料、品种、规格 （5）防护材料种类 （6）油漆品种、刷漆遍数	樘	按设计图示数量计算	（1）窗制作、运输、安装 （2）五金、玻璃安装 （3）刷防护材料、油漆
020405002	木质推拉窗				
020405003	矩形木百叶窗				
020405004	异形木百叶窗				
020405005	木组合窗				
020405006	木天窗				

表 8.51　金属窗（编号：010807）

项目编号	项目名称	项目特征	计量单位	工程量计算规则	工程内容
010807001	金属（塑钢、断桥）窗	（1）窗代号及洞口尺寸 （2）框、扇材质 （3）玻璃品种、厚度	（1）樘 （2）m²	（1）以樘计量，按设计图示数量计算 （2）以 m² 计量，按设计图示洞口尺寸以面积计算	（1）窗安装 （2）五金、玻璃安装
010807002	金属防火窗				
010807003	金属百叶窗				
010807004	金属纱窗	（1）窗代号及洞口尺寸 （2）框材质 （3）窗纱材料品种、规格			（1）窗安装 （2）五金安装

6. 油漆、涂料、裱糊工程工程量清单计量与计价

油漆、涂料、裱糊工程主要包括门油漆、窗油漆、扶手油漆、板条面油漆、线条面油漆、木材面油漆、金属面油漆、抹灰面油漆、喷刷涂料、裱糊等项目。

喷塑涂料工程量清单项目设置及工程量计算规则按表 8.52 的规定执行。

表 8.52　喷塑涂料（编号：011407）

项目编号	项目名称	项目特征	计量单位	工程量计算规则	工程内容
011407001	墙面喷塑涂料	（1）基层类型 （2）喷刷涂料部位 （3）腻子种类 （4）刮腻子要求 （5）涂料品种、喷刷遍数	m²	按设计图示尺寸以面积计算	（1）基层清理 （2）刮腻子 （3）刷、喷涂料
011407002	天棚喷刷涂料				
011407003	空花格、栏杆刷涂料	（1）腻子种类 （2）刮腻子遍数 （3）涂料品种、刷喷遍数	m²	按设计图示尺寸以单面外围面积计算	（1）基层清理 （2）刮腻子 （3）刷、喷涂料

（续）

项目编号	项目名称	项目特征	计量单位	工程量计算规则	工程内容
011407005	金属构件刷防火涂料	（1）喷刷防火涂料构件名称 （2）防火等级要求 （3）涂料品种、喷刷遍数	（1）m² （2）t	（1）以 t 计量，按设计图示尺寸以质量计算 （2）以 m² 计量，按设计展开	（1）基层清理 （2）刷防护材料、油漆
011407006	木材构件喷刷防火涂料		（1）m² （2）m³	（1）以 m² 计量，按设计图示尺寸以面积计算 （2）以 m³ 计量，按设计结构尺寸以体积计算	（1）基层清理 （2）刷防火材料

7. 装饰工程清单计量计价案例

【例 8-10】 某景区传达室如图 8.12 所示，地面采用 20mm 厚 1∶3 水泥砂浆找平，1∶3 水泥砂浆铺贴 600mm×600mm 地砖面层；踢脚线采用同地面相同品质地砖，踢脚线高 150mm，采用 1∶2 水泥砂浆粘贴。试编制面砖地面和踢脚线的工程量清单。（本例垫层不要求计算）并且按照浙江省 2003 版建筑工程预算定额计算该工程清单综合单价。假设当时当地人工市场价 30 元/工日，灰浆搅拌机 200L 市场价 44.69 元/台班，企业管理费按人工费及机械费之和的 20%，利润按人工费及机械费之和的 12%，风险费按 0 计算。

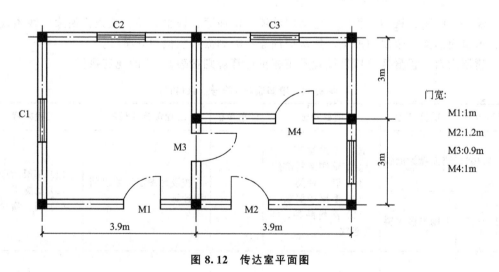

图 8.12 传达室平面图

解：

（1）清单项目设置。

011102003001 块料楼地面。

011105003001 块料踢脚线。

（2）工程量计算。

地面面积为：

$(3.9-0.24)\times(6-0.24)+(3.9-0.24)\times(3-0.24)\times2=41.29(m^2)$

踢脚线面积＝（内墙净长－门洞口＋洞口边）×高度

$=[(3.9-0.24)\times6+(6-0.24)\times2+(3-0.24)\times4-(1+1.2+0.9\times2+1\times2)+$

$(0.24-0.095)\times4]\times0.15$

$=39.10\times0.15=5.87(m^2)$

注：在面层和底层全部相同时，可按上述简化方法计算；但如各间面层材料不同时，应分别按各主墙间的面积计算。

（3）按照"计价规范"的计价格式要求编列清单见表 8.53。

表 8.53 分部分项工程量清单

工程名称：景区传达室

序号	项目编码	项目名称	计量单位	工程数量
1	011102003001	块料楼地面：1∶3 水泥砂浆找平厚20mm，1∶3 水泥砂浆铺贴 600mm×600mm 地砖面层，酸洗打蜡	m^2	41.29
2	011105003001	块料踢脚线：1∶2 水泥砂浆粘贴地砖，高 150mm，面层酸洗打蜡	m^2	5.87

按照题意，该清单项目组合内容有块料面层铺设，水泥砂浆找平和块料面层打蜡。

（1）清单工程量。

块料面积为 $41.29m^2$，踢脚线面积为 $5.87m^2$。

（2）本例套用某企业定额。

（3）综合单价计算分析见表 8.54。

表 8.54 分部分项工程量清单综合单价分析表

序号	清单编码	项目名称	工程内容	其中						综合单价（元）
				人工费（元）	材料费（元）	机械使用费（元）	管理费（元）	利润（元）	风险费（元）	
1	011102 003001	块料地面 (600mm×600mm) 地砖，1∶3 水泥砂浆找平，面层打蜡	贴地砖	7.85	75.80	0.16	1.60	0.96	0	86.37
			找平	1.95	3.53	0.13	0.42	0.25	0	6.28
			打蜡	1.41	0.63		0.28	0.17	0	2.49
			小计	11.19	79.95	0.29	2.30	1.38	0	95.14
2	011105 003001	面砖踢脚线	踢脚线	14.43	74.28	0.08	2.90	1.74	0	93.43
			打蜡	1.39	0.63		0.28	0.17	0	2.47
			小计	15.82	74.91	0.08	3.18	1.91	0	95.90

（4）清单计价表编制见表 8.55。

表 8.55　分部分项工程量清单计价表

工程名称：某传达室

序号	项目编码	项目名称	计量单位	工程数量	金额(元)	
					综合单价	合计
1	011102003001	块料地面，水泥砂浆找平层，厚 20mm	m²	41.29	95.14	3928
2	011105003001	面砖踢脚线，150mm	m²	5.87	95.90	563
3		合计			4491	

习　题

一、填空题

1. 计价表规定：土、石方挖方体积应按_____计算。

2. 平整场地工程量按建筑物外墙边线每边各加_____以"m²"计算。

3. 基础垫层是指砖、混凝土、钢筋混凝土等基础下的垫层，按图示尺寸以_____计算。

4. 全玻幕墙按设计图示尺寸以_____计算。带肋全玻幕墙按_____计算。

5. 块料台阶面工程量按设计图示尺寸以_____水平投影面积计算。

二、选择题

1. 平整场地是指厚度在（　　）以内的就地挖填、找平。

　　A. 10cm　　　　　B. 30cm　　　　　C. 40cm　　　　　D. 50cm

2. 天棚抹灰面积按主墙间的净面积以 m² 计算，不扣除（　　）以内的通风孔、灯槽等所占的面积。

　　A. 0.1m²　　　　B. 0.3m²　　　　C. 0.5m²　　　　D. 1.0m²

3. 铺花岗岩板面层工程量按（　　）计算。

　　A. 主墙间净面积　　　　　　　　　B. 墙中线面积

　　C. 墙外围面积　　　　　　　　　　D. 墙净面积×下料系数

4. 装饰高度在（　　）时，执行满堂脚手架的"基本层"定额。

　　A. 0.6～1.2m　　　B. 1.2～4.5m　　　C. 4.5～5.2m　　　D. 5.2～5.8m

5. 外墙抹灰面积，不扣除（　　）以内的空洞等所占的面积。

　　A. 0.1m²　　　　B. 0.3m²　　　　C. 0.5m²　　　　D. 1.0m²

6. 以下按实铺面积计算工程量的是（　　）。

　　A. 整体面层　　　B. 找平层　　　C. 块料面层　　　D. 踏步平台表面积

三、思考题

1. 请总结土石方工程清单工程量计算规则和浙江省定额工程量计算规则之间的相同和不同点。

2. 简述钢筋长度的计算方法。

3. 简述打桩工程定额工程量计算规则。

4. 总结现浇混凝土柱柱高的计算方法。

5. 描述块料墙面的项目特征。

四、案例分析

某工程基础平面图如图 8.13 所示，现浇钢筋混凝土带形基础、独立基础的尺寸见图。混凝土垫层强度等级为 C15，混凝土基础强度等级为 C20，按外购商品混凝土考虑。混凝土垫层支模板浇筑，工作面宽度 300mm，槽坑底面用电动夯实机夯实，费用计入混凝土垫层和基础中。

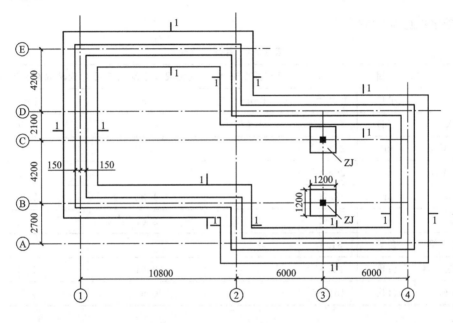

(a) 基础平面图

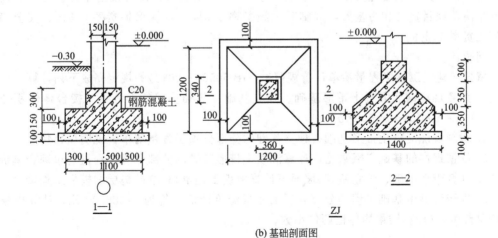

(b) 基础剖面图

图 8.13 某工程基础平面图和剖面图

直接工程费单价见表 8.56。

表 8.56　直接工程费单价表

序号	项目名称	计量单位	费用组成(元)			
			人工费	材料费	机械使用费	单价
1	带形基础组合钢模板	m²	8.85	21.53	1.60	31.98
2	独立基础组合钢模板	m²	3.32	19.01	1.39	28.72
3	垫层木模板	m²	3.58	21.64	0.46	25.68

基础定额见表 8.57。

表 8.57　基础定额表

项　　目			基础槽底夯实	现浇混凝土基础垫层	现浇混凝土带形基础
名称	单位	单价(元)	100m²	10m²	10m²
综合人工	工日	52.36	1.42	7.33	9.56
混凝土 C15	m²	252.40		10.15	
混凝土 C20	m²	266.05			10.15
草袋	m²	2.25		1.36	2.52
水	m²	2.92		3.67	9.19
电动打夯机	台班	31.54	0.56		
混凝土振捣器	台班	23.51		0.61	0.77
翻斗车	台班	154.80		0.62	0.78

依据《建设工程工程量清单计价规范》(GB 50500—2013)计算原则,以人工费机械使用费之和为基数,取管理费率 15%、利润率 4%;以分部分项工程量清单计价合计和模板及支架清单项目费之和为基数,取临时设施费率 1.5%、环境保护费率 0.8%、安全和文明施工费率 1.8%。

问题:

依据《建设工程工程量清单计价规范》(GB 50500—2013)的规定完成下列计算。

1. 计算现浇钢筋混凝土带形基础、独立基础、基础垫层的工程量。棱台体体积公式为 $V = 1/3 \times h \times (a^2 + b^2 + a \times b)$。

2. 编制现浇混凝土带形基础、独立基础的分部分项工程量清单,说明项目特征。

3. 依据提供的基础定额数据,计算混凝土带形基础的分部分项工程量清单综合单价。

4. 计算带形基础、独立基础(坡面不计算模板工程量)和基础垫层的模板工程量。

5. 现浇混凝土基础工程的分部分项工程量清单计价合价为 57686.00 元,计算措施项目清单费用。(计算结果均保留两位小数。)

第**9**章
园林工程结算与竣工决算

竣工结算与竣工决算能对园林工程建设的质量与工程完成实际情况进行客观地反映，也是对建设工程造价的核定依据，更是新固定资产价值核定的依据。竣工结算与施工单位的利益有着紧密的关系。园林建设工程施工图预算的准确性将会直接影响到竣工结算的准确度。在结算时要充分了解定额子目分项布局，熟悉工程量相关计算规则，对图纸进行认真审阅，特别是总平面布置图，掌握整个园林工程的全貌。在园林项目施工过程中，广泛收集与结算工作有关的资料，不仅可以保障结算标志内容的完整性，而且可以保证竣工结算工作的顺利开展，最大限度地避免在工作开展过程中出现的问题，因此非常重要。

教学目标

1. 掌握园林工程竣工结算的含义、方式、内容和编制方法。
2. 掌握园林工程竣工决算的含义、作用、内容和编制方法。
3. 理解竣工结算和竣工决算的主体。

教学要求

知识要点	能力要求	相关知识
竣工结算	（1）了解园林工程结算分类和工程价款结算与付款 （2）掌握工程价款结算的方式	工程价款
预付备料款	（1）了解工程备料款及备料款的抵扣 （2）掌握工程竣工结算的编制	工程预付款 工程进度款
竣工决算	（1）了解建设工程竣工决算的概念、作用和编制主体 （2）掌握工程竣工决算的编制方法，决算与结算的差异	竣工决算书

基本概念

工程价款：建筑企业因承包工程项目，按合同规定和工程结算办法的规定，将已完工程或竣工工程向发包单位办理结算而取得的价款。

工程预付款：又称材料备料款或材料预付款。它是发包人为了帮助承包人解决工程施工前期资金紧张的困难而提前给付的一笔款项。工程是否实行预付款，取决于工程性质、承包工程量的大小以及发包人在招标文件中的规定。

工程进度款：在施工过程中，按逐月（或形象进度、或控制界面等）完成的工程数量计算的各项费用总和。

工程索赔：在工程合同履行过程中，合同当事人一方因对方不履行或未能正确履行合同或者由于其他非自身因素而受到经济损失或权利损害，通过合同规定的程序向对方提出经济或时间补偿要求的行为。

工程保修金：建筑工程中，"质量保修金"是指建设单位与施工单位在建设工程承包合同中约定或施工单位在工程保修书中承诺，在建筑工程竣工验收交付使用后，从应付的建设工程款中预留的用以维修建筑工程在保修期限和保修范围内出现的质量缺陷的资金。

 引例

毛白杨的价款结算

在某园林工程投标报价中，胸径 10cm 的毛白杨综合单价为 1130 元，清单数量 15 株，合价为 16950 元。在该工程竣工结算时，胸径 10cm 的毛白杨实际栽植数量为 22 株，那么，我们应该如何对毛白杨的价款进行结算呢？

9.1 园林工程结算

9.1.1 园林工程价款结算

竣工结算是施工企业在所承包的工程全部完工后，经质量验收合格，达到合同要求后，向建设单位最后一次办理结算工程价款的手续，由企业预算部门负责编制。竣工结算是反映该工程的预算成本，由施工单位用来作为内部考核实际的工程费用的依据。竣工结算也是建设单位竣工决算的一个重要组成部分。

实行招标的工程合同价款应在中标通知书发出之日起 30 天内，由发、承包双方依据招标文件和中标人的投标文件在书面合同中约定。不实行招标的工程合同价款，在发、承包双方认可的工程价款基础上，由发、承包双方在合同中约定。

实行招标的工程，合同约定不得违背招、投标文件中关于工期、造价、质量等方面的实质性内容。采用工程量清单计价的工程宜采用单价合同。

园林工程竣工结算计价形式与建筑安装工程承包合同计价方式一样，根据计价方式的不同，一般情况可以分为 3 种类型，即总价合同、单价合同和成本加酬金合同。

（1）总价合同。所谓总价合同是指支付给施工企业的款项在合同中是一个"规定金额"，即总价。它是以图纸和工程说明书为依据，由施工企业与建设单位经过商定做出的。总价合同按其是否可调整，可分为以下两种不同形式。

① 不可调整总价合同。这种合同的价格计算是以图纸及规定、法规为基础，承发包双方就承包项目协商的一个固定总价，由施工企业一笔包死，不能变化。合同总价只有在设计和工程范围有所变更的情况下，才能随之做相应的变更，除此之外，合同总价是不能变动的。

② 可调整总价合同。这种合同一般也是以图纸及规定、规范为计算基础，但它是以"时价"进行计算的。这是一种相应固定的价格。在合同执行过程中，由于市场变化而使所用的工料成本、人工成本等增加，可对合同总价进行相应的调整。

（2）单价合同。在施工图纸不完整，或当准备发包的工程项目内容、技术、经济指标一时尚不能准确、具体地给予规定价格时，往往要采用单价合同形式。单价合同又因情况不同，可分为以下3种形式。

① 估算工程量单价合同。这种合同形式是施工单位在报价时，按照招标文件中提供的估算工程量，报工程单价。结算时按实际完成工程量结算。

② 纯单价合同。采用这种合同形式时，建设单位只对建设工程的有关分部、分项工程，以及工程范围做出规定，不需对工程量做任何规定。施工单位在投标时，只需对这种给定范围的分布、分项工程做出报价，而工程量则按实际完成的数量结算。

③ 单价合同。这种合同形式主要适用于工程内容及其技术经济指标尚未全面确定，投标报价的依据尚不充分的情况下，建设单位因工期要求紧迫，必须发包的工程；或者建筑单位与施工企业之间具有高度的信任，施工企业在某些方面具有独特的技术、特长和经验的工程。

（3）成本加酬金合同。这种合同是将工程项目的实际投资划分成直接成本费和承包方完成工作后应得酬金两部分。工程实施过程中发生的直接成本费由发包方实报实销，再按合同约定的方式另外支付给承包方相应报酬。这种合同计价方式主要适用于：工程内容及技术经济指标尚未全面确定，投标报价的依据尚不充分的情况下，发包方因工期要求紧迫，必须发包的工程；发包方与承包方之间有着高度的信任，承包方在某些方面具有独特的技术、特长或经验。由于在签订合同时，发包方提供不出可供承包方准确报价所必需的资料，报价缺乏依据，因此，在合同内只能商定酬金的计算方法。成本加酬金合同广泛地适用于工作范围很难确定的工程和在设计完成之前就开始施工的工程。

9.1.2 园林工程价款结算的方式

根据我国相关规定，工程进度款的拨付有以下几种方式。

（1）按月结算与支付。即实行按月支付进度款，竣工后清算的办法。合同工期在两个年度以上的工程，在年终进行工程盘点，办理年度结算。

（2）分段结算与支付。即当年开工、当年不能竣工的工程按照工程形象进度，划分不同阶段支付工程进度款。具体划分在合同中明确。

（3）竣工后一次结算。建设项目或单项工程全部建筑安装工程建设期在12个月以内，或者工程承包合同价值在100万元以下的，可以实行工程价款每月月中预支，竣工后一次结算。

（4）其他结算方式。

施工企业在采用按月结算工程价款方式时，要先取得各月实际完成的工程数量，并按照工程预算定额中的工程直接费预算单价、间接费用定额和合同中采用利税率，计算出已完工程造价。实际完成的工程数量，由施工单位根据有关资料计算，并编制已完工程月报表，然后按照发包单位编制已完工程月报表，将各个发包单位的本月已完工程造价汇总反映。再根据已完工程月报表编制工程价款结算账单，与已完工程月报表一起，分送发包单位和经办银行，据以办理结算。

施工企业在采用分段结算工程价款方式时，要在合同中规定工程部位完工的月份，根据已完工程部位的工程数量计算已完工程造价，按发包单位编制已完工程月报表和工程价款结算账单。

对于工期较短、能在年度内竣工的单项工程或小型建设项目，可在工程竣工后编制工程价款结算账单，按合同中工程造价一次结算。

工程价款结算账单是办理工程价款结算的依据。工程价款结算账单中所列应收工程款应与随同附送的已完工程月报表中的工程造价相符，工程价款结算账单除了列明应收工程款外，还应列明应扣预收工程款、预收备料款、发包单位供给材料价款等应扣款项、算出本月实收工程款。

为了保证工程按期收尾竣工，工程在施工期间，不论工程长短，其结算工程款，一般不得超过承包工程价值的95%，结算双方可以在5%的幅度内协商确定尾款比例，并在工程承包合同中订明。施工企业如已向发包单位出具履约保函或有其他保证的，可以不留工程尾款。

已完工程月报表和工程价款结算账单的格式见表9.1和表9.2。

表9.1　已完工程月报表

发包单位名称：　　　　　年　月　日　　　　　　　　　元

单项工程和单位工程名称	合同造价	建筑面积	开工日期		实际完成数		备注
			开工日期	竣工日期	至上月(期)止已完工工程累计	本月(期)已完工程	

施工企业：　　　　　　　　　　　　　　　　　编制日期：　年　月　日

表9.2　工程价款结算账单

建设单位名称：　　　　　年　月　日　　　　　　　单位：元

单项工程项目名称	合同预算(或标书)	本期工程形象进度	本期应收工程款	本期应抵扣款项					本期实收数	期末备料款余额	本期止已收工程款累计
				合计	预支工程款	预收备料款	建设单位供应材料款	各种往来款			
1	2	3	4	5	6	7	8	9	10	11	12

承包单位(乙方)：　　　　建设单位(甲方)审查意见：　　　审价机构定意见：
　(签章)　　　　　　　　　(签章)　　　　　　　　　(签章)

说明：(1) 本账单由承包单位在进行工程价款结算时填列。其中：工程进度价款由建设单位审查签署意见后，办理结算；竣工结算工程价款，由建设单位签署审查意见，送审价机构审定后，办理结算。

(2) 第3栏："本期工程形象进度"以文字说明方式填列，如基础完、机构完等。

(3) 第4栏："本期应收工程款"应根据已完工程进度数填列。

(4) 甲方在填写审查意见时，应填写本期同意实际支付的工程款数额。

(5) 第5~9栏是指本期工程价款中应作抵扣的款项。

9.1.3 园林工程预付款支付

施工企业承包工程，一般都实行包工包料，这就需要有一定数量的备料周转金。在工程承包合同条款中，一般要明文规定发包单位(甲方)在开工前拨付给承包单位(乙方)一定限额的工程预付备料款。此预付款构成施工企业为该承包工程项目储备主要材料、结构件所需的流动资金。

《建设工程工程量清单计价规范》(GB 50500—2013)有关工程预付款的规定如下。承包人应在签订合同或向发包人提供与预付款等额的预付款保函(如有)后向发包人提交预付款支付申请。发包人应对在收到支付申请的 7 天内进行核实后向承包人发出预付款支付证书，并在签发支付证书后的 7 天内向承包人支付预付款。发包人没有按时支付预付款的，承包人可催告发包人支付；发包人在付款期满后的 7 天内仍未支付的，承包人可在付款期满后的第 8 天起暂停施工。发包人应承担由此增加的费用和(或)延误的工期，并向承包人支付合理利润。预付款的支付比例不宜高于合同价款的 30%。

工程预付款仅用于承包方支付施工开始时与本工程有关的动员费用。如承包方滥用此款，发包方有权力立即收回。在承包方向发包方提交金额等于预付款数额(发包方认可的银行开出)的银行保函后，发包方按规定的金额和规定的时间向承包方支付预付款，在发包方全部扣回预付款之前，该银行保函将一直有效。当预付款被发包方扣回时，银行保函金额相应递减。但在预付款全部扣回之前一直保持有效。发包人应在预付款扣完后的 14 天内将预付款保函退还给承包人。

1. 工程预付款的限额

园林工程预付款额度，各地区、各部门的规定不完全相同，主要是保证施工所需材料和构件的正常储备。一般是根据施工工期、建筑安装工作量、主要材料和构件费用占建筑安装工作量的比例以及材料储备周期等因素经测算来确定。

(1) 在合同条件中约定。发包人根据工程的特点、工期长短、市场行情、供求规律等因素，招标时在合同条件中约定工程预付款的百分比。

(2) 公式计算法。公式计算法是根据主要材料(含结构件等)占年度承包工程总价的比重，材料储备定额天数和年度施工天数等因素，通过公式计算预付备料款额度的一种方法。

其计算公式为：

$$工程预付款数额 = \frac{工程总价 \times 材料比重\%}{年度施工天数} \times 材料储备定额天数 \qquad (9.1)$$

$$工程预付款比率 = \frac{工程预付款数额}{工程总价} \times 100\% \qquad (9.2)$$

式中：年度施工天数按 365 天日历天计算；材料储备定额天数由当地材料供应的在途天数、加工天数、整理天数、供应间隔天数、保险天数等因素决定。

2. 预付款的扣回

发包单位拨付给承包单位的预付款属于预支性质，到了工程实施后，随着工程所需主要材料储备的逐步减少，应以抵充工程价款的方式陆续扣回。扣款的方法如下。

（1）可以从未施工工程尚需的主要材料及构件的价值相当于预付款数额时起扣，从每次结算工程价款中，按材料比重扣抵工程价款，竣工前全部扣清。其基本表达公式为：

$$T = P - \frac{M}{N} \tag{9.3}$$

式中：T——起扣点，即预付备料款开始扣回时的累计完成工作量金额；

　　　M——预付款限额；

　　　N——主要材料所占比重；

　　　P——承包工程价款总额。

（2）扣款的方法也可以在承包方完成金额累计达到合同总价的一定比例后，由承包方开始向发包方还款，发包方从每次应付给承包方的金额中扣回工程预付款，发包方至少在合同规定的完工期前将工程预付款的总计金额逐次扣回。发包方不按规定支付工程预付款，承包方按《建设工程施工合同（示范文本）》第 21 条享有权力。

在实际经济活动中，情况比较复杂，有些工程工期较短，就无需分期扣回。有些工程工期较长，如跨年度施工，预付款可以不扣或少扣，并于次年按应预付款调整，多退少补。具体地说，跨年度工程，预计次年承包工程价值大于或相当于当年承包工程价值时，可以不扣回当年的预付款，如小于当年承包工程价值时，应按实际承包工程价值进行调整，在当年扣回部分预付款，并将未扣回部分转入次年，直到竣工年度，再按上述办法扣回。

9.1.4　园林工程进度款支付

《建设工程工程量清单计价规范》（GB 50500—2013)有关工程进度款的规定如下。承包人应在每个计量周期到期后的 7 天内向发包人提交已完工程进度款支付申请一式四份，详细说明此周期自己认为有权得到的款额，包括分包人已完工程的价款。发包人应在收到承包人进度款支付申请后的 14 天内根据计量结果和合同约定对申请内容予以核实。确认后向承包人出具进度款支付证书。发包人应在签发进度款支付证书后的 14 天内，按照支付证书列明的金额向承包人支付进度款。

除合同另有约定外，进度款支付申请应包括下列内容：①累计已完成工程的工程价款；②累计已实际支付的工程价款；③本期间完成的工程价款；④本期间已完成的计日工价款；⑤应支付的调整工程价款；⑥本期间应扣回的预付款；⑦本期间应支付的安全文明施工费；⑧本期间应支付的总承包服务费；⑨本期间应扣留的质量保证金；⑩本期间应支付的、应扣除的索赔金额；⑪本期间应支付或扣留（扣回）的其他款项；⑫本期间实际应支付的工程价款。

对实行工程量清单计价的工程，应采用单价合同方式，即合同约定的工程价款中所包含的工程量清单项目综合单价在约定条件内是固定的，不予调整，工程量允许调整。工程量清单项目综合单价在约定的条件外，允许调整。调整方式、方法应在合同中约定。若合同未作约定，可参照以下原则办理：①当工程量清单项目工程量的变化幅度在 10％以内时，其综合单价不作调整，执行原有综合单价；②当工程量清单项目工程量的变化幅度在 10％以外，且其影响分部分项工程费超过 0.1％时，其综合单价以及对应的措施费（如有）均应作调整。调整的方法是由承包人对增加的工程量或减少后剩余的工程量提出新的综合单价和措施项目费，经发包人确认后调整。

9.1.5 园林工程竣工结算

《建设工程工程量清单计价规范》（GB 50500—2013)有关工程竣工结算的规定如下。发包人应在收到承包人提交竣工结算款支付申请后 7 天内予以核实，向承包人签发竣工结算支付证书。发包人应在收到承包人支付工程竣工结算款申请后 14 天内支付结算款；发包人未按照规定支付竣工结算款的，承包人可催告发包人支付，并有权获得延迟支付的利息。竣工结算支付证书签发后 56 天内仍未支付的，除法律另有规定外，承包人可与发包人协商将该工程折价，也可直接向人民法院申请将该工程依法拍卖。承包人就该工程折价或拍卖的价款优先受偿。承包人未在规定的时间内提交竣工结算文件，经发包人督促后 14 天内仍未提交或没有明确答复，发包人有权根据已有资料编制竣工结算文件，作为办理竣工结算和支付结算款的依据，承包人应予以认可。

1. 竣工结算的原则

(1) 凡编制竣工结算的项目，必须是具备结算条件的工程。也就是必须经过交工验收的工程项目，而且要在竣工报告的基础上，实事求是地对工程进行清点和计算，凡属未完的工程、未经交工验收的工程和质量不合格的工程，均不能进行竣工结算，需要返工的工程或需要修补的工程，必须在返工和修补后并经验收检查合格后方能进行竣工结算。

(2) 要本着对国家认真负责的精神编制竣工结算书，并要正确地确定工程的最终造价，不得巧立名目、弄虚作假。

(3) 要严格按照国家和所在地区的预算定额、取费规定和施工合同的要求进行编制。

(4) 施工图预算书等结算资料必须齐全，并严格按竣工结算编制程序进行编制。

2. 竣工结算的依据

在办理竣工结算时，应具备下列依据。

(1) 工程竣工报告、竣工图和竣工验收单。

(2) 工程施工合同或施工协议书。

(3) 施工图预算书或招投标工程的合同单价、经过审批的补充修正预算书以及施工过程中的中间结算账单。

(4) 设计技术交底及图纸会审记录资料。

(5) 工程中因增减设计变更、材料代用而引起的工程量增减账单。

(6) 经建设单位签证认可的施工技术措施、技术核定单。

(7) 各种涉及工程造价变动的资料。

3. 编制竣工结算的内容及方法

竣工结算以单位工程的增减费用或竣工结算的费用的计算为主要内容。而单位工程的增减费用，或竣工结算的费用计算方法是指在施工图预算，或中标标价，或前一次增减费用的基础上，增加或者减少本次费用的变更部分，应计取各项费用的内容及使用各种表格均要和施工图预算内容相同，它包括直接费、间接费、计划利润和税金。竣工结算的编制一般有两种方法。

（1）工程实施过程中发生变化较大的工程。对这类工程，必须根据设计变更资料，重新绘制竣工图。在双方认可的竣工图基础上，依据有关资料，重新计算工程项目，编制工程竣工造价结算书。这种方法正确程度较高，但需大量的时间、精力，往往影响工程款项的及时回收。对绿化种植工程而言，这种情况发生较少，这种方法也较少采用。

（2）工程实施过程中发生变化不大的工程。对这类工程，常采用以原有施工图、合同造价为基础，根据合同规定的计价方法，对照原有资料相应增减，适当调整，最终作为竣工结算造价的方法。这种方法在绿化种植工程中运用较普遍，具体做法如下。

（1）直接费增减表计算。这个部分主要是计算直接费增加和减少的费用。

① 计算变更增减部分。

变更增加：图纸设计变更需要增加的项目和数量。应在工程量及价值前标注"＋"号。

变更减少：图纸设计变更需要减少的项目和数量。应在工程量及价值前标注"－"号。

增减小计：上述两项之和，"＋"表示增加费用，"－"表示减少费用。

② 现场签证增减部分。

③ 增减合计。指上述①、②项增减之和，结果增加以"＋"表示，减少以"－"表示。

（2）直接费调整总表计算。即计算经增减调整后的直接费合计数量。计算过程如下。

① 原工程直接费（或上次调整直接费）第一次调整填原预算或中标标价直接费；第二次以后的调整填上次调整费用的直接数。

② 本次增减额：填上述①中的计算结果数。

③ 本次直接费合计：上述（1）中①、②项的费用之和。

（3）费用总表计算。无论是工程费用或是竣工结算的编制，其各项费用及造价计算方法与编制施工图预算的方法相同。

（4）增减费用的调整及竣工结算。增减费用的调整及竣工结算属于调整工程造价的两个不同阶段，前者是中间过渡阶段，后者是最后阶段。无论是哪一个阶段，都有若干项目的费用要进行增减计算，其中有与直接费用有直接关系的项目，也有与直接费间接发生关系的项目，其中有些项目必须立即处理，有些项目可以暂缓处理，这些应根据费用的性质、数额的大小、资料是否正确等情况，分不同阶段来处理。现在介绍部分不同情况时，对下列问题采取不同阶段的处理方法。

① 材料调价。明确分阶段调整的，或还有其他明文调整办法规定的差价，其调整项目应及时调整，并列入调整费用中。规定不明确的要暂后调整。

② 重大的现场经济签证应及时编制调整费用文件，一般零星签证，可以在竣工结算时一次处理完。

③ 原预算或标书中的甩项，如果图纸已经确定，应立即补充，尚未明确的继续甩项。

④ 属于图纸变更，应定期及时编制费用调整文件。

⑤ 对预算或标书中暂估的工程量及单价，可以到竣工结算时再做调整。

⑥ 实行预算结算的工程，在预算实施过程中，如果发现预算有重大的差别，除个别重大问题，应急需调整的立即处理以外，其余一般可以到竣工结算时一并调整。其中包括工程量计算错误、单价差、套错定额子目等；对招标中标的工程，一般不能调整。

⑦ 定额多次补充的费用，调整文件所规定的费用调整项目，可以等到竣工结算时一次处理，但重大特殊的问题应及时处理。

4. 竣工结算的审定

工程竣工结算的审查规定审查时间：①500 万元以下，从接到竣工结算报告和完整的竣工结算资料之日起 20 天；②500 万～2000 万元，从接到竣工结算报告和完整的竣工结算资料之日起 30 天；③2000 万～5000 万元，从接到竣工结算报告和完整的竣工结算资料之日起 45 天；④5000 万元以上，从接到竣工结算报告和完整的竣工结算资料之日起 60 天。

发包人以对工程质量有异议，拒绝办理工程竣工结算的，已竣工验收或已竣工未验收但实际投入使用的工程，应就有争议的部分委托有资质的检测鉴定机构进行检测，根据检测结果确定解决方案，其质量争议按该工程保修合同执行。竣工结算按合同约定办理。

【例 9-1】 某园林工程项目由 A、B、C 三个分项工程组成，采用工程量清单招标确定中标人，合同工期 5 个月。各月计划完成工程量及综合单价见表 9.3，承包合同规定如下。

表 9.3　各月计划完成工程量及综合单价表　　　　计量单位：m³

工程名称	第1月	第2月	第3月	第4月	第5月	综合单价(元)
分项工程名称 A	500	600				180
分型工程名称 B		750	800			480
分型工程名称 C			950	1100	1000	375

（1）开工前发包方向承包方支付分部分项工程费的 15％作为材料预付款。预付款从工程开工后的第 2 个月开始分 3 个月均摊抵扣。

（2）工程进度款按月结算，发包方每月支付承包方应得工程款的 90％。

（3）措施项目工程款在开工前和开工后第 1 个月末分两次平均支付。

（4）分项工程累计实际完成工程量超过计划完成工程量的 10％时，该分项工程超出部分的工程量的综合单价调整系数为 0.95。

（5）措施项目费以分部分项工程费用的 2％计取，其他项目费 20.86 万元，规费综合费率 3.5％（以分部分项工程费、措施项目费、其他项目费之和为基数），税金率 3.35％。

问题：1. 工程合同价为多少万元？

2. 列式计算材料预付款、开工前承包商应得措施项目工程款。

3. 根据表 9.4 计算第 1、2 月造价工程师应确认的工程进度款各为多少万元。

表 9.4　第 1、2、3 月实际完成的工程量表

计量单位：m³

工程名称	第 1 月	第 2 月	第 3 月
分项工程名称 A	630	600	
分项工程名称 B		750	1000
分项工程名称 C			950

4. 简述承发包双方对工程施工阶段的风险分摊原则。

解：问题 1：

分部分项工程费用为：

$(500+600)×180+(750+800)×480+(950+1100+1000)×375=208.58$（万元）。

措施项目费为：$208.58×2\%=4.17$（万元）。

其他项目费为：20.86 万元。

工程合同价为：$(208.58+4.17+20.86)×(1+3.5\%)×(1+3.35\%)=233.61×1.035×1.0335=249.89$（万元）。

问题 2：

材料预付款：$208.58×15\%=31.29$（万元）。

开工前承包商应得措施项目工程款：

$4.17×(1+3.5\%)×(1+3.35\%)×50\%=2.23$（万元）。

问题 3：

第 1 月：$630×180×(1+3.5\%)×(1+3.35\%)×90\%+41700×50\%×(1+3.5\%)×(1+3.35\%)=13.15$（万元）。

第 2 月：

A 分项：

$630+600=1230$（元）

$(1230-1100)÷1100=11.82\%>10\%$

$[1230-1100×(1+10\%)]×180×0.95+580×180=107820.00$（元）

B 分项为：$750×480=360000.00$（元）。

合计为：$(107820+360000)×(1+3.5\%)×(1+3.35\%)×90\%-312900÷3=34.61$（万元）。

问题 4：

(1) 对于主要由市场价格浮动导致的价格风险，承发包双方合理分摊。

(2) 不可抗力导致的风险，承发包双方各自承担自己的损失。

(3) 发包方承担的其他风险包括：

① 法律、法规、规章或有关政策出台，造成的施工风险，应按有关调整规定执行；

② 发包人原因导致的损失；

③ 设计变更、工程洽商；

④ 工程地质原因导致的风险；

⑤ 工程量清单的变化，清单工作内容项目特征描述不清的风险等。

（4）承包人承担的其他风险包括：

① 承包人根据自己技术水平、管理、经营状况能够自主控制的风险；

② 承包人导致的施工质量，工期延误；

③ 承包人施工组织设计不合理的风险等。

5. 竣工结算案例

本竣工结算案例如下。

某度假村景观绿化工程

竣工结算总价

中标价（小写）：198259.05 　　　　　　　（大写）：壹拾玖万捌仟贰佰伍拾玖元零角伍分

结算价（小写）：183968.61 　　　　　　　（大写）：壹拾捌万叁仟玖佰陆拾捌元陆角壹分

　　　　　　　　　　　　　　　　　　　　　　　　　　　××工程造价咨询

发包人：××公司 　　　　承包人：××建筑单位 　　　　工程造价咨询人：企业资质专用章
　（单位盖章） 　　　　　　（单位盖章） 　　　　　　　　　（单位资质专用章）

法定代表人 　　　　　　　法定代表人 　　　　　　　　法定代表人

或其授权人：××公司 　　或其授权人：××建筑单位 　　或其授权人：××工程造价咨询
　　　法定代表人 　　　　　　　法定代表人 　　　　　　　企业法定代表人
　　（签字或盖章） 　　　　　（签字或盖章） 　　　　　　（签字或盖章）

编制人：××签字 　　　　　　　　　　核对人：××签字
　盖造价工程师或造价员专用章 　　　　　盖工程师专用章

编制时间：××××年××月××日 　　　核对时间：××××年××月××日

注：此为招标人委托工程造价咨询企业编制的编制工程量清单的封面。

总说明

工程名称：某度假村景观绿化工程　　　　　　标段：　　　　第　页　共　页

---

1. 工程概况：度假村位于××区，交通便利，生态园中建筑与市政建设均已完成。园林绿化面积约为850m²，整个工程由圆形花坛、伞亭、连坐花坛、花架、八角花坛以及绿地等组成。栽种的植物主要有桧柏、垂柳、龙爪槐、金银木、珍珠海、月季等。合同工期为60d，实际施工工期55d。

2. 竣工依据。

(1) 施工合同、投标文件、招标文件。

(2) 竣工图、发包人确认的实际完成工程量和索赔及现场签证资料。

(3) 省建设主管部门颁发的计价定额和计价管理办法及相关计价文件。

(4) 省工程造价管理机构发布人工费调整文件。

3. 本工程的合同价款198259.05元，结算价为183968.61元。结算价比合同价节省14290.44元。

4. 结算价说明：

(1) 索赔及现场签证增加26000元；

(2) 规费及税金增加506.29元。

其他略。

注：此为承包报送竣工结算总说明。

总说明

工程名称：某度假村景观绿化工程　　　　　　标段：　　　　第　页　共　页

---

1. 度假村位于××区，交通便利，生态园中建筑与市政建设已完成：园林绿化面积约为850m²，整个工程由圆形花坛、伞亭、连坐花坛、花架、八角花坛以及绿地等组成。栽种的植物主要有桧柏、垂柳、龙爪槐、大叶黄杨、金银木、珍珠海、月季等。合同工期为60d，实际施工工期55d。

2. 竣工结算依据。

(1) 承包人报送的竣工结算。

(2) 施工合同、投标文件、招标文件。

(3) 竣工图、发包人确认的实际完成工程量和索赔及现场签证资料。

(4) 省建设主管部门颁发的计价定额和计价管理办法及相关计价文件。

(5) 省工程造价管理机构发布人工费调整文件。

3. 核对情况说明：（略）。

4. 结算价分析说明：（略）。

注：此为发包人核对送竣工结算总说明。

单位工程竣工结算汇总表

工程名称：某生态园景观绿化工程　　　　标段：　　　　第　页　共　页

序号	单项工程名称	金额(元)
1	分部分项	81990.81
	E.1 绿化工程	24664.52
	E2 园路、园桥、假山工程	20698.90
	E3 园林景观工程	36627.39

（续）

序号	单项工程名称	金额（元）
2	措施项目	29524.07
2.1	安全文明施工费	8077.36
3	其他项目	46300.00
3.1	专业工程结算价	—
3.2	计日工	22300.00
3.3	总承包服务赞	0.00
3.4	索赔与现场签证	24000.00
4	规费	20051.15
5	税金	6102.58
竣工结算总价合计＝［1］＋［2］＋［3］＋［4］＋［5］		183968.61

注：如无单位工程划分，单项工程也使用本表汇总。

其中：

计日工表

工程名称：某生态园景观绿化工程　　　　标段：　　　　　　第　页　共　页

编号	项目名称	单位	暂定数量	综合单价	合价
一	人工				
1	技工	工日	50.00	50.00	2500.00
	小计				2500.00
二	材料				
1	42.5级普通水泥	1	16.00	300.00	4800.00
	小计				4800.00
三	机械				
1	汽车起重机20t	台班	6	2500.00	15000.00
	小计				15000.00

注：此表项目名称、数量由招标人填写，编制招标控制价时，单价由招标人按有关计价规定确定；
　　投标时，单价由投标人自主报价，计入投标总价中。

索赔与现场签证计价汇总表

工程名称：某生态园景观绿化工程　　　　标段：　　　　　　第　页　共　页

序号	签证及索赔项目名称	计量单位	数量	单价（元）	合价（元）	索赔及签证依据
1	暂停施工				7500.00	001
2	砌筑花池	座	3	1000	3000.00	002
	其他：（略）					
	本页小计				24000.00	
	合计				24000.00	

注：签证及索赔依据是指经双方认可的签证单和索赔依据的编号。

工程款支付申请(核准)表

工程名称：某生态园景观绿化工程　　　　标段：　　　　　　第　页　共　页

致：　　××公司　　　　　　　　　　　　　　　　　　　　　　（发包人全称）

我方于××至××期间已完成了　景观绿化工程　工作，根据施工合同的约定，现申请支付本期的工程款额为(大写)叁万贰仟元，(小写)32000元，请予核准。

序号	名称	金额(元)	备注
1	累计已完成的工程价款	53000.00	
2	累计以实际支付的工程价款	21000.00	
3	本周期已完成的工程价款	32000.00	
4	本周期完成的计日工金额		
5	本周应增加和扣减的变更金额		
6	本周应增加和扣减的索赔金额		
7	本周期应抵扣的预计款		
8	本周期应减扣的质保金		
9	本周应增加和减扣的其他金额		
10	本周期实际应支付的工程价款	32000.00	

承包商(章)：

承包人代表：

日期：

复核意见：

□ 与实际施工情况不相符，修改意见见附件。

☑ 与实际情况相符，具体金额有造价工程师复核。

监理工程师：

日期：　　年　　月　　日

复核意见：

你方提出的支付申请经复核，本期间已完成工程款额为(大写)叁万贰仟元，(小写)32000元。本期间应支付金额为(大写)叁万贰仟元，(小写)32000元。

造价工程师：

日期：　　年　　月　　日

审核意见：

□ 不同意此项索赔。

☑ 同意，支付时间为本表签发的15d内。

发包人(章)：

发包人代表：

日期：　　年　　月　　日

费用索赔申请(核准)表

工程名称：某生态园景观绿化工程　　　　标段：　　　　第　页　共　页

致：___××公司_____（发包人全称）

　　根据施工合同条款第___16___条的约定，由于你方工作需要原因，我方要求索赔金额(大写)柒仟肆佰壹拾贰元伍角，(小写)7412.50元，请予核准。

　　附：1. 费用索赔的详细理由和依据：(略)。

　　　　2. 索赔金额的计算：(略)。

　　　　3. 证明材料：(现场监理工程师现场人数确认)。

承包商(章)：

承包人代表：

日期：

复核意见：	复核意见：
根据施工合同条款第__16__条的约定，你方提出的费用索赔申请经复核： 　　□ 不同意此项索赔，具体意见见附件。 　　☑ 同意此项索赔，索赔金额的计算，由造价工程师复核。 　　　　监理工程师： 　　　　日期：　年　月　日	根据施工合同条款第__16__条的约定，你方提出的支付申请经复核，索赔金额为(大写)柒仟肆佰壹拾贰元伍角元，(小写)7412.50元。 　　　　造价工程师： 　　　　日期：　年　月　日

审核意见：

　　□ 不同意此项索赔。

　　☑ 同意此项索赔，与本期进度款同期支付。

发包人(章)：

发包人代表：

日期：　年　月　日

注：1. 在选择栏的"□"内做标示"√"。

　　2. 本表一式四份，由承包人填报，发包人、监理人、造价咨询人、承包人各存一份。

现场签证表

工程名称：某生态园景观绿化工程　　　　　标段：　　　　　第　页　共　页

施工单位	××建筑公司	日期	××年××月××日

致：　　××公司　　　　　　　　　　　　　　　　　　　　　　　　　（发包人全称）

　　根据　　　　　（指令人姓名）××年××月××日书面通知，我方要求完成此项工作应支付价款金额为（大写）叁仟元，（小写）3000 元，请予以核准。

　　附：1. 签证事由及原因：为增强绿化，增加 3 座花池。

　　　　2. 附图及计算式：（略）。

承包商（章）：

承包人代表：

日期：

复核意见： 你方提出的此项签证申请经复核： □ 不同意此项索赔，具体意见见附件。 ☑ 同意此项索赔，签证金额的计算，由造价工程师复核。 <div align="right">监理工程师： 日期：　年　月　日</div>	复核意见： 　　☑ 此项签证按承包人中标的计日工单价计算，金额为（大写）叁仟 元，（小写）　3000　元。 　　此项签证因无计日工单价，金额为（大写）　　　　元，（小写）　　　　元。 <div align="right">造价工程师： 日期：　年　月　日</div>

审核意见：

　　□ 不同意此项索赔。

　　☑ 同意此项索赔，价款与本期进度款同期支付。

发包人（章）：

发包人代表：

日期：　年　月　日

注：1. 在选择栏的"□"内做标示"√"。

　　2. 本表一式四份，由承包人在收到发包人（监理人）的口头或者书面通知后填写，发包人、监理人、造价咨询人、承包人各存一份。

9.2 园林工程竣工决算

9.2.1 概述

园林绿化工程竣工决算是园林绿化工程经济效益的全面反映，是项目法人核定各类新增资产价值、办理其交付使用的依据。通过竣工决算，一方面能够正确反映建设工程的实际造价和投资结果；另一方面可以通过竣工决算与概算、预算的对比分析，考核投资控制的工作成效，总结经验教训，积累技术经济方面的基础资料，提高未来园林绿化工程的投资效益。

9.2.2 竣工决算的作用

（1）竣工决算是综合、全面地反映竣工项目建设成果及财务情况的总结性文件。它采用货币指标、实物数量、建设工期和种种技术经济指标综合、全面地反映园林项目自开始建设到竣工为止的全部建设成果和财物状况。

（2）竣工决算是办理交付使用资产的依据，也是竣工-验收报告的重要组成部分。建设单位与使用单位在办理交付资产的验收交接手续时，通过竣工决算反映了支付使用资产的全部价值，包括同定资产、流动资产、无形资产和其他资产的价值。同时，它还详细提供了交付使用资产的名称、规格、数量、型号和价值等明细资料，是施工单位确定各项新增资产价值并登记入账的依据。

（3）竣工决算是分析和检查设计概算的执行情况，考核投资效果的依据。

竣工决算反映了竣工项目计划、实际的建设规模、建设工期以及设计和实际的生产能力，反映了概算总投资和实际的建设成本，同时还反映了所达到的主要技术经济指标。通过对这些指标计划数、概算数与实际数进行对比分析，不仅可以全面掌握建设项目计划和概算执行情况，而且可以考核建设项目投资效果，为今后制定基建计划降低建设成本，提高投资效果提供必要的资料。

9.2.3 竣工决算的内容

工程竣工决算是在建设项目或单位工程完工后，由建设单位财务及有关部门，以竣工结算等资料为基础进行编制的。

按照财政部、国家发展和改革委员会和建设部的有关文件规定，竣工决算由竣工财务决算说明书、竣工决算报告说明书、工程竣工图和工程竣工造价对比分析四部分组成；前两部分又称建设项目竣工财务决算，是竣工决算的核心内容。

1. 竣工财务决算说明书和竣工决算报表

（1）竣工决算报告说明书中规定：资金来源及运用等财务分析主要包括新增生产能力

效益分析、工程价款结算、会计账务的处理、财产物资情况及债权债务的清偿情况；还包括工程概况、设计概算和基本建设投资计划的执行情况，各项技术经济指标完成情况，各项拨款的使用情况，建设工期、建设成本和投资效果分析，以及建设过程中的主要经验、问题和各项建议等内容。

（2）竣工决算报表。竣工决算报表按工程规模，一般将其分为大中型和小型项目两种。大、中型建设项目竣工决算报表包括：①建设项目竣工财务决算审批表；②大、中型建设项目概况表；③大、中型建设项目竣工财务决算表；④大、中型建设项目交付使用资产总表。小型建设项目竣工决算报表包括：①建设项目竣工财务决算审批表；②竣工财务决算总表；③建设项目交付使用资金明细表。表格的详细内容及具体做法按地方基建主管部门规定填表。

其中，竣工工程概况表和大中型建设项目竣工财务决算表的要求如下。

（1）建设项目竣工财务决算审批表见表 9.5。该表作为竣工决算上报有关部门审批时使用，其格式按照中央级小型项目审批要求设计的，地方级项目可按审批要求做适当修改。

（2）竣工工程概况表见表 9.6。该表综合反映大、中型建设项目的基本概况，内容包括该项目总投资、建设起止时间、新增生产能力、主要材料消耗、建设成本、完成主要工程量和主要技术经济指标及基本建设支出情况，为全面考核和分析投资效果提供依据。

（3）大中型建设项目竣工财务决算表见表 9.7。该表反映竣工的大中型建设项目从开工到竣工为止全部资金来源和资金运用的情况，它是考核和分析投资效果，落实结余资金，并作为报告上级核销基本建设支出和基本建设拨款的依据。在编制该表前，应先编制出项目竣工年度财务决算，根据编制出的竣工年度财务决算和历年财务决算编制项目的竣工财务决算。此表采用平衡表形式，即资金来源合计等于资金支出合计。

表 9.5 建设项目竣工财务决算审批表

建设项目法人（建设单位）		建设性质	
建设项目名称		主要部门	
开户银行意见：			
			（盖章） 年　月　日
专员办审批意见：			
			（盖章） 年　月　日
主管部门或地方财政部门审批意见：			
			（盖章） 年　月　日

表 9.6 大、中型建设项目竣工工程概况表

建设项目(单项工程)名称				建设地址						项目	概算	实际	主要指标
主要设计单位				主要施工企业						建筑安装工程			
占地面积	计划	实际	总投资(万元)	设计		实际		基建支出		设备、工具器具			
				固定资产	流动资产	固定资产	流动资产			待摊投资其中：建设单位管理费			
新增生产能力	能力(效益)名称	设计	实际							其他投资			
										待核销基建支出			
建设起、止时间	设计	从 年 月开工至 年 月竣工								非经营项目转出投资			
	实际	从 年 月开工至 年 月竣工								合计			
设计概算批准文号								主要材料消耗		名称	单位	概算	实际
完成主要工程量	建筑面积(m²)	设备(台、套、t)								钢材	t		
										木材	m²		
	设计	实际								水泥	t		
收尾工程	工程内容	投资额	完成时间					主要技术经济指标					

表 9.7 大、中型建设项目竣工财务决算表　　　　单位：元

资金来源	金额	资金占用	金额	补充资料
一、基建拨款		一、基本建设支出		1. 基建投资借款期末余额
1. 预算拨款		1. 交付使用资产		2. 应收生产单位投资借款期末余额
2. 基建基金拨款		2. 在建工程		

（续）

资金来源	金额	资金占用	金额	补充资料
3. 进口设备转账拨款		3. 待核销基建支出		3. 基建结余资产
4. 器材转账拨款		4. 非经营项目转出投资		
5. 煤代油专用基金拨款		二、应收生产单位投资借款		
6. 自筹资金拨款		三、拨款所属投资借款		
7. 其他拨款		四、器材		
二、项目资本金		其中：待处理器材损失		
1. 国家资本		五、货币资金		
2. 法人资本		六、预付及应收款		
3. 个人资本		七、有价证券		
三、项目资本公积金		八、固定资产		
四、基建借款		固定资产原值		
五、上级拨入投资借款		减：累计折旧		
六、企业债券资金		固定资产净值		
七、待冲基建支出		固定资产清理		
八、应付款		待处理固定资产损失		
九、未交款				
1. 未交税金				
2. 未交基建收入				
3. 未交基建包干节余				
4. 其他未交款				
十、上级拨入资金				
十一、留成收入				
合　计		合　计		

基建结余资金＝基建拨款＋项目资本＋项目资本公积金＋基建投资借款＋企业债券基金＋待冲基建支出－基本建设支出－应收生产单位投资借款。

2. 支付使用资产表

（1）大、中型建设项目交付使用资产总表见表9.8。该表反映建设项目建成后新增固定资产、流动资产、无形资产和其他资产价值的情况和价值，作为财产交接、检查投资计划完成情况和分析投资效果的依据。小型项目不编制交付使用资产总表，直接编制交付使用资产明细表；大、中型项目在编制交付使用资产总表的同时，还需编制交付使用资产明细表。

（2）建设项目交付使用资产明细表见表9.9。该表反映交付使用的固定资产、流动资产、无形资产和其他资产及其价值的明细情况，是办理资产交接的依据和接收单位登记资产账目的依据，是使用单位建立资产明细账和登记新增资产价值的依据。大、中型和小型建设项目均需编制此表。编制时要做到齐全完整，数字准确，各栏目价值应与会计账目中相应科目的数据保持一致。

表 9.8 大、中型建设项目交付使用资产总表   单位：元

单项工程项目名称	总计	固定资产					流动资产	无形资产	其他资产
		建筑工程	安装工程	设备	其他	合计			
1	2	3	4	5	6	7	8	9	10

支付单位盖章   年   月   日   接受单位盖章   年   月   日

表 9.9 建设项目交付使用资产明细表

单位工程项目名称	建筑工程			设备、工具、器具、家具					流动资产		无形资产		其他资产	
	结构	面积（m²）	价值（元）	规格型号	单位	数量	价值（元）	设备安装费（元）	名称	价值（元）	名称	价值（元）	名称	价值（元）
合计														

支付单位盖章   年   月   日   接收单位盖章   年   月   日

（3）小型建设项目竣工财务决算总表见表 9.10。由于小型建设项目内容比较简单，因此可将工程概况与财务情况合并编制一张竣工财务决算总表，该表主要反映小型建设项目的全部工程和财务情况。

表 9.10 小型建设项目竣工财务决算总表

建设项目名称		建设地址			资金来源		资金运用	
初步设计概算批准文号					项目	金额（元）	项目	金额（元）
占地面积	计划	实际	计划	实际	一、基建拨款，其中预算拨款		一、交付使用资产	
							二、待核销基建支出	
		总投资（万元）	固定资产	流动资金	固定资产	流动资金		
						二、项目资本	三、非经营项目转出投资	
						三、项目资金本公积金		

（续）

建设项目名称		建设地址		资金来源		资金运用	
新增生产能力	能力(效益)名称	设计	实际	四、基建借款		四、应收生产单位投资借款	
				五、上级拨入借款			
建设起止时间	计划	从　　年　　月开工 至　　年　　月竣工		六、企业债券资金		五、拨付所属投资借款	
	实际	从　　年　　月开工 至　　年　　月竣工		七、待冲基建支出		六、器材	
基建支出	项目	概算(元)	实际(元)	八、应付款		七、货币资金	
	建筑安装工程			九、未付款其中：未交基建收入、未交包干收入		八、预付及应收款	
	设备、工具、器具					九、有价证券	
	待摊投资 其中：建设 单位管理费					十、原有固定资产	
				十、上级拨入资金			
	其他投资			十一、留成收入			
	待核销基建支出						
	非经营性项目转出投资						
	合计			合计		合计	

3. 工程竣工图

基本建设竣工图是真实地记录各种地下地上建筑物、构筑物等情况的技术文件，是对工程进行交工验收、维护、改建、扩建的依据，是国家的重要技术档案。国家规定：各项新建、扩建、改建的基本建设工程，特别是基础、地下建筑、管线、结构、井巷、桥梁、隧道、潜口、水坝以及设备安装等隐蔽部位，都要编制竣工图。编制各种竣工图，必须在施工过程中(不能在竣工后)，及时做好隐蔽工程记录，整理好设计变更文件，确保竣工图质量。根据相关规定，竣工图有以下几种情况。

（1）凡按图施工没有变动的，由施工单位(包括总包和分包施工单位，下同)在原施工图上加盖"竣工图"标志后,即作为竣工图。

(2)凡在施工中,虽有一般性设计变更,但能将原施工图加以修改补充作为竣工图的,可不重新绘制,由施工单位负责在原施工图(必须是新蓝图)上注明修改的部分,并附以设计变更通知单和施工说明,加盖"竣工图"标志后,即作为竣工图。

(3)凡结构形式改变、工艺改变、平面布置改变、项目改变以及有其他重大改变,不宜再在原施工图上修改、补充者,应重新绘制改变后的竣工图。由于设计原因造成的,由设计单位负责重新绘图;由于施工原因造成的,由施工单位负责重新绘图;由于其他原因造成的,由建设单位自行绘图或委托设计单位绘图。施工单位负责在新图上加盖"竣工图"标志并附以有关记录和说明,作为竣工图。

(4)重大的改建、扩建工程涉及原有工程项目变更时,应将相关项目的竣工图资料统一整理归档,并在原图案卷增补必要的说明。

竣工图一定要与实际情况相符,保证图纸质量,做到规格统一、图面整洁、字迹清楚,不得用圆珠笔或其他易于褪色的墨水绘制。竣工图要经承担施工的技术负责人审核签字。

4.工程造价对比分析

控制工程造价所采取的措施、效果及其动态的变化需要进行认真的对比,总结经验教训。批准的概算是考核建设工程造价的依据。在分析时,可先对比整个项目的总概算,然后将建设工程费、设备及工器具费和其他工程费用逐一与竣工决算表中所提供的实际数据和相关资料及批准的概算、预算指标,实际的工程造价进行对比分析,以确定竣工项目总造价是节约还是超支,并在对比的基础上,总结先进经验,找出节约和超支的内容和原因,提出改进措施。在实际的工作中,应主要分析以下内容。

(1)主要实物工程量。对于实物工程量出入比较大的情况,必须查明原因。

(2)主要材料消耗量。考核主要材料消耗量,要按照竣工决算表中所列明的材料实际超概算的消耗量,查明是在工程的哪个环节超出量最大,再进一步查明超耗的原因。

(3)考核建设单位管理费、措施费和间接费的取费标准。建设单位管理费、措施费和间接费的取费标准要按照国家和各地的有关规定,根据竣工决算报表中所列的建设单位管理费与概预算所列的建设单位管理费数额进行比较,依据规定查明是否多列或少列的费用项目,确定其节约超支的数额,并查明原因。

9.2.4 园林工程竣工决算编制步骤

按照财政部印发的关于《基本建设财务管理若干规定》的通知要求,竣工决算的编制步骤如下。

(1)收集、整理、分析原始资料。从工程开始就按编制依据的要求,收集、清点、整理有关资料,主要包括工程档案资料,如设计文件、施工记录、上级批文、概(预)算文件、工程结算的归集整理、财务处理、财产物资的盘点核实及债权债务的清偿,做到账账、账证、账实、账表相符。对各种设备、材料、工具、器具等要逐项盘点核实并填列清单。妥善保管,或按照国家有关规定处理,不准任意侵占和挪用。

(2)对照、核实工程变动情况,重新核实各单位工程、单项工程造价。将竣工资料与原设计图纸进行查对、核实，必要时可实地测量，确认实际变更情况；根据经审定的施工单位竣工结算等原始资料，按照有关规定对原概(预)算进行增减调整，重新核定工程造价。

(3) 将核实后的待摊投资、设备器具投资、建筑安装工程投资、工程建设其他投资严格划分和核定后，分别计入相应的建设成本栏目内。

(4) 编制竣工财务决算说明书，力求内容全面、简明扼要、文字流畅、说明问题。

(5) 填报竣工财务决算报表。

(6) 作好工程造价对比分析。

(7) 消理、装订好竣工图。

(8) 按国家规定上报、审批、存档。

习 题

一、填空题

1. 工程价款的常用结算方式有_____、_____及_____3种。

2. 园林工程竣工结算计价形式与建筑安装工程承包合同计价方式一样，根据计价方式的不同，一般情况可以分为3种类型，即_____、_____和_____。

3. 竣工决算的内容包括竣工财务决算说明书、_____、_____和工程造价对比分析4个部分。

4. 竣工财务决算主要包括_____及_____两部分。

二、选择题

1. 工程竣工验收报告经发包人认可后( )内，承包人向发包人递交竣工结算报告及完整的结算资料，按双方约定进行竣工结算。

    A. 14 天   B. 7 天   C. 30 天   D. 28 天

2. 某工程工期为 3 个月，承包合同价为 90 万元，工程结算适宜采用( )的方式。

    A. 按月结算   B. 竣工后一次结算   C. 分段结算   D. 分部结算

3. 某园林绿化工程，预计工期为 5 个月，土建合同价款为 50 万元，该工程采用( )方式较为合理。

    A. 按月结算   B. 按目标价款结算

    C. 实际价格调整法结算   D. 竣工后一次结算

4. 根据《建设工程施工合同(示范文本)》，下列有关工程预付款的叙述中，正确的是( )。

    A. 工程预付款主要用于采购建材、招募工人和租赁设备

    B. 建筑工程的预付款额度一般不超过当年建筑工程量的 30%

    C. 安装工程的预付款额度一般不超过当年建筑工程量的 15%

    D. 工程预付款的预付时间应不迟于约定的开工日期前 7 天

    E. 承发包双方应在专用条款内约定发包人向承包人预付工程款的时间和额度

5. 已知某单项工程预付备料款为 150 万元，主要材料在合同价款中所占的比重为 75%，若该工程合同总价为 1000 万元，且各月完成工程量见表 9.11，则预付备料款应从( )扣起。

表 9.11　某工程各月完成工程量

月份	1	2	3	4	5
工程量（m³）	500	1000	1500	1500	500
合同价（万元）	100	200	300	300	100

  A. 4 月   B. 5 月   C. 3 月   D. 2 月

  6. 根据《建设工程价款结算暂行办法》，下列关于进度款支付的表述，正确的是（ ）。

  A. 发包人应自收到承包人提交的已完工程量报告之日起 21 天内核实

  B. 发包人应在核实工程量报告前 2 天通知承包人，由承包人提供条件并派人参加核实

  C. 根据确定的工程计量结果，发包人应再行支付工程进度款

  D. 发包人支付的工程进度款，应不低于工程价款的 60%，不高于工程价款的 90%

  7. 当工程量清单项目中工程量的变化幅度在（ ）以外，且其影响分部分项工程费超过（ ）时，其综合单价以及对应的措施为（如有）均应作调整。

  A. 1%，0.5%   B. 5%，0.1%

  C. 10%，0.1%   D. 10%，1%

  8. 某园林工程项目合同约定采用价格指数进行结算价格差额调整，合同价为 50 万元，并约定合同价的 70% 为可调部分。可调部分中，人工费占 45%，材料费占 45%，其余占 10%。结算时，仅人工费价格指数增长了 10%，而其他未发生变化。则该工程项目应结算的工程价款为（ ）万元。

  A. 51.01   B. 51.58   C. 52.25   D. 52.75

  9. 若工程竣工结算报告金额为 4800 万元，则发包人应从收到竣工结算报告和完整计算资料之日起（ ）天内核对并提出审核意见。

  A. 30   B. 45   C. 60   D. 20

  10. 某建设项目，基建拨款为 2000 万元，项目资金为 2000 万元，项目资本公积金 200 万元，基建投资借款 1000 万元，待冲基建支出 400 万元，应收生产单位投资借款 1000 万元，基本建设支出 3300 万元，则基建结余资金为（ ）万元。

  A. 400   B. 900   C. 1400   D. 1900

三、思考题

  1. 工程竣工结算和工程竣工决算的区别是什么？

  2. 工程价款的动态结算方法包括哪些？

  3. 简述工程进度款的结算方式与拨付。

  4. 园林工程竣工结算、竣工决算编制的原则和依据是什么？

  5. 谈谈如何利用增减费用法编制竣工结算。

四、案例分析

  某工程项目业主通过工程量清单招标方式确定某投标人为中标人，并与其签订了工程承包合同，工期 4 个月。有关工程价款条款如下。

  （1）分项工程清单中含有两个分项工程，工程量分别为甲项 2300m³，乙项 3200m³，

清单报价中甲项综合单价为 180 元/m³，乙项综合单价为 160 元/m³。当每一分项工程实际工程量超过(减少)清单工程量的 10% 以上时，应进行调价，调价系数为 0.9(1.08)。

(2) 措施项目清单中包括：①环保、安全与文明施工等全工地性综合措施费用 8 万元；②模板与脚手架等与分项工程作业相关的措施费用 10 万元。

(3) 其他项目清单中仅含暂列金额 3 万元。

(4) 规费综合费率 3.31%(以分部分项清单、措施费清单、其他项目清单为基数)；税金率 3.47%。

有关付款条款如下。

(1) 材料预付款为分项工程合同价的 20%，于开工前支付，在最后两个月平均扣除。

(2) 措施项目中，全工地性综合措施费用于开工前全额支付；与分项工程作业相关的措施费用于开工前和开工后第 2 月末分两次平均支付。措施项目费用不予调整。

(3) 其他项目费用于竣工月结算。

(4) 业主从每次承包商的分项工程款中，按 5% 的比例扣留质量保证金。

(5) 造价工程师每月签发付款凭证最低金额为 25 万元。

承包商每月实际完成并经签证确认的工程量见表 9.12。

表 9.12　承包商每月实际完成工作量　　　　　　　　　　单位：m³

项目　　　　月份	1	2	3	4
甲项	500	800	800	600
乙项	700	900	800	600

问题：

1. 工程预计合同总价为多少？材料预付款是多少？首次支付措施费是多少？

2. 每月工程量价款是多少？造价工程师应签证的每月工程款是多少？实际应签发的每月付款凭证金额是多少？

第**10**章
园林工程计价软件的应用

随着行业的发展，园林工程预算从过去的人工方式向自动化转变。传统的繁重计算、查询任务常常数量巨大，而计算机的推广和运用使这一情况得到了根本改变，由此园林工程预算变得更精、更准、更快。

教学目标

1. 了解当前主流的园林工程造价软件。
2. 掌握园林工程造价软件的操作流程。
3. 能使用软件完成园林工程计量与计价。

教学要求

知识要点	能力要求	相关知识
广联达 GBQ4.0	（1）熟悉广联达 GBQ4.0 软件的操作步骤 （2）掌握使用软件完成工程实务的程序和方法	其他园林工程计价软件
软件工程量清单的编制	能使用软件编制园林工程工程量清单	
软件工程量清单计价	能使用软件进行园林工程工程量清单计价	综合单价分析表 分部分项工程计价表
价差调整	能使用软件对工程价差进行调整	信息价 定额基价

基本概念

清单库：一般是用来做投标书的时候使用，它只按独立工序划分的，只含数量、不含单价。

定额库：在清单基础或直接组价后对工程子目的单价、数量、合价的组合确认。

子目单价取费：由子目单价通过取费得出子目综合单价（包括管理费、利润等），子目综合单价相加得清单综合单价。将子目综合单价乘以子目工程量得出子目的综合合价，子目综合合价相加得出清单综合合价。

清单单价取费：由子目单价得出清单单价，清单单价再通过取费（包括管理费、利润等）得出清单综合单价，后由清单综合单价乘以工程量得出清单综合合价。

引例

计价软件的广泛应用

新技术的出现与迅速发展，渗透到人们生活和工作的所有领域，并促进了信息的交流和发展，计算机技术更是日新月异，计算机、网络已成为不可缺少的一部分。工程造价作为贯穿项目投资决策阶段、设计方案优选阶段、招投标阶段、施工阶段、结算及审核阶段的一条主线，起着举足轻重的作用。

长久以来，工程预算软件应用广泛，使更多的工作人员从繁杂的工作中解放出来，体会新技术变革带来的高效与喜悦。

目前常用的园林预算软件主要有"品茗胜算"、"神机妙算"、"广联达"、"广达"等。软件开发公司有北京广联达软件技术有限公司、武汉文海系统集成有限公司、上海鲁班软件有限公司、河北奔腾计算机技术有限公司等。这些产品的应用，基本上解决了我国目前概预算编制和审核、统计报表以及施工过程中的工程结算编制问题。

按照内容和计算方法的不同，工程预算软件一般分为图形算量软件、钢筋算量软件和定额、清单计价软件 3 种。

(1) 图形算量软件是以绘制工程简图的形式，输入建筑图、结构图，自动计算工程量，同时自动套用定额和相关子目，并生成各种工程量报表的系统。此类软件有着强大的绘图功能，可以将定额项目和工程量直接导出到计价软件，工作效率高，计算准确，极大程度地减轻手工计算工程量的工作负担。

(2) 钢筋算量软件是根据现行建筑结构施工图的特点和结构构件钢筋计算的特点而研制的系统。在结构构件图标上可直接录入原始数据，形象直观，可实现钢筋计算的自动化与标准化。

(3) 定额、清单计价软件是用以编制建筑工程、安装工程、市政工程、装饰工程、房修工程、园林工程等各专业工程量清单计价和定额计价两种形式的造价文件系统。

10.1 园林工程计价软件清单计价法操作流程

10.1.1 广联达预算软件

GBQ4.0 是北京广联达软件技术有限公司推出的融计价、招标管理、投标管理于一体的全新计价软件，旨在帮助工程造价人员解决电子招投标环境下的工程计价、招投标业务问题，使计价更高效、招标更便捷、投标更安全。

软件分为预算、统计、洽商、结算、审核 5 个功能模块，具备多文档操作功能，可以同时打开多个预算文件，各文件间可以通过鼠标拖动复制子目，实现数据共享、交换，减轻数据输入量。系统可提供标准换算、自动换算、类别换算等功能，还可直接修改人材机单价，系统自动反算人材机量。在服务器上或在任一工作站上安装本软件，客户端设置加密锁主机，服务端启动服务程序后，即可通过网络使用。针对造价改革，本软件提供按市场价重组子目单价与子目综合单价的功能。输入子目，本软件可以实时汇总分部、预算书、工料分析、费用。GBQ4.0 还提供多套图集，可针对不同定额，整理常用门窗、预制构件、装修做法等。直接输入或选择图集代号，便可自动查套子目和套用定额。

本章详细介绍此软件的运用。

10.1.2 利用预算软件编制工程量清单及报价

投标人利用广联达计价软件 GBQ4.0 编制工程量清单的基本步骤如下。

① 新建投标项目。

② 编制单位工程分部分项工程量清单计价，包括套定额子目、输入子目工程量、子目换算、设置单价构成。

③ 编制措施项目清单计价，包括计算公式组价、定额组价、实物量组价、可计量措施 4 种方式。

④ 编制其他项目清单计价。

⑤ 人材机汇总，包括调整人材机价格，设置甲供材料、设备。

⑥ 查看单位工程费用汇总，包括调整计价程序，工程造价调整。

⑦ 查看报表。

⑧ 汇总项目总价，包括查看项目总价，调整项目总价。

⑨ 生成电子标书，包括符合性检查、投标书自检、生成电子投标书、打印报表、刻录及导出电子标书。

具体步骤如下。

(1) 新建单位工程。

在【工程文件管理】窗口，单击【新建单位工程】按钮，选择【清单计价】类型如图 10.1 所示。

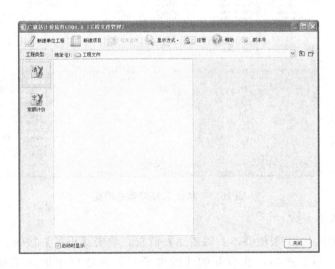

图 10.1 【工程文件管理】窗口

打开【新建单位工程】对话框，选择【园林绿化工程】，确定清单库、定额库、模板类别、清单专业和定额专业，并输入工程名称，如图 10.2 所示。

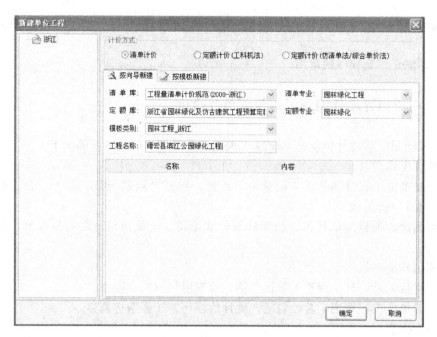

图 10.2　【新建单位工程】对话框

单击【确定】按钮后，软件会进入单位工程编辑主界面，如图 10.3 所示。

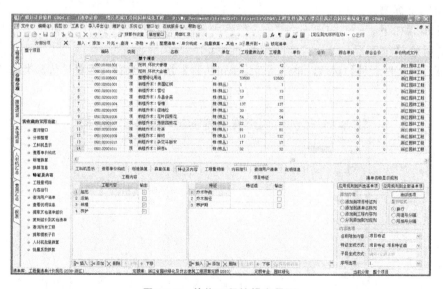

图 10.3　单位工程编辑主界面

（2）套定额组价。

选中【050102001011 栽植乔木：银杏 A】清单，单击【添加】按钮，在打开的下拉列表中选择【添加子目】选项，在打开的【添加子目】对话框中输入工程量为"32"，如图 10.4 所示。

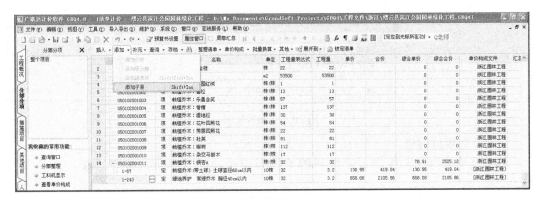

图 10.4　添加子目

输入结果如图 10.5 所示。

14	− 050102001011	项	栽植乔木：银杏A	株(株)	32		32			78.91	2525.12
	1-57	定	栽植乔木(带土球) 土球直径60cm以内	10株	32		3.2	130.95	419.04	130.95	419.04
	1-243	定	绿地养护 常绿乔木 胸径40cm以内	10株	32		3.2	658.08	2105.86	658.08	2105.86

图 10.5　添加子目结果

（3）输入子目工程量。

输入定额子目的工程量，如图 10.6 所示。

10	− 050102001007	项	栽植乔木：秀丽四照花	株(株)	22	22			78.91	1736.02
	1-57	定	栽植乔木(带土球) 土球直径60cm以内	10株	22	2.2	130.95	288.09	130.95	288.09
	1-243	定	绿地养护 常绿乔木 胸径40cm以内	10株	22	2.2	658.08	1447.78	658.08	1447.78
11	− 050102001008	项	栽植乔木：杜英	株(株)	81	81			78.91	6391.71
	1-57	定	栽植乔木(带土球) 土球直径60cm以内	10株	81	8.1	130.95	1060.7	130.95	1060.7
	1-243	定	绿地养护 常绿乔木 胸径40cm以内	10株	81	8.1	658.08	5330.45	658.08	5330.45
12	− 050102001009	项	栽植乔木：榉树	株(株)	112	112			78.91	8837.92
	1-57	定	栽植乔木(带土球) 土球直径60cm以内	10株	112	11.2	130.95	1466.64	130.95	1466.64
	1-243	定	绿地养护 常绿乔木 胸径40cm以内	10株	112	11.2	658.08	7370.5	658.08	7370.5
13	− 050102001010	项	栽植乔木：杂交马褂木	株(株)	17	17			78.91	1341.47
	1-57	定	栽植乔木(带土球) 土球直径60cm以内	10株	17	1.7	130.95	222.62	130.95	222.62
	1-243	定	绿地养护 常绿乔木 胸径40cm以内	10株	17	1.7	658.08	1118.74	658.08	1118.74
14	− 050102001011	项	栽植乔木：银杏A	株(株)	32	32			78.91	2525.12
	1-57	定	栽植乔木(带土球) 土球直径60cm以内	10株	32	3.2	130.95	419.04	130.95	419.04
	1-243	定	绿地养护 常绿乔木 胸径40cm以内	10株	32	3.2	658.08	2105.86	658.08	2105.86

图 10.6　输入定额子目工程量

（4）换算。

选中【050102001007】清单下的【1-57】子目，单击【编码】列，使其处于编辑状态，在子目编码后面输入"□＊1.1"，如图 10.7 所示。

	编码	类别	名称	合价	综合单价	综合合价
10	− 050102001007	项	栽植乔木：秀丽四照花		78.91	1736.02
	1-57*1.1	定	栽植乔木(带土球) 土球直径60cm以内	288.09	130.95	288.09
	1-243	定	绿地养护 常绿乔木 胸径40cm以内	1447.78	658.08	1447.78

图 10.7　换算

软件就会把这条子目的单价乘以系数 1.1，如图 10.8 所示。

	编码	类别	名称	合价	综合单价	综合合价
10	— 050102001007	项	栽植乔木：秀丽四照花		80.22	1764.84
	1-57 *1.1	换	栽植乔木(带土球) 土球直径60cm以内 子目乘以系数1.1	316.91	144.05	316.91
	1-243	定	绿地养护 常绿乔木 胸径40cm以内	1447.78	658.08	1447.78

图 10.8　换算结果

（5）设置单价构成。

单击【单价构成】按钮，在打开的下拉列表中选择【单价构成】选项，如图 10.9 所示。

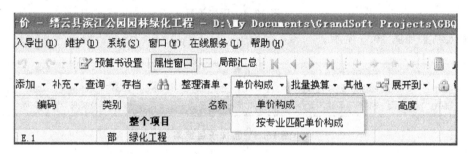

图 10.9　单价构成

在打开的【管理取费文件】窗口输入管理费费率 15.5％及利润的费率 11.1％，如图 10.10 所示。

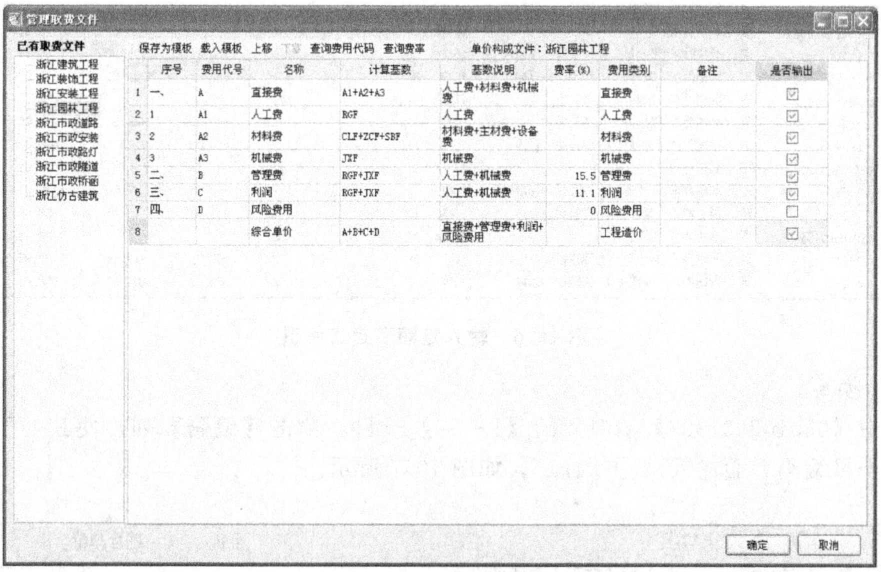

图 10.10　【管理取费文件】窗口

软件会按照设置后的费率重新计算清单的综合单价。

（6）组织措施项目组价。

在左侧导航栏单击【措施项目】标签，显示组织措施项目组价，如图 10.11 所示。

	序号	类别	名称	单位	组价方式	计算基数	费率(%)	工程量表达式
4	3.1		冬雨季施工增加费	项	计算公式组价	RGF+JXF+JSCS_RGF+JSCS_JX F	0.2	1
5	3.2		夜间施工增加费	项	计算公式组价	RGF+JXF+JSCS_RGF+JSCS_JX F	0.2	1
6	3.3		已完成工程及设备保护费	项	计算公式组价	RGF+JXF+JSCS_RGF+JSCS_JX F	0.05	1
7	3.4		二次搬运费	项	计算公式组价	RGF+JXF+JSCS_RGF+JSCS_JX F	0.05	1
8	3.5		临时设施	项	计算公式组价	RGF+JXF+JSCS_RGF+JSCS_JX F	0.3	1
9	3.6		工程定位、点交、场地清理	项	计算公式组价	RGF+JXF+JSCS_RGF+JSCS_JX F	0.1	1
10	3.7		生产工具用具使用	项	计算公式组价	RGF+JXF+JSCS_RGF+JSCS_JX F	0.5	1

图 10.11 组织措施项目组价

（7）技术措施项目组价。

定额组价方式为直接套定额。

例如，脚手架，在左侧的树形列表中选择【脚手架】→【组价内容】项，右击页面空白处，在弹出的快捷菜单中选择【插入】命令，在编码列输入"12-11"子目。对于垂直运输机械可以采用同样的方法输入"13-5"子目，如图 10.12 所示。

	一 二		技术措施			
11	050501001001		外墙脚手架		m2	可计量清单
	12-11	定	综合脚手架 建筑物檐高7m 层高6m以内		100m2	
12	050601002001		园林古建筑机械垂直运输		m2	可计量清单
	13-5	定	机械垂直运输 园林古建筑 垂直高度20m以内 单檐		100m2	
13	050801001001		草绳绕杆		m	可计量清单

图 10.12 技术措施项目组价

（8）其他项目清单。

在左侧的【其他项目】→【暂列金额】，输入"5000"，如图 10.13 所示。

新建独立费		序号	名称	计算基数	费率(%)	金额
其他项目	1	一	其他项目			5000
暂列金额	2	1	暂列金额	暂列金额		5000
专业工程暂估价	3	2	暂估价	专业工程暂估价		0
计日工费用	4	2.1	专业工程暂估价	专业工程暂估价		0
总承包服务费	5	3	计日工	计日工		0
签证及索赔计价	6	4	总承包服务费	总承包服务费		0

图 10.13 暂列金额

（9）人材机汇总。

① 载入造价信息。

在左侧的导航栏单击【其他项目】标签，在人材机汇总界面，选择【材料表】项，单击【载入造价信息】链接，如图 10.14 所示，软件会按照信息价文件的价格修改材料市场价，如图 10.15 所示。

② 设置甲供材。

在【材料表】中选中【水泥材料】项，单击【供货方式】单元格，在打开的下拉列表中选择【完全甲供】选项，如图 10.16 所示。

图 10.14 载入造价信息

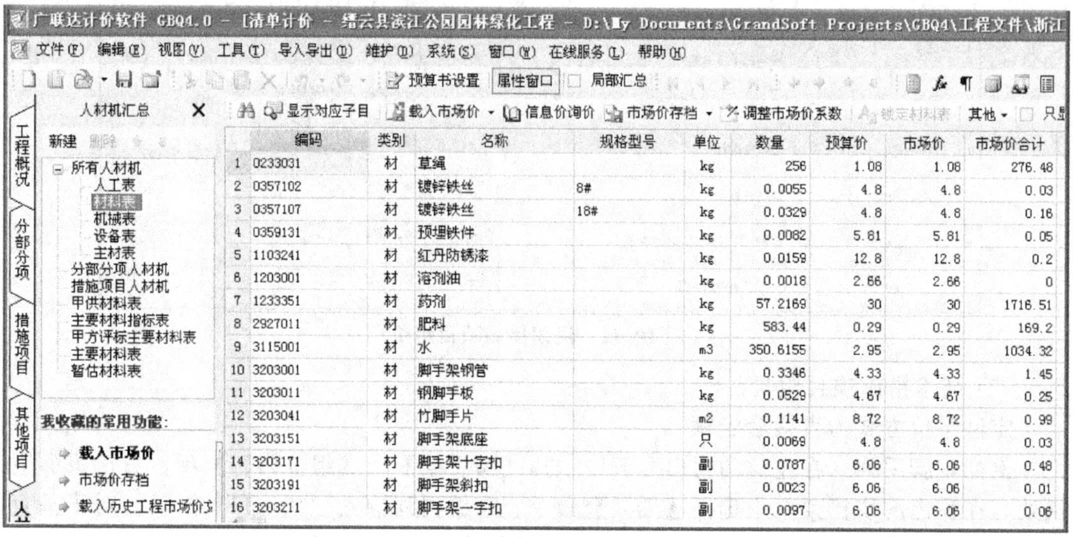

	编码	类别	名称	规格型号	单位	数量	预算价	市场价	市场价合计
1	0233031	材	草绳		kg	256	1.08	1.08	276.48
2	0357102	材	镀锌铁丝	8#	kg	0.0055	4.8	4.8	0.03
3	0357107	材	镀锌铁丝	18#	kg	0.0329	4.8	4.8	0.16
4	0359131	材	预埋铁件		kg	0.0082	5.81	5.81	0.05
5	1103241	材	红丹防锈漆		kg	0.0159	12.8	12.8	0.2
6	1203001	材	溶剂油		kg	0.0018	2.66	2.66	0
7	1233351	材	药剂		kg	57.2169	30	30	1716.51
8	2927011	材	肥料		kg	583.44	0.29	0.29	169.2
9	3115001	材	水		m3	350.6155	2.95	2.95	1034.32
10	3203001	材	脚手架钢管		kg	0.3346	4.33	4.33	1.45
11	3203011	材	钢脚手板		kg	0.0529	4.67	4.67	0.25
12	3203041	材	竹脚手片		m2	0.1141	8.72	8.72	0.99
13	3203151	材	脚手架底座		只	0.0069	4.8	4.8	0.03
14	3203171	材	脚手架十字扣		副	0.0787	6.06	6.06	0.48
15	3203191	材	脚手架斜扣		副	0.0023	6.06	6.06	0.01
16	3203211	材	脚手架一字扣		副	0.0097	6.06	6.06	0.06

图 10.15　造价信息载入结果

	编码	类别	名称	规格型号	单位	结算价	结算价价差	结算价价差合	供货方式
4	0359131	材	预埋铁件		kg	5.81	0	0	完全甲供
5	1103241	材	红丹防锈漆		kg	12.8	0	0	完全甲供
6	1203001	材	溶剂油		kg	2.66	0	0	完全甲供

图 10.16　设置甲供材料

点击导航栏【甲方材料】，选择【甲供材料表】，查看设置结果，如图 10.17 所示。

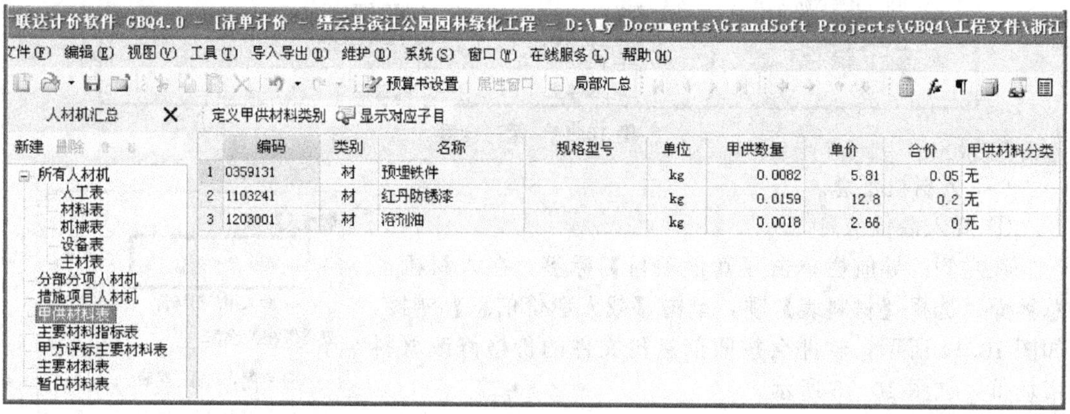

	编码	类别	名称	规格型号	单位	甲供数量	单价	合价	甲供材料分类
1	0359131	材	预埋铁件		kg	0.0082	5.81	0.05	无
2	1103241	材	红丹防锈漆		kg	0.0159	12.8	0.2	无
3	1203001	材	溶剂油		kg	0.0018	2.66	0	无

图 10.17　甲供材料表

③ 新建人材机表。

新建“常用材料表”。

在人材机汇总界面，单击【新建】按钮，打开【新建人材机分类表】对话框，在【分类表类别】下拉列表中选择【自定义类别】，如图 10.18 所示。

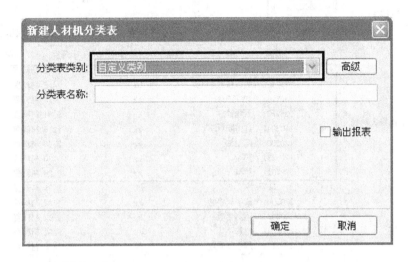

图 10.18 【新建人材机分类表】对话框

单击【确定】按钮，打开【人材机分类表设置】对话框，在【人材机类别】列表框中勾选【材料费】复选框，如图 10.19 所示。

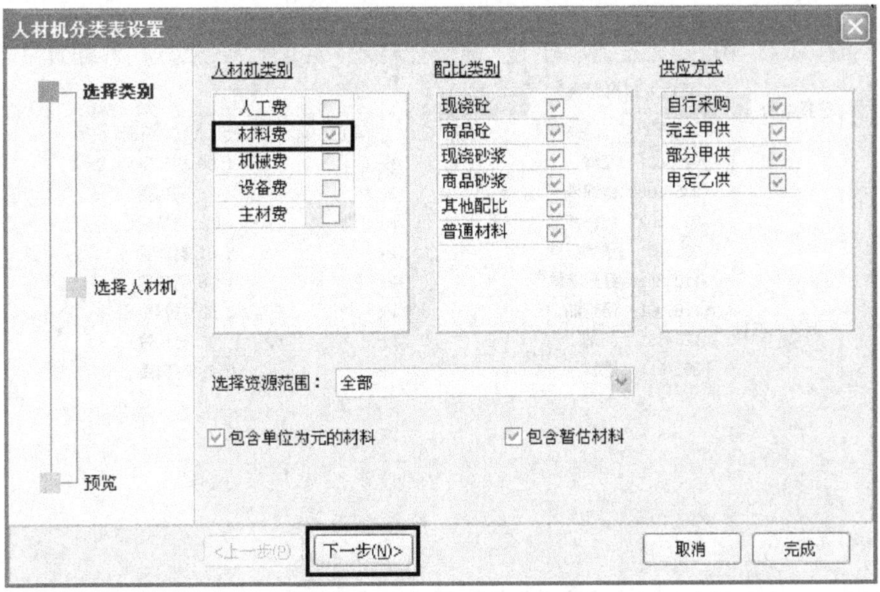

图 10.19 选择人材机类别

单击【下一步】按钮，勾选【选定人材机】复选框后，勾选其他需要的复选框，如图 10.20 所示。

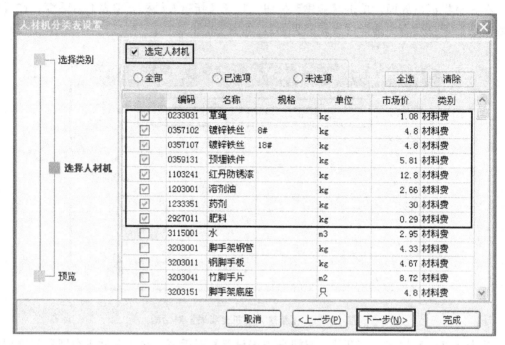

图 10.20　选择人材机

单击【下一步】按钮，预览人材机列表，如图 10.21 所示。

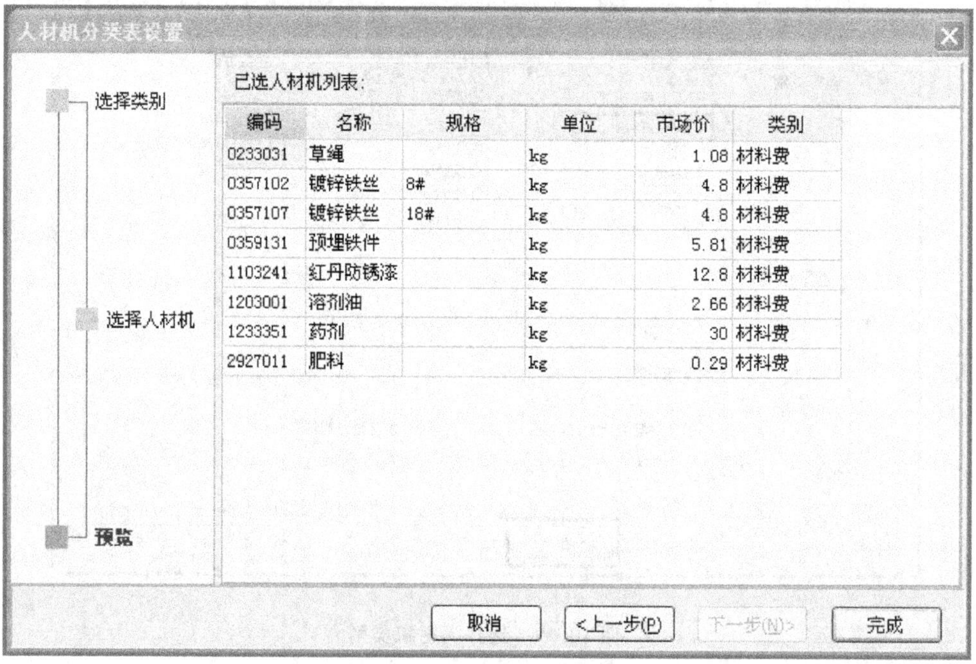

图 10.21　预览人材机列表

单击【完成】按钮，回到【新建人材机分类表】对话框，在【分类表名称】文本框中输入"常用材料表"，勾选【输出报表】复选框，如图 10.22 所示。这样在报表界面就会生成一张新的名为"常用材料表"的报表。

单击【确定】按钮，回到人材机汇总界面，就会出现新建的"常用材料表"，选中该表后右侧显示表的内容，其他操作同已有表，如图 10.23 所示。

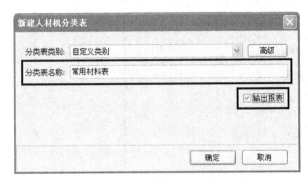

图 10.22　输入分类表名称

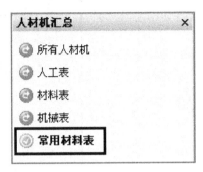

图 10.23　常用材料表

（10）甲方材料。

① 甲供材料表。

在甲方材料这个界面中单击【甲供材料表】就可以看见在人材机汇总时设置的甲供材料。

② 甲方评标材料表。

a. 单击【从文件导入】，在【属性】窗口中单击【从 Excel 文件中导入评标材料，请选择】。

b. 在弹出的对话框中选择 Excel 表格，如图 10.24 所示。

c. 单击【列识别】分别识别甲方材料号、材料号、材料名称、单位，如图 10.24 所示。

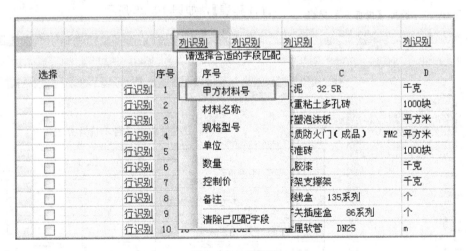

图 10.24　列识别

d. 识别好列后单击【行识别】软件会自定识别行。

e. 单击【导入】按钮即可导入甲方评标材料。

③ 主要材料表。

a. 单击【主要材料表】打开【主要材料表】窗口，如图 10.25 所示。

图 10.25　主要材料表

b. 单击【自动设置主要材料】，打开【主要材料表设置】对话框，如图 10.26 所示。

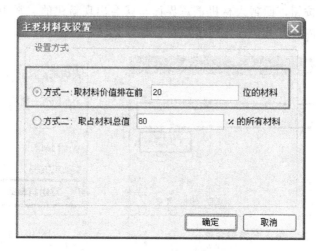

图 10.26 【主要材料表设置】对话框

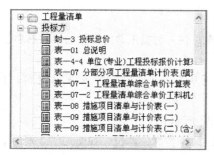

图 10.27 选择【投标方】报表

c. 选择【方式一：取材料价值排在前 20 位的材料】为主要材料。

（11）报表。

在导航栏单击【报表】标签，软件会进入报表界面，选择报表类别为【投标方】，如图 10.27 所示。

在【投标方】列表下选择【工程量清单综合单价计算表】，如图 10.28 所示。

图 10.28 工程量清单综合单价计算表

10.2 园林工程计价软件定额计价法操作流程

10.2.1　单位工程编制的基本流程

单位工程编制的基本流程如下。

（1）新建单位工程。注意：计价方式的选择，计价规则的选择，工程类别的选择，纳税地区的选择。

（2）工程概况。包括工程信息、工程特征、指标信息。

（3）分部分项。

（4）措施项目。

（5）其他项目。

（6）人材机汇总。

（7）费用汇总。

（8）报表。

10.2.2　新建单位工程

在【工程文件管理】窗口中单击【新建单位工程】按钮，选择"定额计价"类型，如图 10.29 所示。

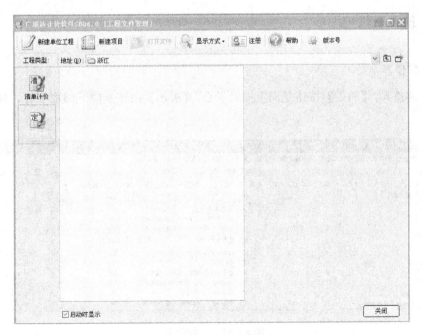

图 10.29　新建定额计价

打开【新建单位工程】对话框，选择【园林绿化工程】，选择定额库模板类别及定额专业，填入对应的工程名称，如图 10.30 所示。

图 10.30 定额计价

10.2.3 工程概况

工程概况包括工程信息、工程特征、指标信息。

10.2.4 预算书设置

1. 编制预算书

"项"的输入：【插入】按钮是向上插入子目，【添加】按钮是向下添加子目，如图 10.31 所示。

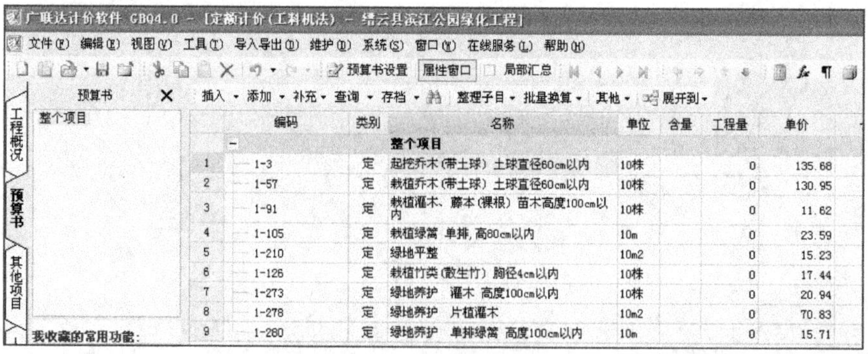

图 10.31 项的输入

整理子目→分部整理→需要章分布标题，如图 10.32 所示。

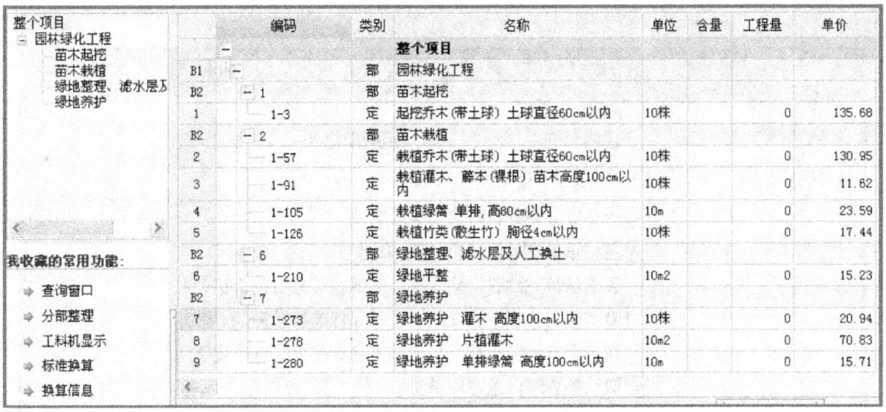

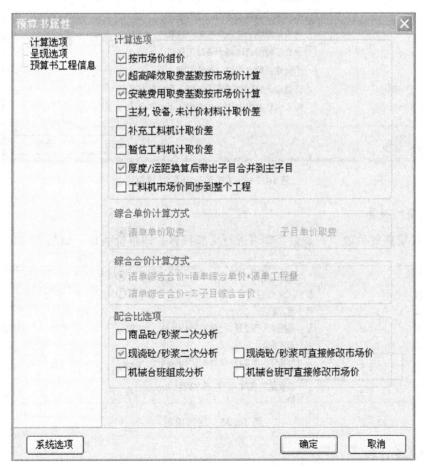

图 10.32 整理子目

2. 预算书的设置

单击预算书【设置】按钮会打开【预算书属性】对话框，如图 10.33 所示。

图 10.33 【预算书属性】对话框

单击【系统选项】按钮打开【系统选项】对话框，如图 10.34 所示，选择相应的信息即可。

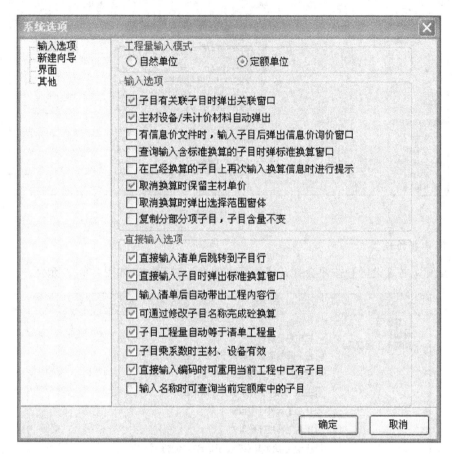

图 10.34 【系统选项】对话框

3. 定额的换算

直接在定额的后边 "＊系数" 即可进行定额换算，即单价换算，如图 10.35 所示。

	−		整个项目			
B1	−	部	园林绿化工程			
B2	− 1	部	苗木起挖			
1	1-3	定	起挖乔木（带土球）土球直径60cm以内	10株	0	135.68
B2	− 2	部	苗木栽植			
2	1-57 ＊0.1	换	栽植乔木（带土球）土球直径60cm以内 子目乘以系数0.1	10株	0	13.1
3	1-91	定	栽植灌木、藤本（裸根）苗木高度100cm以内	10株	0	11.62

图 10.35 定额换算

4. 措施费计取

（1）按计算公式计价。组成费用乘以费率即可计算通用措施费，如图 10.36 所示。

序号	编码	类别	名称	单位	组价方式	计算基数	费率(%)
二			通用措施费				
2.1			夜间施工费	项	计算公式组	FBFXRGYSJ+DE	0.18
2.2			二次搬运费	项	计算公式组	FBFXRGYSJ+DE	0.18
2.3			已完工程及设备保护费	项	计算公式组	FBFXRGYSJ+DE	0.14
2.4			工程定位、复测、点交、清理费	项	计算公式组	FBFXRGYSJ+DE	0.18
2.5			生产工具用具使用费	项	计算公式组	FBFXRGYSJ+DE	0.14
2.6			雨季施工费	项	计算公式组	FBFXRGYSJ+DE	0.14
2.7			冬季施工费	项	计算公式组	FBFXRGYSJ+DE	3
2.8			检验试验费	项	计算公式组	FBFXRGYSJ+DE	2.67
2.9			室内空气污染测试费	项	计算公式组		
2.10			地上、地下设施,建(构)筑物的临时保护设施费	项	计算公式组		
2.11			赶工施工费	项	计算公式组		

图 10.36 按计算公式计价

（2）按定额计价。选择相应的定额进行查询，输入工程量、定额措施费即可按定额计价，如图 10.37 所示。

序号	编码	类别	名称	单位	组价方式	计算基数	费率(%)	工程量
1.3			施工排水、降水费	项	定额组价			1
		定						0
1.4			垂直运输费	项	定额组价			1
		定						0
1.5			建筑物(构筑物)超高费	项	定额组价			1
4-117		定	混凝土输送泵泵送30m以内,输送泵排出量(m3/h) 45	10m3				0
4-117		定	混凝土输送泵泵送30m以内,输送泵排出量(m3/h) 45	10m3				25
4-117		定	混凝土输送泵泵送30m以内,输送泵排出量(m3/h) 45	10m3				0

图 10.37 按定额计价

5. 其他项目费用计取

专业工程暂估价：单击【专业工程暂估价】在打开的页面中输入相应的信息即可，如图 10.38 所示。

新建独立费	序号	工程名称	工程内容	金额
其他项目 　暂列金额 　专业工程暂估价 　计日工费用 　总承包服务费 　签证及索赔计价	1　1			5000

图 10.38 专业工程暂估价

6. 人、材、机的汇总

（1）主要材料表的设置：选择【主要材料表】，从【人、材、机汇总】中勾选相应的材料单击【确定】按钮即可。

（2）暂估材料表：选择【暂估材料表】，从【人、材、机汇总】中勾选相应的材料单击【确定】按钮即可。

注意：在其他项目费中有材料暂估价但是总费用不包括材料暂估价。

（3）人、材、机价格调整：选择【主要材料表】，在相应的市场价中填入相应的价格即可。

7．单位工程费用汇总

（1）核查各项费用。

（2）工程造价调整。

单击【工具】按钮，选择【调整子目工程量】、【调整人材机单价】、【调整人材机含量】3 个选项。

调整子目工程量：因为调整单价是不可逆的，所以首先应备份工程，在【调整子目工程量】对话框中填入相应的系数，如图 10.39 所示。

图 10.39　调整子目工程量

调整人材机单价：首先备份工程，在【调整人材机单价】对话框中填入相应的系数，如图 10.40 所示。

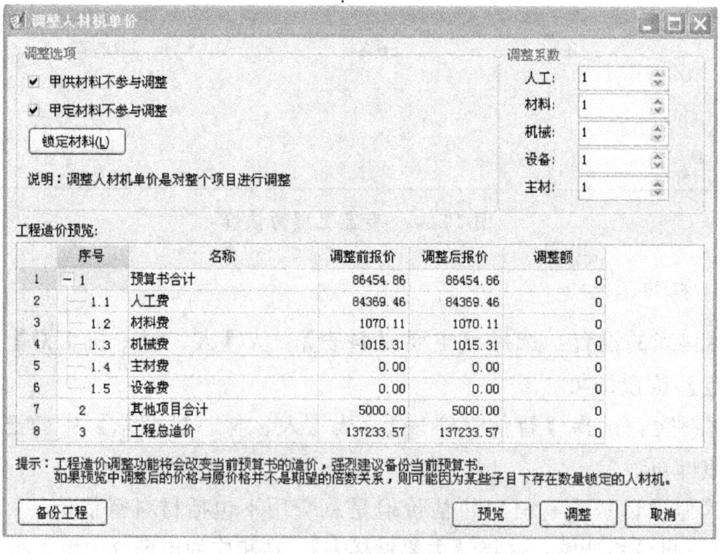

图 10.40　调整人材机单价

8. 报表

（1）选择【分部分项工程费汇总表】，如图 10.41 所示。

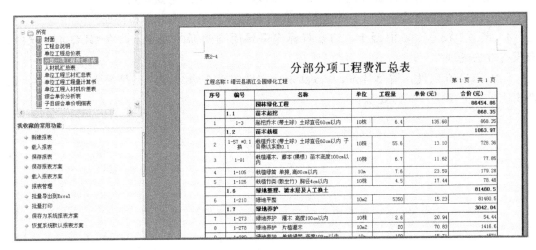

图 10.41 导出报表

（2）导出报表：选择导出到的 Excel 文件即可。

习　题

一、填空题

1. 按照内容和计算方法的不同，工程预算软件一般分为_____、_____、和_____3种。

2. 用 GBQ4.0 编制的园林工程工程量清单中包括园林工程的分部分项工程项目、_____、_____、_____和_____的名称和相应数量的明细清单。

3. GBQ4.0 的快捷键中 F1 表示_____、F2 表示_____、F3 表示_____。

4. 招标方给的清单编码有误或编码重复，投标方后期发现后需要选择要修改的清单，右击清单，在弹出的快捷菜单中选择_____，可以修改清单、子目的编码，其他内容不变。

二、选择题

1. 在 GBQ4.0 中查看单价构成的快捷键是（　　）。
    A. F1　　　　　　B. F3　　　　　　C. F4　　　　　　D. F6

2. 利用 GBQ4.0 对某公园绿化工程进行编制，应选择的清单专业为（　　）。
    A. 建筑工程　　　B. 安装工程　　　C. 园林绿化工程　　D. 市政工程

3. 清单项目的项目编码由（　　）位数字构成。
    A. 2 位　　　　　B. 4 位　　　　　C. 6 位　　　　　D. 12 位

4. 栽植乔木项目在描述其项目特征时不需要描述的是（　　）。
    A. 土壤类别　　　B. 乔木种类　　　C. 胸径　　　　　D. 养护期

三、思考题

1. 投标人利用广联达计价软件 GBQ4.0 编制工程量清单的基本步骤是什么？

2. 请简要描述清单计价和定额计价在计价软件运用上的主要差别。

3. GBQ4.0 工程量清单计价中怎样在项目名称下显示工程内容和特征？

4. 定额中没有 C60 混凝土，但是投标中需要用到此标的混凝土，在 GBQ 4.0 软件，有没有方法处理？

5. GBQ4.0 软件，清单计价，Excel 招标文件中有多级分部，但是导入到软件后，全部变成平级分部了，如何处理？

参 考 文 献

[1] 吴锐，王俊松. 园林工程计量与计价 [M]. 北京：机械工业出版社，2009.

[2] 胡光宇. 园林工程计量与计价 [M]. 沈阳：沈阳出版社，2011.

[3] 住建部标准定额司，国家质量监督检验检疫局. 建设工程工程量清单计价规范（GB 50500—2013）[S]. 北京：中国计划出版社，2013.

[4] 人力资源和社会保障部，住房和城乡建设部. 建设工程劳动定额——园林绿化工程 LD/T 75. 1～3—2008 [S]. 北京：人民出版社，2009.

[5] 浙江省建设工程造价管理总站. 浙江省园林绿化及仿古建筑工程预算定额 [S]. 北京：中国计划出版社，2010.

[6] 浙江省建设工程造价管理总站. 浙江省建设工程施工取费定额 [S]. 北京：中国计划出版社，2010.

[7] 浙江省建设工程造价管理总站. 浙江省建筑工程预算定额 [S]. 北京：中国计划出版社，2010.

[8] 张舟. 仿古建筑工程及园林工程定额与预算 [M]. 北京：中国建筑工业出版社，1999.

[9] 黄凯，郑强. 园林工程招投标与概预算 [M]. 重庆：重庆大学出版社，2011.

[10] 董三孝. 园林工程概预算与施工组织管理 [M]. 北京：中国林业出版社，2003.

[11] 袁建新. 建筑工程概预算 [M]. 北京：高等教育出版社，2000.

[12] 吴贤国. 建筑工程概预算 [M]. 2 版. 北京：中国建筑工业出版社，2009.

[13] 陈启贵. 风景园林工程概预算 [M]. 哈尔滨：哈尔滨工业大学出版社，2010.

北京大学出版社土木建筑系列教材(已出版)

序号	书名	主编	定价	序号	书名	主编	定价
1	建筑设备(第3版)	刘源全 张国军	52.00	79	建筑结构CAD教程（第2版）	崔钦淑	45.00
2	建设工程监理概论(第4版)	巩天真 张泽平	48.00	80	工程设计软件应用	孙香红	39.00
3	建设法规(第3版)	潘安平 肖 铭	40.00	81	有限单元法(第2版)	丁 科 殷水平	30.00
4	土木工程施工与管理	李华锋 徐 芸	65.00	82	建筑工程安全管理与技术	高向阳	40.00
5	房屋建筑学(第3版)	聂洪达	56.00	83	桥梁工程(第2版)	周先雁 王解军	37.00
6	土力学(第2版)	高向阳	45.00	84	大跨桥梁	王解军 周先雁	30.00
7	BIM建模与应用教程	曾 浩	39.00	85	交通工程学	李 杰 王 富	39.00
8	安装工程计量与计价	冯 钢	58.00	86	道路勘测与设计	凌平平 余婵娟	42.00
9	工程造价控制与管理（第2版）	胡新萍	42.00	87	道路勘测设计	刘文生	43.00
10	工程结构	金恩平	49.00	88	工程管理概论	郑文新 李献涛	26.00
11	土木工程系列实验综合教程	周瑞荣	56.00	89	建筑工程管理专业英语	杨云会	36.00
12	建筑公共安全技术与设计	陈继斌	45.00	90	工程管理专业英语	王竹芳	24.00
13	土木工程测量(第2版)	陈久强 刘文生	40.00	91	工程事故分析与工程安全(第2版)	谢征勋 罗 章	38.00
14	土木工程概论	邓友生	34.00	92	建设法规	刘红霞 柳立生	36.00
15	土木工程制图(第2版)	张会平	45.00	93	工程经济学(第2版)	冯为民 付晓灵	42.00
16	土木工程制图习题集(第2版)	张会平	28.00	94	工程经济学	都沁军	42.00
17	土建工程制图(第2版)	张黎骅	38.00	95	工程财务管理	张学英	38.00
18	土建工程制图习题集(第2版)	张黎骅	34.00	96	工程招标投标管理(第2版)	刘昌明	30.00
19	土木工程材料(第2版)	王春阳	50.00	97	工程合同管理	方 俊 胡向真	23.00
20	土木工程材料	赵志曼	39.00	98	建设工程合同管理	余群舟	36.00
21	土木工程材料(第2版)	柯国军	45.00	99	建设工程招投标与合同管理实务(第2版)	崔东红	49.00
22	工程地质(第2版)	倪宏革 周建波	30.00	100	工程招投标与合同管理(第2版)	吴 芳 冯 宁	43.00
23	工程地质(第2版)	何培玲 张 婷	26.00	101	工程项目管理	邓铁军 杨亚频	48.00
24	土木工程地质	陈文昭	32.00	102	工程项目管理	王 华	42.00
25	土木工程专业毕业设计指导	高向阳	40.00	103	工程项目管理	董良峰 张瑞敏	43.00
26	土木工程专业英语	霍俊芳 姜丽云	35.00	104	土木工程项目管理	郑文新	41.00
27	土木工程专业英语	宿晓萍 赵庆明	40.00	105	工程项目管理(第2版)	仲景冰 王红兵	45.00
28	土木工程基础英语教程	陈 平 王凤池	32.00	106	工程经济与项目管理	都沁军	45.00
29	房屋建筑学	董海荣	47.00	107	建设项目评估(第2版)	王 华	46.00
30	房屋建筑学	宿晓萍 隋艳娥	43.00	108	建设项目评估	黄明知 尚华艳	38.00
31	房屋建筑学(上：民用建筑)(第2版)	钱 坤 王若竹	40.00	109	工程项目投资控制	曲 娜 陈顺良	32.00
32	房屋建筑学(下：工业建筑)(第2版)	钱 坤 吴 歌	36.00	110	工程造价管理	周国恩	42.00
33	土木工程试验	王吉民	34.00	111	工程造价管理	车春鹂 杜春艳	24.00
34	土木工程结构试验	叶成杰	39.00	112	土木工程计量与计价	王翠琴 李春燕	35.00
35	理论力学(第2版)	张俊彦 赵荣国	40.00	113	建筑工程计量与计价	张叶田	50.00
36	理论力学	欧阳辉	48.00	114	建筑工程造价	郑文新	39.00
37	结构力学实用教程	常伏德	47.00	115	室内装饰工程预算	陈祖建	30.00
38	结构力学	何春保	45.00	116	市政工程计量与计价	赵志曼 张建平	38.00
39	材料力学	章宝华	36.00	117	园林工程计量与计价	温日琨 舒美英	45.00
40	工程力学(第2版)	罗迎社 喻小明	39.00	118	土木工程概预算与投标报价(第2版)	刘 薇 叶 良	37.00
41	工程力学	王明斌 庞永平	37.00	119	建筑工程施工组织与概预算	钟吉湘	52.00
42	工程力学	杨云芳	42.00	120	工程量清单的编制与投标报价(第2版)	刘富勤 陈友华 宋会莲	34.00

序号	书名	主编	定价	序号	书名	主编	定价
43	工程力学	杨民献	50.00	121	房地产估价理论与实务	李 龙	36.00
44	建筑力学	邹建奇	34.00	122	房地产开发	石海均　王 宏	34.00
45	土力学教程(第2版)	孟祥波	34.00	123	房地产策划	王直民	42.00
46	土力学	曹卫平	34.00	124	房地产开发与管理	刘 薇	38.00
47	土力学(第2版)	肖仁成　俞 晓	25.00	125	房地产估价	沈良峰	45.00
48	土力学试验	孟云梅	32.00	126	房地产法规	潘安平	36.00
49	土力学	杨雪强	40.00	127	房地产测量	魏德宏	28.00
50	土力学	贾彩虹	38.00	128	建筑概论	钱 坤	28.00
51	土质学与土力学	刘红军	36.00	129	建筑学导论	裘 鞠　常 悦	32.00
52	土工试验原理与操作	高向阳	25.00	130	建筑表现技法	冯 柯	42.00
53	混凝土结构设计原理(第2版)	邵永健	52.00	131	室内设计原理	冯 柯	28.00
54	基础工程	王协群　章宝华	32.00	132	建筑美术教程	陈希平	45.00
55	基础工程	曹 云	43.00	133	建筑美学	邓友生	36.00
56	地基处理	刘起霞	45.00	134	色彩景观基础教程	阮正仪	42.00
57	特殊土地基处理	刘起霞	50.00	135	城市与区域认知实习教程	邹 君	30.00
58	砌体结构(第2版)	何培玲　尹维新	26.00	136	城市详细规划原理与设计方法	姜 云	36.00
59	钢结构设计原理	胡习兵	30.00	137	城市与区域规划实用模型	郭志恭	45.00
60	钢结构设计	胡习兵　张再华	42.00	138	幼儿园建筑设计	龚兆先	37.00
61	特种结构	孙 克	30.00	139	民用建筑场地设计	杨希文	46.00
62	建筑结构	苏明会　赵 亮	50.00	140	园林与环境景观设计	董 智　曾 伟	46.00
63	结构抗震设计(第2版)	祝英杰	37.00	141	景观设计	陈玲玲	49.00
64	荷载与结构设计方法(第2版)	许成祥　何培玲	30.00	142	建筑构造	宿晓萍　隋艳娥	36.00
65	高层建筑结构设计	张仲先　王海波	23.00	143	中国传统建筑构造	李合群	35.00
66	建筑抗震与高层结构设计	周锡武　朴福顺	36.00	144	建筑构造原理与设计(上册)	陈玲玲	34.00
67	土木工程施工	陈泽世　凌平平	58.00	145	建筑构造原理与设计(下册)	梁晓慧　陈玲玲	38.00
68	土木工程施工	石海均　马 哲	40.00	146	城市生态与城市环境保护	梁彦兰　阎 利	36.00
69	建筑工程施工	叶 良	55.00	147	中外建筑史	吴 薇	36.00
70	土木工程施工	邓寿昌　李晓目	42.00	148	外国建筑简史	吴 薇	38.00
71	地下工程施工	江学良　杨 慧	54.00	149	中外城市规划与建设史	李合群	58.00
72	高层建筑施工	张厚先　陈德方	32.00	150	中国文物建筑保护及修复工程学	郭志恭	45.00
73	高层与大跨建筑结构施工	王绍君	45.00	151	建筑节能概论	余晓平	34.00
74	工程施工组织	周国恩	28.00	152	暖通空调节能运行	余晓平	30.00
75	建筑工程施工组织与管理(第2版)	余群舟　宋协清	31.00	153	空调工程	战乃岩　王建辉	45.00
76	土木工程计算机绘图	袁 果　张渝生	28.00	154	建筑电气	李 云	45.00
77	土木工程CAD	王玉岚	42.00	155	水分析化学	宋吉娜	42.00
78	土木建筑CAD实用教程	王文达	30.00	156	水泵与水泵站	张 伟　周书葵	35.00

如您需要更多教学资源如电子课件、电子样章、习题答案等,请登录北京大学出版社第六事业部官网: www.pup6.cn

如您需要浏览更多专业教材,请扫下面的二维码,关注北京大学出版社第六事业部官方微微信号:教学服务第一线 (jxfwd1x),随时查询专业教材、浏览教材目录、内容简介等信息,并可在线申请纸质样书用于教学。

感谢您使用我们的教材,欢迎您随时与我们联系,我们将及时做好全方位的服务。联系方式: 010-62750667, donglu2004@163.com, pup_6@163.com,欢迎来电来信。客户服务QQ号: 3408627639,欢迎随时咨询。